运动导体涡流场数值计算与应用

阮江军 张 宇 甘 艳 彭 迎 刘守豹 张亚东 著

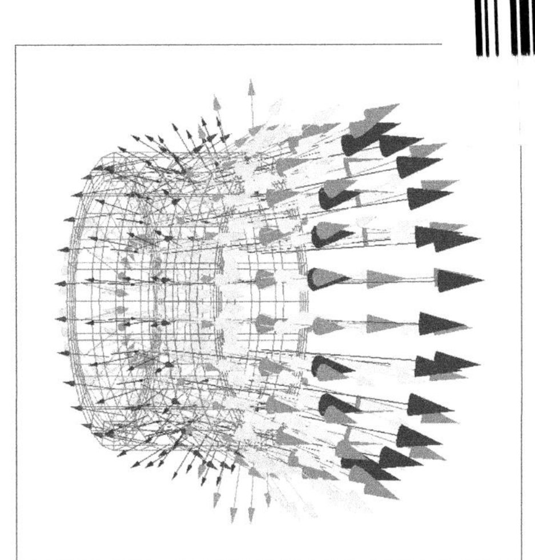

科 学 出 版 社

北 京

内 容 简 介

含运动导体的电磁场问题存在于许多工程领域和设备中，包括直线电机、电磁发射装置、磁悬浮列车、电磁制动装置等，运动导体涡流场数值计算是此类工程问题分析中的难点和热点问题。本书综合研究团队在运动导体涡流场数值计算方面取得的突破性成果，用 Eulerian 描述和 Lagrangian 描述两类坐标系，系统地论述运动导体涡流场分析的理论、数值方法及应用，并结合具体算例阐述程序实现过程中的要点。本书主要内容包括运动涡流场的数学模型、混合有限元法-有限体积法、组合网格法、有限元-边界元耦合法、非重叠 Mortar 有限元法、电流丝法。

本书既可作为电气工程专业高等学校本科生、研究生的参考教材，也可作为从事电磁场理论与应用研究工作的教师、科研工作者或工程技术人员的参考书。

图书在版编目（CIP）数据

运动导体涡流场数值计算与应用 / 阮江军等著. —北京：科学出版社，2019.10

（电磁工程计算丛书）

ISBN 978-7-03-062345-4

Ⅰ. ①运… Ⅱ. ①阮… Ⅲ. ①电磁计算 Ⅳ. ①TM15

中国版本图书馆 CIP 数据核字（2019）第 202540 号

责任编辑：吉正霞 张 湾 / 责任校对：高 嵘

责任印制：徐晓晨 / 封面设计：苏 波

科 学 出 版 社出版

北京东黄城根北街 16 号

邮政编码：100717

http://www.sciencep.com

北京凌奇印刷有限责任公司印刷

科学出版社发行 各地新华书店经销

*

2019 年 10 月第 一 版 开本：787×1092 1/16

2020 年 12 月第二次印刷 印张：13 1/2

字数：339 000

定价：128.00 元

（如有印装质量问题，我社负责调换）

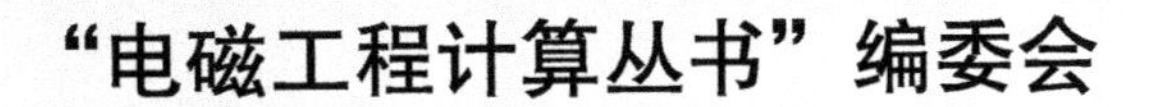

“电磁工程计算丛书”编委会

丛书序

电磁场理论的建立将电磁场作为一种新的能量形式，流转于各种电气设备与系统之间，对人类社会进步的推动和影响巨大且深远。电磁场已成为“阳光、土壤、水、空气”四大要素之后的现代文明不可或缺的第五要素。与地球环境自然赋予的四大要素不同的是，电磁场完全靠人类自我生产和维系，其流转的安全可靠性时刻受到自然灾害、设备安全、系统失控、人为破坏等各方面影响。

电气设备肩负电磁场能量的传输和转换的任务。从材料研制、结构设计、产品制造、运行维护至退役的全寿命过程中，电气设备都离不开电磁、温度/流体、应力、绝缘等各种物理性能的考量，它们相互耦合、相互影响。设备中的电场强度由电压（额定电压、过电压）产生，受绝缘介质放电电压耐受值的限制。磁场由电流（额定电流、偏磁电流）产生，受导磁材料的磁饱和限制。电流在导体中产生焦耳热损耗，磁场在铁芯中产生铁磁损耗，电压在绝缘介质中产生介质损耗，这些损耗产生的热量通过绝缘介质向大气散热（传导、对流、辐射），在设备中形成的温度场受绝缘介质的温度限值限制。电气设备在结构自重、外力（冰载荷、风载荷、地震）、电动力等作用下在设备结构中形成应力场，受材料的机械强度限制。绝缘介质在电场、温度、应力作用下会逐渐老化，其绝缘强度不断下降，需要及时检测诊断。由此可见，电磁-温度/流体-应力-绝缘等多不同物理场相互耦合、相互作用构成了电气设备内部的多物理场。在电气设备设计、制造过程中如何优化多物理场分布，在设备运维过程中如何检测多物理场状态，多物理场计算成为共性关键技术。

我的博士生导师周克定先生是我国计算电磁学的创始人，1995 年，我在周克定先生的指导下完成了博士论文《三维瞬态涡流场的棱边耦合算法及工程应用》，完成了大型汽轮发电机端部涡流场和电动力的计算，是我从事电磁计算领域研究的起点。可当我拿着研究成果信心满满地向上海电机厂、北京重型电机厂的专家推介交流时，专家们中肯地指出：涡流损耗、电动力的计算结果不能直接用于电机设计，需进一步结合端部散热条件计算温度场，结合绕组结构计算应力场。从此我产生了进一步开展电磁、温度/流体、应力多场耦合计算的念头。1996 年，我来到原武汉水利电力大学，从事博士后研究工作，师从高电压与绝缘技术领域的知名教授解广润先生，开始有关高电压与绝缘技术领域的电磁计算研究，如高压直流输电系统直流接地极电流场和土壤温升耦合计算、交直流系统偏磁电流计算、特高压绝缘子串电场分布计算等。1998 年博士后出站留校工作，在陈允平教授、柳瑞禹教授、孙元章教授等学院领导和同事们的支持和帮助下，历经 20 余年，先后面向运动导体涡流场、直流离子流场、大规模并行计算、多物理场耦合计算、状态参数多物理场反演、空气绝缘强度预测等国际计算电磁学领域中的热点问题，和课题组研究生同学们一起攻克了一个又一个的难题，形成了电气设备电磁多物理场计算与状态反演的共性关键技术体系。2017 年，我带领团队完成的“电磁多物理场分析关键技术及其在电工装备虚拟设计与状态评估中的应用”获湖北省科技进步奖一等奖。

本丛书的内容基于多年来团队科研总结，编委全部是课题组培养的博士研究生，各专题著作的主要内容源自于他们读博期间的科研成果。尽管还有部分博士和硕士生的研究成果没有被本丛书采编，但他们为课题组长期坚持电磁多物理场研究提供了有力的支撑和帮助，对此表示感谢！当然，还应该感谢长期以来国内外学者对课题组撰写的学术论文、学位论文的批评、指正与帮助，感谢国家科技部、自然科学基金委，以及电力行业各企业给课题组提供各种科研项目，为课题组开展电磁多物理场研究与应用提供了必要的经费支持。

编写本丛书的宗旨在于：系统总结课题组多年来关于电工装备电磁多物理场的研究成果，形成一系列有关电工装备优化设计与智能运维的专题著作，以期对从事电气设备设计、制造、运维工作的同行们有所启发和帮助。丛书编写过程中虽然力求严谨、有所创新，但缺陷与不妥之处也在所难免。“嘤其鸣矣，求其友声”，诚恳读者不吝指教，多加批评与帮助。

谨为之序。

阮江军

2019年7月1日于珞珈山

前言

包含电磁-机械耦合作用的系统广泛存在于工业及军事应用中，如直线电机、电磁发射装置、磁悬浮列车、电磁制动装置等。对这些系统进行性能分析和优化设计大都涉及运动导体涡流场的计算，但该类问题中由于运动导体的存在，为数值分析带来种种困难，也使运动导体涡流场数值计算问题与多物理场耦合问题、电磁逆问题一起成为计算电磁学界研究的三大热点问题。本书是研究团队关于运动导体涡流场数值计算相关研究成果的总结，系统地论述运动导体涡流场数值计算的基本理论、方法及应用。为便于读者应用相关数值方法，给出了程序实现过程中的要点和具体算例。本书主要框架结构如图 0.1 所示。

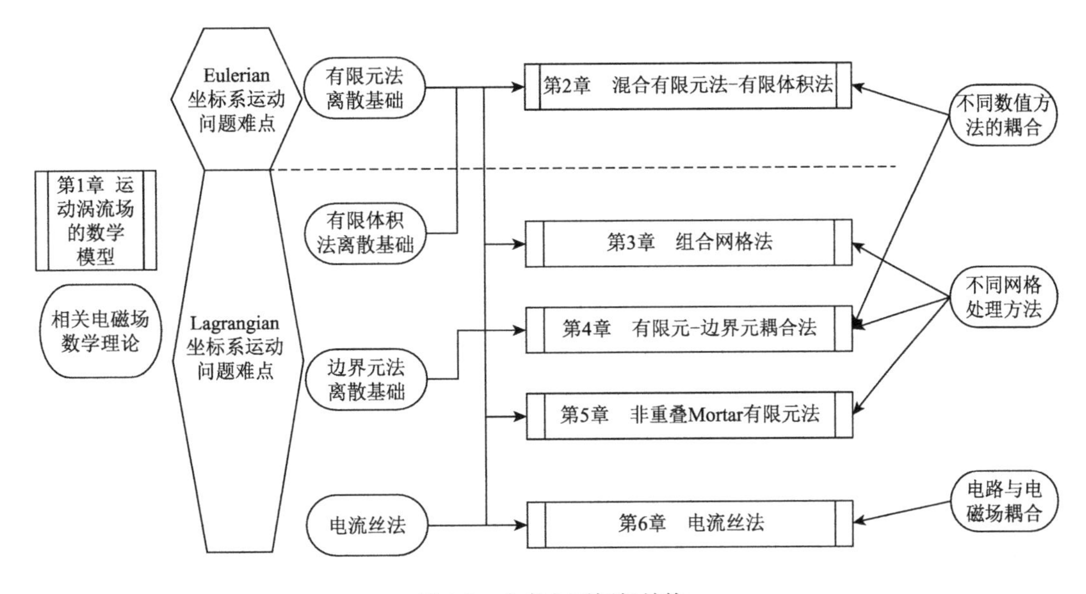

图 0.1 本书主要框架结构

各类求解运动涡流场的数值方法可分为基于 Eulerian 坐标系描述和 Lagrangian 坐标系描述的两大类方法。采用 Eulerian 坐标系描述时，速度反映在方程的对流项中，当对流项占优时，主要困难在于数值解可能出现“伪振荡”。多数学者采用迎风有限元法处理，但其并不能完全保证解的计算精度。本书结合应用数学领域中处理对流扩散方程的方法，提出采用混合有限元法-有限体积法处理运动涡流场问题。有限元法用于离散扩散项，有限体积法用于离散对流项，同时在对流项的离散中引入迎风因子以消除解的振荡。

在 Lagrangian 坐标系描述下进行分析的突出困难表现在离散网格的处理上，常规有限元法在处理此类问题时，需要根据系统各部件在每一时间步的运动位置改变运动体及其周围介质的网格剖分，极大增加了前处理难度和计算开销。如何解决不同部件间相对运动与离散网格拓扑关系限制间的矛盾，成为本书针对 Lagrangian 坐标系描述的运动涡流场问题的研究重点。

为此，本书首先提出将组合网格法应用于运动涡流场的分析。该方法对所关心的运动导体区域用一套细网格来离散，而对其余区域包括运动导体所在的空气区域用另一套粗网格来离散，两套网格独立生成。由于两套网格不需要通过单元和节点直接相连，在模拟运动时，只需要整体移动细网格的位置，而不需要重构网格。

之后，本书又提出克服传统有限元网格局限性的另一种思路：有限元-边界元耦合法。该耦合方法在运动涡流场分析中采用有限元离散运动导体和静止的激励源，而用边界元离散运动体周围的空气，避免了在每一时间步对运动体周围空气的重新剖分，同时也可以消除在处理开域问题时有限元法对无穷大求解域的截断误差，增强对运动涡流场分析的灵活性。

Mortar 元法是本书研究的另一种能够克服网格约束的方法，将 Mortar 元法与有限元法结合，提出非重叠 Mortar 有限元法。该方法将整体场域分解为若干子域，在各个子域采用协调有限元单元进行区域离散。在相邻区域的交界面上，边界节点不要求逐点匹配，而是建立加权积分形式的 Mortar 条件使交界面上的传递条件在分布意义上满足。各个子域的有限元刚度矩阵分别独立形成，通过施加 Mortar 联系条件合成的全域系统矩阵仍然对称正定。

电磁发射装置是运动涡流场分析的典型应用领域，本书对同步感应线圈发射器（以下简称线圈发射器）计算问题的场-路结合分析进行研究。路模型的建立基于电流丝法，为了提高计算精度，提出将激励线圈进行细分，从而提高电流丝法计算精度。作为改进方法的验证，对线圈发射器发射过程中的场量分布进行暂态分析，分别使用三维组合网格法和二维轴对称非重叠 Mortar 有限元法建立线圈发射器的场模型。将改进前后的电流丝法与组合网格法结合，对三级线圈进行场-路结合仿真并将结果进行对比，验证本书对电流丝法所做改进的有效性。

本书由阮江军教授整体策划，编写大纲，最后对各章节内容进行修改、定稿成书。其中，第 1、3 章由张宇博士撰写，第 2 章由甘艳博士撰写，第 4 章由刘守豹博士撰写，第 5 章由彭迎博士撰写，第 6 章由张亚东博士撰写。

本书的部分研究成果，承蒙中国科学院数学与系统科学研究院研究员、北京飞箭软件有限公司创始人之一梁国平先生的指导，在此对梁先生表示特别感谢。

由于作者水平有限，书中不妥之处在所难免，恳请广大读者不吝批评指正。

作　者

2018 年 12 月 1 日于武汉大学

目 录

第 1 章

运动涡流场的数学模型

本章将介绍运动涡流场工程问题的特点及其数值计算方法的研究现状，分析开展运动涡流场数值计算中存在的难点。在运动涡流场基本方程的基础上，推导适用于数值计算的控制方程和边界条件。对应运动涡流场数学模型中速度项的不同处理方法，介绍 Eulerian 和 Lagrangian 两种坐标系描述。

1.1 运动涡流场工程分析概况

1.1.1 运动涡流场工程问题与分析难点

工程领域的各种现象行为都是相互联系的，为了对某一系统或装置进行设计和分析，往往需要同时考虑多种物理过程，包括电磁作用、物体形变、机械运动、温度变化等，其中有许多问题都涉及电磁-机械运动的相互作用。运动电磁系统是电磁场和机械运动相互耦合的一类动力学系统，广泛存在于民用、工业和军事领域，典型的应用装置包括旋转电机、磁悬浮列车、电磁制动装置、电磁炮等。

由于该类系统在工程领域的广泛性，对电磁-机械耦合问题进行分析和计算具有重要的实际意义，而此类问题的重点是对运动涡流场的分析。从物理机理来看，可动部件或直接包含源电流，或根据法拉第电磁感应定律由外部变化磁场产生感应电场，进而在其导体中出现涡流。根据洛伦兹力（Lorentz）公式，可动部件中的电流即运动的电荷在磁场中将受到电磁力的作用。另外，置于磁场内的铁磁物质的分子电流也将受到力的作用。这些电磁力的合力将使可动部件在磁场中产生运动，同时运动的导体由于切割磁力线又将产生感应电场。

由于机理的复杂性及装置结构即场域边界的不规则性，基于计算机大规模运算的数值分析常作为运动涡流场工程问题分析的首选方案。但该类问题中运动的引入，为数值分析者带来了种种困难和麻烦，具体表现在以下方面。

对于高速运动问题，高速和高磁导率材料将使方程的佩克莱数（Peclet number）增大，使最终离散形成的方程组矩阵性态变差，导致数值解出现物理上并不存在的“伪振荡”。

由于电磁场与机械运动在时间尺度上的差异性，在一个时间段内，会出现某一场的场量已发生剧烈或周期性的变化，而另一场的场量却变化较缓的现象，此时，时间步长的确定在很大程度上决定着计算结果的精度及计算开销，过大的步长将降低结果的精度，甚至导致求解不收敛，而过小的步长将使计算非常费时。

对于各种类型尤其是含任意运动部件的系统来说，系统各部分之间的相对运动与离散网格形成后拓扑结构的相对固定是非常突出的矛盾。当所分析装置的某一部分产生运动时，该运动部分的网格要随之平移或旋转，此时运动体周围的网格分布也要变动。对于小的位移，部分单元将产生畸变，对于较大范围的位移需要在每一时间步都重剖网格（图 1.1），这无疑为前处理及程序编制带来较多麻烦，并增大了计算开销。如何有效地处理运动与离散网格的矛盾是模拟许多实际运动装置时不可回避的问题。

针对上述运动涡流场相关工程应用的需求和目前数值分析中存在的难点，本书以克服 Eulerian 坐标系下非物理振荡、Lagrangian 坐标系下运动与离散网格之间的矛盾为重点，探讨如何有效地开展数值分析。

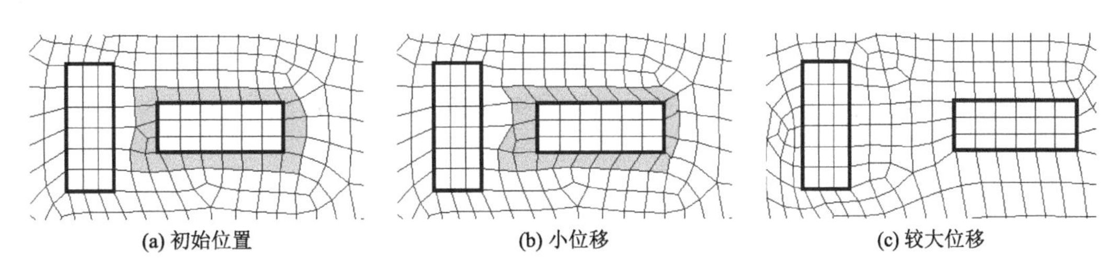

(a) 初始位置　(b) 小位移　(c) 较大位移

图 1.1　模拟运动过程中网格的变动

1.1.2　运动涡流场数值计算研究现状

对于数值方法在运动涡流场分析中的应用，国内外电磁场数值分析学者做了许多研究，这些工作主要包括数学描述及位函数、边界条件的推导，各类数值方法研究，标准验证问题及工程领域应用等方面，以下按这几种分类方式加以概述。

1. 数学描述及位函数、边界条件的推导

采取基本场量描述的电磁场方程在进行数值分析时，特别是在求解复杂结构的三维电磁场问题时，每个节点最少需要三个未知数，方程组的系数矩阵和计算机内存开销过大，求解时间也很长。因此，采用位函数来描述控制方程成为电磁场数值分析的常用手段，几类典型位函数在求解涡流场边值问题时解的唯一性已有证明[1-2]。运动涡流场采用 $\boldsymbol{A}$（矢量磁位），ϕ（标量电位）-ψ（标量磁位）表述时，可在导体区消除ϕ以进一步减少变量，成为 $\boldsymbol{A}$-ψ 表述[3-4]，对于消除ϕ后滑动接触面上 $\boldsymbol{A}$ 的不连续，可通过在边界上加入一层“表面单元”来处理。在运动涡流场的坐标系描述方面，根据求解精度、内存使用及计算时间等方面的对比，瞬态问题中 Lagrangian 坐标系描述优于 Eulerian 坐标系描述[5]。

2. 各类数值方法研究

众多处理运动电磁问题的数值方法可分为两大类，即基于 Eulerian 坐标系描述和基于 Lagrangian 坐标系描述。坐标系的选取取决于运动系统的结构和运动方式，同时在这两类坐标系框架下数值方法的实现分别有不同的难点。

当运动体垂直于运动方向的截面形状保持不变时，如隐极旋转电机或可视为无限长且转子表面光滑的直线电机等，一般采用 Eulerian 坐标系来描述场方程，激励源为直流时还可简化为稳态场求解，此时运动反映在方程含速度的对流项中[6]，20 世纪 80 年代末到 90 年代初，学者对运动电磁问题的讨论多以此类坐标系为基础。这种情况下可能出现的问题是：当单元 Peclet 数 Pe 大于 1 时，将削弱离散方程组矩阵“主元占优”的特

性，使求解方程时可能出现数值解“伪振荡”现象。为避免这一问题的出现，必须采用非常细密的网格剖分，但在许多高速、高磁导率和高电导率情况下，使 *Pe* 小于 1 的剖分量很难实现。

将流体力学中的迎风思想引入运动涡流场的数值分析是消除数值振荡的有效方式。引入迎风思想的有限元法（finite element method，FEM）主要有两类：一是通过修正常规伽辽金（Galerkin）有限元法的权函数，增大上游方向权函数的比重[7]；二是简化的迎风格式，即通过修正单元数值积分中高斯（Gauss）积分点的位置来增强上游方向的影响[8-10]。除通过采用迎风格式对速度项进行离散外，为进一步改善方程组性态，还可通过增设扩散系数对扩散项进行修正[11]，将低速时的解作为牛顿-拉弗森（Newton-Raphson）非线性迭代的初值以改善数值解的稳定性[12]。耦合方法也是处理运动电磁问题的一种有效手段，如用有限元法离散方程扩散项，用含迎风格式的有限体积法离散方程对流项，有利于消除二维高速情况下数值解的不稳定[13]。

迎风法虽然可消除数值解“伪振荡”，但是在一定程度上会带来伪扩散的不良影响，即同时引起解的误差。有限解析单元法是解决该矛盾的一种思路，在单元内构造满足节点条件的解析解，以此确定形函数，再用加权余量法建立有限元方程进行求解[14-15]。该方法能得到比常规有限元法更好的结果，但由于一般单元局部解析解推导较复杂，现有工作的实例验证中仅给出了一维单元及二维规则矩形单元的算例。在棱边元中采用迎风方法，相对节点元而言，该方法可降低所需的迎风因子，从而减小迎风因子带来的误差[16]。

对于大多数实际工程问题，系统部件的运动往往改变了系统的电磁结构，如凸极电机起动时定转子齿槽相对位置的改变、线圈发射器弹射过程中抛体与线圈的相对位置变化等。此时需要对该类运动过程进行瞬态场求解，通常在运动体的描述中引入与运动体相对静止的 Lagrangian 坐标系。此时的难点在于运动部分与静止部分网格的耦合策略及如何根据运动调整运动体与周围介质的网格。在 Lagrangian 坐标系下讨论各种模式，甚至任意运动的电磁问题，已成为 20 世纪 90 年代中后期至今电磁分析学者在运动电磁问题中所关注的热点。

网格重剖是处理 Lagrangian 坐标系下电磁问题的最直接方式，这需要在每一时间步重构或部分重构网格[17-18]，其中自适应剖分可应用于运动问题中的网格处理[17]。该方式的缺点在于它显著加大了前处理剖分的工作量，并且在瞬态算法中，由于重剖后各节点位置及个数均可能改变，需要采取插值的方式来获得各节点上一时刻的场值，增加了编程的复杂性和计算开销。

网格重构的特例是在某些情况下只需要处理某一特定位置的网格，典型的方法为运动带方法，该方法在分析电机问题时将定、转子之间包含一层单元的空气隙定义为运动带，当运动范围不大时，仅运动带中的单元形状改变，当运动范围较大时，运动带中的单元进行重构以保持网格不发生严重的畸变。该方法多用于电机分析，包括旋转电机的分析[6]，以及单侧直线感应电机的分析[19-20]。

与运动带相似的处理方式还有滑动边界方法。在该方法中定、转子之间分出一条交界线，交界线上定、转子网格各自有一套互相重叠的节点，运动过程通过改变该线上节点对的耦合关系来体现。该方法可应用于磁悬浮列车电磁系统动态特性的计算[21]，采用网格“基本块”法使需要变动的网格仅限制在滑动边界两侧较窄区域。当定、转子的网格在相对运动过程中边界节点不对齐时，可采用插值方法来处理（包括线性插值[22]或形函数插值[23]）。滑动边界法可结合 Lagrange 乘子法应用，如引入 Lagrange 乘子以处理二维转动及平动问题中滑动边界两侧网格不对齐的情况[24-25]，该方法还可推广到三维问题[26]。

对于旋转电机气隙的处理，除上述运动带法及滑动边界法外，还有一种“气隙单元”的处理方式，即在定、转子及轮廓周期变化的边界间留出一层均匀气隙，不用常规有限元剖分，而在该区域用解析方法推出以傅里叶（Fourier）级数表示的磁势，并与有限元区域的定、转子边界各节点磁势值耦合，联立求解，其不足之处在于气隙单元形成的满阵增加了有限元矩阵的带宽[27]。以该方法为基础，采用快速傅里叶变换（fast Fourier transform，FFT）及迭代求解，而不直接形成总体矩阵，可克服该方法求解时间较长的缺点[28]。

运动带法、滑动边界法、气隙单元法对运动问题的处理仍有一定的局限性，即要求在运动系统中划出一条贯穿区域（或闭合的）且将运动与静止部件隔离开的交界线，在该交界线的一侧为运动网格，另一侧为静止网格。为防止两部分网格间出现重叠的现象，在运动过程中，交界线上必须处处满足 $\boldsymbol{v}\cdot\boldsymbol{n}=0$，其中 $\boldsymbol{n}$ 为交界线的法向量，$\boldsymbol{v}$ 为运动网格在该交界线上的速度。但在某些运动方式下无法找到这样一条分界线，如图 1.1 所示的系统。

有限元-边界元耦合法在运动电磁问题中的应用给任意运动系统的网格处理带来了很大的灵活性，在该方法中运动物体周围的空气域用边界元来离散，且自动考虑了无穷远边界，可应用于运动涡流场计算[29-31]。

采取两套或多套重叠的网格，用一组独立的网格来专门离散运动体，则是去除网格间拓扑关系限制的另一套思路。例如，应用两套重叠的主从网格思想，其中主网格用来离散运动体，从网格用来离散整体区域，运动时主网格所覆盖的从网格单元不参加刚度矩阵的组合过程[32]。该方法的实质是将前处理的网格重构过程转移到矩阵形成阶段来处理，其不足之处在于对被覆盖的从网格进行判别，尤其是对部分被覆盖的从网格的处理过程较为复杂，目前该方法仅见于规则四边形网格的算例。

Mortar 有限元法（Mortar finite element method，MFEM）是法国数学家 Bernardi、Maday 和 Patera 于 20 世纪 90 年代末提出的一种非协调的区域分解技术，主要思想是它可以采用整体非协调但局部协调的剖分，从而可在不同的区域采用不同的剖分甚至不同的数值方法。通过非重叠型的 Mortar 有限元法和 Lagrange 乘子法对二维旋转问题的处理对比可见[33]，Mortar 有限元法所形成的方程性态优于 Lagrange 乘子法。用两套重叠非匹配网格来模拟运动和静止部分时，可对导体区的网格采用 $\boldsymbol{T}$（矢量电位）-ψ（标量磁位）描述，而对整体网格仅用 ψ 描述，两套网格之间通过导体边界上的 Mortar 条件联系，连续性条件在“弱积分”的意义上满足[34]。但从目前的文献来看，还未见重叠型 Mortar 有限元法应用于三维运动涡流场分析的实例。

3. 标准验证问题及工程领域应用

TEAM Workshop Problems 是国际电磁场计算学界为了对各种数值算法进行验证和优劣评判，提出的一系列算例模型及其解析或试验数据，是公认的对新方法评估的权威标准。与运动涡流场有关的标准问题及其讨论包括以下内容。

TEAM Workshop Problem 9（以下简称 TEAM 9），该问题是针对远场涡流探测技术研究的两个基准模型[35]，分析对象为铁磁物质或非铁磁物质空腔中运动的线圈，速度为常数，求解域为轴对称且在速度方向无限延伸。该问题未考虑电磁-机械的耦合，并可简化为 Eulerian 坐标系下的二维稳态问题求解。标准问题给出了解析结果。

TEAM Workshop Problem 17（以下简称 TEAM 17），该问题分析在线圈感应电磁力驱动下的跳动金属环[36]。但其仅给出了试验装置的建议，未给出具体测试或解析结果。

TEAM Workshop Problem 28（以下简称 TEAM 28），该问题分析线圈感应电磁力驱动下的铝制圆盘，是涉及电磁-机械耦合作用的暂态问题[37]。标准问题给出了试验结果。

工程中的运动涡流场分析最典型的应用为旋转电机的数值分析，在这方面有较多讨论，包括考虑运动的二维场分析[6, 24, 28]和三维场分析[23, 26]。在电力系统中的应用还包括其他电磁-机械装置如电磁继电器的动态分析[31]。

直线感应电机广泛应用于磁悬浮列车、传送系统等设备中。数值分析手段已用于计算直线感应电机的二次导体“接缝效应”[20]、磁悬浮机车车轮的受力[12, 38]、磁悬浮列车电磁系统的动态悬浮力及牵引力[21]等参数。与直线感应电机结构相类似的问题还有直线感应式转速计的数值分析[39]。

轨道涡流制动又称线性涡流制动，其原理是利用电磁铁和钢轨的相对运动使钢轨感应出涡流，产生电磁力，将其作为制动力。其数值分析为三维空间的非线性问题[2]。

运动电磁系统同样常见于现代军事装备中，典型应用为电磁发射装置，其原理都是利用洛伦兹力将炮弹弹射出去。数值分析方法的应用对象包括线圈发射器[25]和轨道炮[3-4, 16, 40]。

1.2 运动涡流场的控制方程与边界条件

1.2.1 运动涡流场基本方程

麦克斯韦（Maxwell）全电流定律为

$$\nabla \times \boldsymbol{H} = \boldsymbol{J} + \frac{\partial \boldsymbol{D}}{\partial t} \tag{1.1}$$

式中：$\boldsymbol{H}$ 为磁场强度，A/m；$\boldsymbol{J}$ 为总的传导电流密度，A/m^2；$\boldsymbol{D}$ 为电通密度，C/m^2；t 为时间，s。

式（1.1）中，$\boldsymbol{D}$ 对时间的偏导数为位移电流密度。当电磁场正弦变化时，导体中位移电流密度与传导电流密度幅值之比为

$$\frac{\omega D}{\sigma E} = 2\pi\varepsilon \frac{f}{\sigma}$$

式中：ω 为角频率，rad/s；σ 为电导率，s/m；E 为电场强度的大小，V/m；ε 为介电常数，F/m；f 为频率，Hz。对于金属导体，σ 为 10^7 数量级，而 ε 为 10^{-12} 数量级，因此在一般电气工程问题的频率范围内，导体区中的位移电流可以忽略不计。本书的运动涡流场讨论均以此为前提。

总的传导电流密度（以下简称总电流密度）由两部分组成：

$$\boldsymbol{J} = \boldsymbol{J}_{\mathrm{s}} + \boldsymbol{J}_{\mathrm{e}} \tag{1.2}$$

式中：$\boldsymbol{J}_{\mathrm{s}}$ 为源电流密度，A/m^2；$\boldsymbol{J}_{\mathrm{e}}$ 为涡流密度，A/m^2。

式（1.1）可写成

$$\nabla \times \boldsymbol{H} = \boldsymbol{J}_{\mathrm{s}} + \boldsymbol{J}_{\mathrm{e}} \tag{1.3}$$

在多数工程问题的分析中，源电流区可以不计入涡流所引起的趋肤效应，涡流区不存在源电流而只有感应的涡流密度[41]。考虑如图 1.2 所示的典型运动涡流场求解区域 $\Omega = \Omega_0 \cup \Omega_1 \cup \Omega_2$，其中 Ω_0 为包括源电流在内的静止介质，电导率 σ_0 为 0，其中某些区域源电流密度 $\boldsymbol{J}_{\mathrm{s}} \neq \boldsymbol{0}$；$\Omega_1$、$\Omega_2$ 为包含运动导体的涡流区域，电导率 σ_1、σ_2 不为 0，而源电流密度 $\boldsymbol{J}_{\mathrm{s}}$ 为 $\boldsymbol{0}$。各导体分别以速度 $\boldsymbol{v}_1$ 和 $\boldsymbol{v}_2$ 运动，对于静止的导体，可看作 $\boldsymbol{v}$ 为 $\boldsymbol{0}$ 的特殊情况。外边界 Γ 由 Γ_{H} 和 Γ_{B} 组成，在 Γ_{B} 上磁通密度的法向分量为 0，在 Γ_{H} 上磁场强度的切向分量为 0。

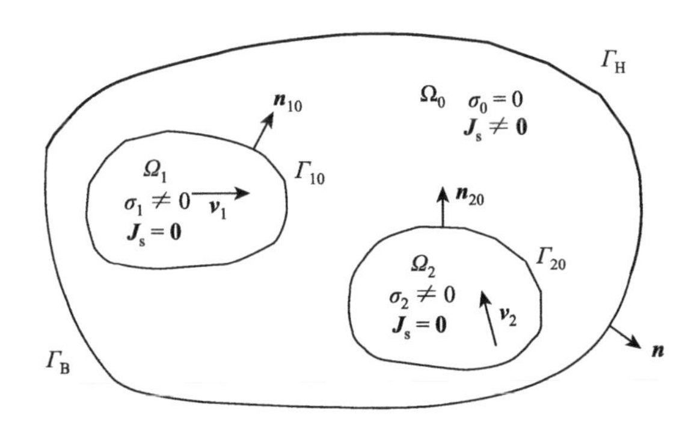

图 1.2　包含运动的涡流场典型求解区域

根据 Maxwell 方程组及涡流场的似稳条件，描述涡流场的控制方程可表述为（以下仅列出 Ω_0 和 Ω_1 上的控制方程，Ω_2 上的控制方程及相应边界条件与 Ω_1 同）

$$\nabla\times\boldsymbol{H}=\boldsymbol{J}_{\mathrm{e}}\quad(在\Omega_1内)\tag{1.4}$$

$$\nabla\cdot\boldsymbol{B}=0\quad(在\Omega_1内)\tag{1.5}$$

$$\nabla\times\boldsymbol{E}=-\frac{\partial\boldsymbol{B}}{\partial t}\quad(在\Omega_1内)\tag{1.6}$$

$$\nabla\times\boldsymbol{H}=\boldsymbol{J}_{\mathrm{s}}\quad(在\Omega_0内)\tag{1.7}$$

$$\nabla\cdot\boldsymbol{B}=0\quad(在\Omega_0内)\tag{1.8}$$

本构方程为

$$\boldsymbol{J}_{\mathrm{e}}=\sigma(\boldsymbol{E}+\boldsymbol{v}\times\boldsymbol{B})\quad(在\Omega_1内)\tag{1.9}$$

$$\boldsymbol{H}=\frac{1}{\mu}\boldsymbol{B}\quad(在\Omega上)\tag{1.10}$$

外边界 Γ 上的边界条件为

$$\boldsymbol{n}\cdot\boldsymbol{B}=0\quad(在\Gamma_{\mathrm{B}}上)\tag{1.11}$$

$$\boldsymbol{n}\times\boldsymbol{H}=\boldsymbol{0}\quad(在\Gamma_{\mathrm{H}}上)\tag{1.12}$$

介质分界面 Γ_{10} 上的边界条件为

$$\boldsymbol{n}_{10}\cdot(\boldsymbol{B}_1-\boldsymbol{B}_0)=0\quad(在\Gamma_{10}上)\tag{1.13}$$

$$\boldsymbol{n}_{10}\times(\boldsymbol{H}_1-\boldsymbol{H}_0)=\boldsymbol{0}\quad(在\Gamma_{10}上)\tag{1.14}$$

式中：$\boldsymbol{B}$ 为磁通密度，$\mathrm{Wb/m^2}$；$\boldsymbol{E}$ 为电场强度，V/m；$\boldsymbol{v}$ 为导体相对于实验室坐标系的运动速度，m/s；μ 为磁导率，H/m；σ 为电导率，S/m。

忽略位移电流的电流连续性方程为

$$\nabla\cdot\boldsymbol{J}_{\mathrm{e}}=0\quad(在\Omega_1内)\tag{1.15}$$

$$\nabla\cdot\boldsymbol{J}_{\mathrm{s}}=0\quad(在\Omega_0内)\tag{1.16}$$

已分别隐含在式（1.4）和式（1.7）中。

运动涡流场中，出现涡流的导体在磁场中将受到电磁力的作用，单位体积内的力密度 $\boldsymbol{f}$ 由式（1.17）决定：

$$\boldsymbol{f}=\boldsymbol{J}\times\boldsymbol{B}\tag{1.17}$$

整个导体受到的合力 $\boldsymbol{F}$ 为 $\boldsymbol{f}$ 在导体上的体积积分，在 $\boldsymbol{F}$ 的作用下，导体将发生运动，根据牛顿第二定律，可得

$$\boldsymbol{F}=m\boldsymbol{a}=m\frac{\mathrm{d}\boldsymbol{v}}{\mathrm{d}t}\tag{1.18}$$

式中：$\boldsymbol{F}$ 为作用在运动导体上的电磁力合力，N；m 为运动导体的质量，kg；$\boldsymbol{a}$ 为运动导体的加速度，$\mathrm{m/s^2}$。

1.2.2　矢量磁位和标量电位表述

1. 电磁位的引入

直接求解 Maxwell 方程组往往不方便，通常可引入不同的电磁位以简化问题，得到以位函数表述的方程组。$\boldsymbol{A}$，ϕ-$\boldsymbol{A}$ 法是较常用的一种表述方法。根据式（1.5）及散度为 0 的矢量可表示为另一矢量的旋度，引入矢量磁位 $\boldsymbol{A}$，满足

$$\boldsymbol{B}=\nabla\times\boldsymbol{A} \tag{1.19}$$

将其代入式（1.6），可得

$$\nabla\times\left(\boldsymbol{E}+\frac{\partial\boldsymbol{A}}{\partial t}\right)=\boldsymbol{0} \tag{1.20}$$

根据旋度为 **0** 的矢量可表示为某一标量的梯度，可将式（1.20）改写为

$$\boldsymbol{E}=-\nabla\phi-\frac{\partial\boldsymbol{A}}{\partial t} \tag{1.21}$$

式中：ϕ 为标量电位，与矢量磁位 $\boldsymbol{A}$ 一起构成时变电磁场的一组电磁位。

结合本构方程式（1.9）和式（1.10），用式（1.19）和式（1.21）取代式（1.5）、式（1.6）和式（1.8），并代入式（1.4）和式（1.7），可得到由矢量磁位 $\boldsymbol{A}$ 和标量电位 ϕ 表示的控制方程：

$$\nabla\times\left(\frac{1}{\mu}\nabla\times\boldsymbol{A}\right)+\sigma\nabla\phi+\sigma\frac{\partial\boldsymbol{A}}{\partial t}-\sigma\boldsymbol{v}\times\nabla\times\boldsymbol{A}=\boldsymbol{0}\quad(\text{在}\varOmega_1\text{内}) \tag{1.22}$$

$$\nabla\times\left(\frac{1}{\mu}\nabla\times\boldsymbol{A}\right)=\boldsymbol{J}_{\mathrm{s}}\quad(\text{在}\varOmega_0\text{内}) \tag{1.23}$$

在外边界 $\varGamma$ 上的边界条件式（1.11）和式（1.12）成为

$$\boldsymbol{n}\cdot(\nabla\times\boldsymbol{A})=0\quad(\text{在}\varGamma_{\mathrm{B}}\text{上}) \tag{1.24}$$

$$\boldsymbol{n}\times\left(\frac{1}{\mu}\nabla\times\boldsymbol{A}\right)=\boldsymbol{0}\quad(\text{在}\varGamma_{\mathrm{H}}\text{上}) \tag{1.25}$$

在介质分界面 $\varGamma_{10}$ 上的边界条件式（1.13）和式（1.14）成为

$$\boldsymbol{n}_{10}\cdot(\nabla\times\boldsymbol{A}_1-\nabla\times\boldsymbol{A}_0)=0\quad(\text{在}\varGamma_{10}\text{上}) \tag{1.26}$$

$$\boldsymbol{n}_{10}\times\left(\frac{1}{\mu_1}\nabla\times\boldsymbol{A}_1-\frac{1}{\mu_0}\nabla\times\boldsymbol{A}_0\right)=\boldsymbol{0}\quad(\text{在}\varGamma_{10}\text{上}) \tag{1.27}$$

2. 库仑规范的并入

以上基本场量方程和边界条件已保证了 $\boldsymbol{E}$ 和 $\boldsymbol{H}$ 的唯一性，即物理上的唯一性，但在

构建位函数定解问题时，还应该保证对某一数学模型来说位函数本身的求解是唯一的[41]。由式（1.19）可见，$\boldsymbol{A}$ 的旋度已指定，另外还需要对 $\boldsymbol{A}$ 的散度进行规定。涡流场计算中较常用的有库仑规范，即规定

$$\nabla\cdot\boldsymbol{A}=0\quad(在\Omega内)\tag{1.28}$$

并在边界上加入条件

$$\boldsymbol{n}\times\boldsymbol{A}=\boldsymbol{0}\quad(在\Gamma_{\mathrm{B}}上)\tag{1.29}$$

$$\boldsymbol{n}\cdot\boldsymbol{A}=0\quad(在\Gamma_{\mathrm{H}}上)\tag{1.30}$$

即可保证在 Ω 上 $\boldsymbol{A}$ 的求解唯一。根据 $\boldsymbol{A}$ 和 $\boldsymbol{E}$ 的唯一性及式（1.21）可得 $\nabla\phi$ 的唯一性，此时只要任意指定导体上某一点的 ϕ 值，即可得到 ϕ 的唯一性。

为了将式(1.28)并入式(1.22)及式(1.23)，可在这两式的左端各加入一项 $-\nabla\dfrac{1}{\mu}(\nabla\cdot\boldsymbol{A})$[1]，使之成为

$$\nabla\times\left(\frac{1}{\mu}\nabla\times\boldsymbol{A}\right)-\nabla\frac{1}{\mu}(\nabla\cdot\boldsymbol{A})+\sigma\nabla\phi+\sigma\frac{\partial\boldsymbol{A}}{\partial t}-\sigma\boldsymbol{v}\times\nabla\times\boldsymbol{A}=\boldsymbol{0}\quad(在\Omega_1内)\tag{1.31}$$

$$\nabla\times\left(\frac{1}{\mu}\nabla\times\boldsymbol{A}\right)-\nabla\frac{1}{\mu}(\nabla\cdot\boldsymbol{A})=\boldsymbol{J}_{\mathrm{s}}\quad(在\Omega_0内)\tag{1.32}$$

并在外边界上指定

$$\frac{1}{\mu}\nabla\cdot\boldsymbol{A}=0\quad(在\Gamma_{\mathrm{B}}上)\tag{1.33}$$

$$\frac{\partial}{\partial\boldsymbol{n}}\left(\frac{1}{\mu}\nabla\cdot\boldsymbol{A}\right)=0\quad(在\Gamma_{\mathrm{H}}上)\tag{1.34}$$

在介质交界面处指定

$$\frac{1}{\mu_1}\nabla\cdot\boldsymbol{A}_1=\frac{1}{\mu_0}\nabla\cdot\boldsymbol{A}_0\quad(在\Gamma_{10}上)\tag{1.35}$$

这样处理后，可证明 $\nabla\cdot\boldsymbol{A}$ 满足库仑规范[41]。

方程中加入 $-\nabla\dfrac{1}{\mu}(\nabla\cdot\boldsymbol{A})$ 项后，电流连续性方程式（1.15）不能自动满足了，因此在控制方程中需要显式列出。最后得到的由电磁位 $\boldsymbol{A}$、ϕ 表示的控制方程和边界条件为

$$\nabla\times\left(\frac{1}{\mu}\nabla\times\boldsymbol{A}\right)-\nabla\left(\frac{1}{\mu}\nabla\cdot\boldsymbol{A}\right)+\sigma\nabla\phi+\sigma\frac{\partial\boldsymbol{A}}{\partial t}-\sigma\boldsymbol{v}\times\nabla\times\boldsymbol{A}=\boldsymbol{0}\quad(在\Omega_1内)\tag{1.36}$$

$$\nabla\cdot\left(\sigma\nabla\phi+\sigma\frac{\partial\boldsymbol{A}}{\partial t}-\sigma\boldsymbol{v}\times\nabla\times\boldsymbol{A}\right)=0\quad(在\Omega_1内)\tag{1.37}$$

$$\nabla\times\left(\frac{1}{\mu}\nabla\times\boldsymbol{A}\right)-\nabla\left(\frac{1}{\mu}\nabla\cdot\boldsymbol{A}\right)=\boldsymbol{J}_{\mathrm{s}}\quad(在\Omega_0内)\tag{1.38}$$

$$\boldsymbol{n}\times\boldsymbol{A}=\boldsymbol{0}\quad(在\Gamma_{\mathrm{B}}上)\tag{1.39}$$

$$\frac{1}{\mu}\nabla\cdot\boldsymbol{A}=0 \quad (\text{在}\Gamma_{\mathrm{B}}\text{上}) \tag{1.40}$$

$$\boldsymbol{n}\cdot\boldsymbol{A}=0 \quad (\text{在}\Gamma_{\mathrm{H}}\text{上}) \tag{1.41}$$

$$\boldsymbol{n}\times\frac{1}{\mu}\nabla\times\boldsymbol{A}=\boldsymbol{0} \quad (\text{在}\Gamma_{\mathrm{H}}\text{上}) \tag{1.42}$$

$$\boldsymbol{A}_1=\boldsymbol{A}_0 \quad (\text{在}\Gamma_{10}\text{上}) \tag{1.43}$$

$$\boldsymbol{n}_{10}\times\left(\frac{1}{\mu_1}\nabla\times\boldsymbol{A}_1-\frac{1}{\mu_0}\nabla\times\boldsymbol{A}_0\right)=\boldsymbol{0} \quad (\text{在}\Gamma_{10}\text{上}) \tag{1.44}$$

$$\frac{1}{\mu_1}\nabla\cdot\boldsymbol{A}_1-\frac{1}{\mu_0}\nabla\cdot\boldsymbol{A}_0=0 \quad (\text{在}\Gamma_{10}\text{上}) \tag{1.45}$$

$$\boldsymbol{n}_{10}\cdot\left(\sigma_1\nabla\phi_1+\sigma_1\frac{\partial\boldsymbol{A}_1}{\partial t}-\sigma_1\boldsymbol{v}_1\times\nabla\times\boldsymbol{A}_1\right)=0 \quad (\text{在}\Gamma_{10}\text{上}) \tag{1.46}$$

其中边界条件式（1.24）、式（1.26）及式（1.34）未列出是因为它们分别可由式（1.39）、式（1.43）及式（1.42）导出。为便于编写程序，式（1.36）与式（1.38）可合写为

$$\nabla\times\left(\frac{1}{\mu}\nabla\times\boldsymbol{A}\right)-\nabla\left(\frac{1}{\mu}\nabla\cdot\boldsymbol{A}\right)+\sigma\nabla\phi+\sigma\frac{\partial\boldsymbol{A}}{\partial t}-\sigma\boldsymbol{v}\times\nabla\times\boldsymbol{A}=\boldsymbol{J}_{\mathrm{s}} \quad (\text{在}\Omega\text{内}) \tag{1.47}$$

3. 二维运动涡流场的简化表述

在保证物理量 $\boldsymbol{B}$ 与 $\boldsymbol{E}$ 不变的前提下，可以选择另一组电磁位 $\boldsymbol{A}'$和ϕ'来代替 $\boldsymbol{A}$ 和ϕ，有些场合这种规范变换可使处理简化。例如，选择函数 S，使

$$S=-\int\phi\mathrm{d}t \tag{1.48}$$

并令

$$\boldsymbol{A}'=\boldsymbol{A}-\nabla S=\boldsymbol{A}+\int\nabla\phi\mathrm{d}t \tag{1.49}$$

$$\phi'=\phi+\frac{\partial S}{\partial t}=0 \tag{1.50}$$

通过该变换可消去标量电位，而且用新的位函数表示的 $\boldsymbol{B}$ 与 $\boldsymbol{E}$ 不变，即

$$\boldsymbol{B}=\nabla\times\boldsymbol{A}'=\nabla\times\boldsymbol{A} \tag{1.51}$$

$$\boldsymbol{E}=-\frac{\partial\boldsymbol{A}'}{\partial t}-\nabla\phi'=-\frac{\partial\boldsymbol{A}'}{\partial t}=-\frac{\partial\boldsymbol{A}}{\partial t}-\nabla\phi \tag{1.52}$$

在库仑规范$\nabla\cdot\boldsymbol{A}'=0$ 下，电流连续性定律可表示为

$$\nabla\cdot\boldsymbol{J}=\nabla\cdot(\sigma\boldsymbol{E})=\sigma\nabla\cdot\boldsymbol{E}+\nabla\sigma\cdot\boldsymbol{E}=-\sigma\frac{\partial}{\partial t}\nabla\cdot\boldsymbol{A}'+\nabla\sigma\cdot\boldsymbol{E}=\nabla\sigma\cdot\boldsymbol{E}=0 \tag{1.53}$$

式（1.53）表明上述规范变换的条件是$\nabla\sigma$ 沿电场方向的分量为 0。除了整个求解域电导率均匀的特殊情况，一般三维涡流场由于$\nabla\sigma\cdot\boldsymbol{E}$ 不为 0，该变换与电流连续性方程及库仑规范不相容。故一般情况下，三维涡流场中标量电位不能消去。而在二维场下，电

场方向为 z 或 φ 方向，而 σ 作为材料参数沿 z 或 φ 方向无变化，故满足条件式（1.53），可以利用该规范变换来简化计算。

为表述方便，在二维场下，仍用 $\boldsymbol{A}$ 来代表 $\boldsymbol{A}'$。对于二维平面场，$\boldsymbol{A}$ 仅有 z 方向分量 A_z，即

$$\boldsymbol{A}=A_z\boldsymbol{z} \tag{1.54}$$

且 A_z 沿 z 轴无变化，$\nabla\cdot\boldsymbol{A}$ 为 0，故无须像三维涡流场那样加入 $-\nabla\dfrac{1}{\mu}\nabla\cdot\boldsymbol{A}$ 项来保证库仑规范。式（1.47）简化为

$$\nabla\times\left(\frac{1}{\mu}\nabla\times\boldsymbol{A}\right)+\sigma\frac{\partial\boldsymbol{A}}{\partial t}-\sigma\boldsymbol{v}\times\nabla\times\boldsymbol{A}=\boldsymbol{J}_{\mathrm{s}} \tag{1.55}$$

将式（1.54）代入式（1.55），简化后该式各项均只剩 z 方向分量，成为标量方程：

$$-\nabla\cdot\left(\frac{1}{\mu}\nabla A_z\right)+\sigma\frac{\partial A_z}{\partial t}+\sigma v_x\frac{\partial A_z}{\partial x}+\sigma v_y\frac{\partial A_z}{\partial y}=J_{\mathrm{s}z} \tag{1.56}$$

式中：v_x、v_y 为导体在 x、y 方向的速度，m/s。

对于二维轴对称场，$\boldsymbol{A}$ 仅有 φ 方向分量 A_φ，即

$$\boldsymbol{A}=A_\varphi\boldsymbol{\varphi} \tag{1.57}$$

同理，库仑规范已满足，式（1.55）在二维轴对称场情形下可表示为

$$-\frac{\partial}{\partial z}\left(\frac{1}{\mu}\frac{\partial A_\varphi}{\partial z}\right)-\frac{\partial}{\partial\rho}\left[\frac{1}{\mu\rho}\frac{\partial(\rho A_\varphi)}{\partial\rho}\right]+\sigma\frac{\partial A_\varphi}{\partial t}+\sigma v_z\frac{\partial A_\varphi}{\partial z}+\sigma v_\rho\frac{1}{\rho}\frac{\partial(\rho A_\varphi)}{\partial\rho}=J_{\mathrm{s}\varphi} \tag{1.58}$$

式中：v_ρ、v_z 为导体在 ρ、z 方向的速度，m/s。

在程序实现时，一般以 ρA_φ 为求解变量[42]，式（1.58）可改写为

$$\begin{aligned}&-\frac{\partial}{\partial z}\left[\frac{1}{\mu\rho}\frac{\partial(\rho A_\varphi)}{\partial z}\right]-\frac{\partial}{\partial\rho}\left[\frac{1}{\mu\rho}\frac{\partial(\rho A_\varphi)}{\partial\rho}\right]+\frac{\sigma}{\rho}\frac{\partial(\rho A_\varphi)}{\partial t}+\frac{\sigma}{\rho}v_z\frac{\partial(\rho A_\varphi)}{\partial z}\\&+\frac{\sigma}{\rho}v_\rho\frac{\partial(\rho A_\varphi)}{\partial\rho}=J_{\mathrm{s}\varphi}\end{aligned} \tag{1.59}$$

式（1.59）中 $1/(\mu\rho)$ 及 σ/ρ 可作为材料参数来处理，最后的磁力线结果也只需显示等 ρA_φ 线。可证明，对于二维平面场，磁力线为等 A_z 线，而对于二维轴对称场，磁力线为等 ρA_φ 线。

1.2.3 矢量电位和标量磁位表述

$\boldsymbol{T}$，ψ-ψ 法同样把三维涡流场的场域分成涡流区和非涡流区两部分，并将源电流归入非涡流区。但与 $\boldsymbol{A}$，ϕ-$\boldsymbol{A}$ 法不同，$\boldsymbol{T}$，ψ-ψ 法在涡流区将矢量电位 $\boldsymbol{T}$ 和标量磁位 ψ 作

为未知函数，在非涡流区只将 ψ 作为未知函数。在涡流区，由式（1.15）可知涡流电流密度的无散性，可以引入矢量电位 $\boldsymbol{T}$，使

$$\boldsymbol{J}_{\mathrm{e}} = \nabla \times \boldsymbol{T} \tag{1.60}$$

式（1.3）可写成

$$\nabla \times \boldsymbol{H} = \boldsymbol{J}_{\mathrm{s}} + \boldsymbol{J}_{\mathrm{e}} = \nabla \times \boldsymbol{H}_{\mathrm{s}} + \boldsymbol{J}_{\mathrm{e}} \tag{1.61}$$

式中：$\boldsymbol{H}_{\mathrm{s}}$ 为源电流密度在无限大空间所产生的磁场强度。

综合式（1.60）和式（1.61），可得

$$\nabla \times (\boldsymbol{H} - \boldsymbol{T} - \boldsymbol{H}_{\mathrm{s}}) = \boldsymbol{0} \tag{1.62}$$

故可将 $\boldsymbol{H}$ 表示为

$$\boldsymbol{H} = \boldsymbol{T} - \nabla \psi + \boldsymbol{H}_{\mathrm{s}} \tag{1.63}$$

式中：ψ 为标量磁位，它可看作静磁场中标量磁位在涡场情况下的推广。

在非涡流区，$\boldsymbol{J}_{\mathrm{e}} = \boldsymbol{0}$，$\boldsymbol{J}_{\mathrm{s}}$ 为已知函数，因而不需要引入矢量电位，磁场强度按式（1.64）计算。

$$\boldsymbol{H} = \boldsymbol{H}_{\mathrm{s}} - \nabla \psi \tag{1.64}$$

由本构方程式（1.9），可得

$$\boldsymbol{E} = \rho \boldsymbol{J}_{\mathrm{e}} - \boldsymbol{v} \times \boldsymbol{B} \tag{1.65}$$

将式（1.65）、式（1.63）代入式（1.5）、式（1.6）、式（1.8），可得 $\boldsymbol{T}$ 与 ψ 满足的场方程：

$$\begin{aligned}&\nabla \times \rho \nabla \times \boldsymbol{T} - \nabla \times (\mu \boldsymbol{v} \times \boldsymbol{T}) + \nabla \times (\mu \boldsymbol{v} \times \nabla \psi) - \nabla \rho \nabla \cdot \boldsymbol{T} + \frac{\partial \mu (\boldsymbol{T} - \nabla \psi)}{\partial t} \\ &= -\frac{\partial \mu \boldsymbol{H}_{\mathrm{s}}}{\partial t} + \nabla \times (\mu \boldsymbol{v} \times \boldsymbol{H}_{\mathrm{s}})\end{aligned} \quad (\text{在}\Omega_1\text{内}) \tag{1.66}$$

$$\nabla \cdot \mu (\boldsymbol{T} - \nabla \psi) = -\nabla \cdot \mu \boldsymbol{H}_{\mathrm{s}} \quad (\text{在}\Omega_1\text{内}) \tag{1.67}$$

$$\nabla \cdot \mu \nabla \psi = -\nabla \cdot \mu \boldsymbol{H}_{\mathrm{s}} \quad (\text{在}\Omega_0\text{内}) \tag{1.68}$$

与矢量磁位 $\boldsymbol{A}$ 的散度规定相类似，式（1.66）中的 $-\nabla \rho \nabla \cdot \boldsymbol{T}$ 项也是为了规定 $\boldsymbol{T}$ 的散度为零而引入的。

在 $\boldsymbol{T}$，ψ-ψ 法中源电源密度的作用是通过 $\boldsymbol{H}_{\mathrm{s}}$ 引入的，在数值计算中需要按照毕奥-萨伐尔定律预先算出 $\boldsymbol{H}_{\mathrm{s}}$，任一点 P 的 $\boldsymbol{H}_{\mathrm{s}}$ 由式（1.69）计算。

$$\boldsymbol{H}_{\mathrm{s}}(P) = \frac{1}{4\pi} \int_{\Omega_{\mathrm{s}}} \frac{\boldsymbol{J}_{\mathrm{s}} \times \boldsymbol{r}}{r^3} \mathrm{d}\Omega \tag{1.69}$$

式中：$\boldsymbol{r}$ 为电流源指向 P 点的矢量；r 为电流源与 P 点之间的距离。

式（1.69）需要根据电流密度的分布用数值积分方法计算。

1.3 Eulerian 坐标系和 Lagrangian 坐标系描述

在以上对运动涡流场的数学描述中，速度反映在方程的对流项 $\sigma \boldsymbol{v}\times\boldsymbol{B}$ 中。对流项的出现是因为对系统中静止和运动的区域采用了同一套坐标系（如实验室坐标系）进行描述，这种描述称为 Eulerian 描述，也常称为静止坐标系描述。但是假如观察者本身处于运动体上，即在每一处运动区域上用一套与运动区域一同运动的坐标系进行描述，则对流项将不会显式地出现在方程中，这种描述称为 Lagrangian 描述，或称为运动坐标系描述。

如图 1.3 所示，其中 X、Y、Z 为 Lagrangian 坐标系下的坐标，x、y、z 为 Eulerian 坐标系下的坐标。

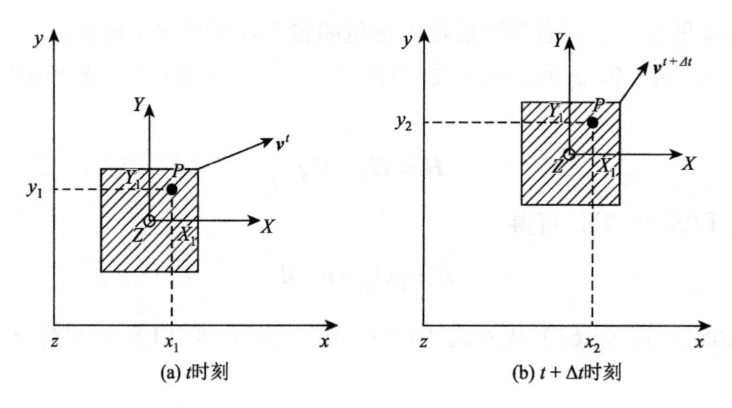

图 1.3 Eulerian 和 Lagrangian 坐标系示意图

在 Eulerian 坐标系下，运动涡流场方程的 $\boldsymbol{A}$，ϕ-$\boldsymbol{A}$ 法位函数表述为

$$\begin{aligned}&\nabla\times\left[\frac{1}{\mu}\nabla\times\boldsymbol{A}(x,y,z,t)\right]-\nabla\left[\frac{1}{\mu}\nabla\cdot\boldsymbol{A}(x,y,z,t)\right]+\sigma\nabla\phi(x,y,z,t)\\&+\sigma\frac{\partial\boldsymbol{A}(x,y,z,t)}{\partial t}-\sigma\boldsymbol{v}\times\nabla\times\boldsymbol{A}(x,y,z,t)=\boldsymbol{J}_{\mathrm{s}}\end{aligned}\tag{1.70}$$

$$\nabla\cdot\left[\sigma\nabla\phi(x,y,z,t)+\sigma\frac{\partial\boldsymbol{A}(x,y,z,t)}{\partial t}-\sigma\boldsymbol{v}\times\nabla\times\boldsymbol{A}(x,y,z,t)\right]=0\tag{1.71}$$

在 Lagrangian 坐标系下，运动涡流场方程的 $\boldsymbol{A}$，ϕ-$\boldsymbol{A}$ 法位函数表述为

$$\begin{aligned}&\nabla'\times\left[\frac{1}{\mu}\nabla'\times\boldsymbol{A}(X,Y,Z,t)\right]-\nabla'\left[\frac{1}{\mu}\nabla'\cdot\boldsymbol{A}(X,Y,Z,t)\right]+\sigma\nabla'\phi(X,Y,Z,t)\\&+\sigma\frac{\partial\boldsymbol{A}(X,Y,Z,t)}{\partial t}=\boldsymbol{J}_{\mathrm{s}}\end{aligned}\tag{1.72}$$

$$\nabla'\cdot\left[\sigma\nabla'\phi(X,Y,Z,t)+\sigma\frac{\partial\boldsymbol{A}(X,Y,Z,t)}{\partial t}\right]=0\tag{1.73}$$

由于有限元法中对时间的差分近似，两种坐标系描述的方程在离散时并不完全等价，以二维平面场为例，设在（$t, t+\Delta t$）时间段内，运动体上某点 P 沿 x 方向由（x_1, y_1）运动到（x_2, y_1），当时间离散采取差分格式时，在 Eulerian 坐标系下有

$$\begin{aligned}\boldsymbol{J}_{\mathrm{e}} &= \sigma \frac{\partial A_z(x_2, y_1, t+\Delta t)}{\partial t}\boldsymbol{z} - \sigma \boldsymbol{v} \times \nabla \times [A_z(x_2, y_1, t+\Delta t)\boldsymbol{z}] \\ &\approx \sigma \frac{A_z(x_2, y_1, t+\Delta t) - A_z(x_2, y_1, t)}{\Delta t}\boldsymbol{z} - \sigma v_x B_y(x_2, y_1, t+\Delta t)\boldsymbol{z}\end{aligned} \tag{1.74}$$

在 Lagrangian 坐标系下有

$$\begin{aligned}\boldsymbol{J}_{\mathrm{e}} &= \sigma \frac{\partial A_z(X_1, Y_1, t+\Delta t)}{\partial t}\boldsymbol{z} \\ &\approx \sigma \frac{A_z(X_1, Y_1, t+\Delta t) - A_z(X_1, Y_1, t)}{\Delta t}\boldsymbol{z} \\ &= \sigma \frac{A_z(x_2, y_1, t+\Delta t) - A_z(x_1, y_1, t)}{\Delta t}\boldsymbol{z} \\ &= \sigma \frac{A_z(x_2, y_1, t+\Delta t) - A_z(x_2, y_1, t)}{\Delta t}\boldsymbol{z} + \sigma \frac{A_z(x_2, y_1, t) - A_z(x_1, y_1, t)}{\Delta x}\frac{\Delta x}{\Delta t}\boldsymbol{z} \\ &= \sigma \frac{A_z(x_2, y_1, t+\Delta t) - A_z(x_2, y_1, t)}{\Delta t}\boldsymbol{z} - \sigma v_x \bar{B}_y \boldsymbol{z}\end{aligned} \tag{1.75}$$

可见，时间离散后两种坐标系下涡流表达式的形式不同，在 Eulerian 坐标系描述下表达式中包含 $v_x B_y(x_2, y_1, t+\Delta t)$，即速度与点（$x_2, y_1$）处 B_y 的乘积；而在 Lagrangian 坐标系描述下包含 $v_x \bar{B}_y$，即速度与（x_1, y_1）到（x_2, y_1）之间的平均磁通密度 $\bar{B}_y = -[A_z(x_2, y_1, t) - A_z(x_1, y_1, t)]/\Delta x$ 的乘积。

显然在 Eulerian 坐标系描述下，方程组矩阵由于速度项的存在而不对称，但 Lagrangian 坐标系描述下可保证方程组矩阵的对称性。除此之外，两种坐标系各有其所适用的问题类型。各类运动系统有不同的处理方式[6]，其中典型的几类如图 1.4 所示。

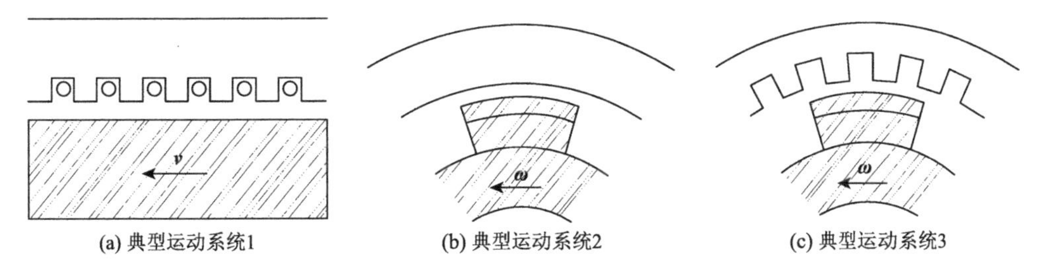

图 1.4　几类典型运动系统

Eulerian 坐标系适用于某些在运动过程中电磁结构不发生改变的系统，即相对运动的不同介质的交界面在运动过程中处处满足[30]

$$\boldsymbol{v} \cdot \boldsymbol{n} = 0 \tag{1.76}$$

式中：$\boldsymbol{v}$ 为交界面上运动部分在某点的速度；$\boldsymbol{n}$ 为该点处运动边界的法向量。满足该条

件的运动系统包括少数简化模型，如转子表面光滑的旋转电机或近似无限长的直线电机[图 1.4（a）]。某些系统的运动部分（相对实验室坐标系来说）不能满足式（1.76），但静止部分边界满足该式[图 1.4（b）]，可将描述方程的 Eulerian 坐标系建立在运动部分上，而将速度加在静止部分上。这两种情况下计算网格可保持不变，采用 Eulerian 坐标系进行处理较为有利，此时速度反映在方程的对流项中。当激励源为直流或交流时，还可用稳态场或时谐场的方式进行求解。

对于许多实际工程问题，系统部件的运动往往改变了整体的电磁结构[图 1.4（c）]，如凸极电机运行时定转子齿槽相对位置的改变，线圈发射器的抛体在通过线圈时的加速过程等。此时一般需要根据运动调整不同材料网格的相对位置，并对该过程进行瞬态场计算，采用固定在网格上的 Lagrangian 坐标系来描述问题自然更加方便。此时，方程中将不显式地出现 $\boldsymbol{v}\times\boldsymbol{B}$，而速度反映在运动体离散网格在每一时间步的位移中。

参 考 文 献

[1] BIRO O，PREIS K. On the use of the magnetic vector potential in the finite-element analysis of three-dimensional eddy currents[J]. IEEE transactions on magnetics，1989，25（4）：3145-3159.

[2] ALBERTZ D，DAPPEN S，HENNEBERGER G. Calculation of the 3D non-linear eddy current field in moving conductors and its application to braking systems[J]. IEEE transactions on magnetics，1996，32（3）：768-771.

[3] RODGER D，LEONARD P J，KARAGULER T. An optimal formulation for 3D moving conductor eddy current problems with smooth rotors[J]. IEEE transactions on magnetics，1990，26（5）：2359-2363.

[4] RODGER D，LEONARD P J，EASTHAM J F. Modelling electromagnetic rail launchers at speed using 3D finite elements[J]. IEEE transactions on magnetics，1991，27（1）：314-317.

[5] MURAMATSU K，NAKATA T，TAKAHASHI N，et al. Comparison of coordinate systems for eddy current analysis in moving conductors[J]. IEEE transactions on magnetics，1992，28（2）：1186-1189.

[6] DAVAT B，REN Z，LAJOIE-MAZENC M. The movement in field modeling[J]. IEEE transactions on magnetics，1985，21（6）：2296-2298.

[7] FURUKAWA T，KOMIYA K，MUTA I. An upwind Galerkin finite element analysis of linear induction motors[J]. IEEE transactions on magnetics，1990，26（2）：662-665.

[8] CHAN E K，WILLIAMSON S. Factors influencing the need for upwinding in two- dimensional field calculation[J]. IEEE transactions on magnetics，1992，28（2）：1611-1614.

[9] ITO M，TAKAHASHI T，ODAMURA M. Up-wind finite element solution of travelling magnetic field

problems[J]. IEEE transactions on magnetics，1992，28（2）：1605-1610.

[10] RODGER D，KARGULER T，LEONARD P J. A formulation for 3D moving conductor eddy current problems[J]. IEEE transactions on magnetics，1989，25（5）：4147-4149.

[11] 张惠娟. 运动电磁系统涡流场有限元研究[D]. 天津：河北工业大学，2000.

[12] ALLEN N，RODGER D，COLES P C，et al. Towards increased speed computations in 3D moving eddy current inite element modeling[J]. IEEE transactions on magnetics，1995，31（6）：3524-3526.

[13] 甘艳，阮江军，张宇. 有限元与有限体积法相结合处理运动电磁问题[J]. 中国电机工程学报，2006，26（14）：145-151.

[14] 陈德智，邵可然，余海涛. 有限解析单元法求解运动导体涡流场[J]. 电机与控制学报，2000，4（3）：143-147.

[15] CHEN D Z，SHAO K R，YU H T，et al. A novel finite analytic element method for solving eddy current problems with moving conductors[J]. IEEE transactions on magnetics，2001，37（5）：3150-3154.

[16] YU H T，SHAO K R，ZHOU K D，et al. Upwind-linear edge elements for 3D moving conductor eddy current problems[J]. IEEE transactions on magnetics，1996，32（3）：760-763.

[17] YAMAZAKI K，WATARI S，EGAWA A. Adaptive finite element meshing for eddy current analysis of moving conductor[J]. IEEE transactions on magnetics，2004，40（2）：993-996.

[18] JAY P，MICHAELIDES A M，TAYLOR S C. Finite element analysis of dynamic linear devices[C]//The fourth international conference on computation in electromagnetics. London：IEF，2002.

[19] IM D H，KIM C E. Finite element force calculation of a linear induction motor taking account of the movement[J]. IEEE fransactions on magnetics. 1994，30（5）：3495-3498.

[20] KWON B I，WOO K I，KIM S，et al. Analysis for dynamic characteristics of a single- sided linear induction motor having joints in the secondary conductor and back-iron[J]. IEEE transactions on magnetics，2000，36（4）：823-826.

[21] 金志颖，杨仕友，倪光正，等. EMS 型磁悬浮列车电磁系统动态电磁场的有限元分析及其悬浮与牵引力特性的研究[J]. 中国电机工程学报，2004，24（10）：133-137.

[22] 韩敬东，严登俊，刘瑞芳，等. 处理电磁场有限元运动问题的新方法[J]. 中国电机工程学报，2003，23（8）：163-167.

[23] PERRIN-BIT R，COULOMB J L. A three dimensional finite element mesh connection for problems involving movement[J]. IEEE transactions on magnetics，1995，31（3）：1920-1923.

[24] RODGER D，LAI H C，LEONARD P J. Coupled elements for problems involving movement[J]. IEEE

transactions on magnetics，1990，26（2）：548-550.

[25] LEONARD P J, LAI H C, HAINSWORTH G, et al. Analysis of the performance of tubular pulsed coil induction launchers[J]. IEEE transactions on magnetics，1993，29（1）：686-690.

[26] LAI H C，RODGER D，LEONARD P J. Coupling meshes in 3D problems involving movements[J]. IEEE transactions on magnetics，1992，28（2）：1732-1734.

[27] Razek A，Coulomb J，Feliachi M，et al. Conception of an air-gap element for the dynamic analysis of the electromagnetic field in electric machines[J]. IEEE transactions on magnetics，1982，18（2）：655-659.

[28] DE G H，WEILAND T. A computationally efficient air-gap element for 2-D FE machine models[J]. IEEE transactions on magnetics，2005，41（5）：1844-1847.

[29] KURZ S，FETZER J，LEHNER G. Three dimensional transient BEM-FEM coupled analysis of electrodynamic levitation problems[J]. IEEE transactions on magnetics，1996，32（3）：1062-1065.

[30] KURZ S，FETZER J，LEHNER G，et al. A novel formulation for 3D eddy current problems with moving bodies sing a Lagrangian description and BEM-FEM coupling[J]. IEEE transactions on magnetics，1998，34（5）：3068-3073.

[31] RISCHMUELLER V，HAAS M，KURZ S，et al. 3D transient analysis of electrome- chanical devices using parallel BEM coupled to FEM[J]. IEEE transactions on magnetics，2000，36（4）：1360-1363.

[32] LAI H C，RODGER D，COLES P C. A finite element scheme for colliding meshes[J]. IEEE transactions on magnetics，1999，35（3）：1362-1364.

[33] ANTUNES J，BASTOS J P，SADOWSKI N，et al. Comparison between nonconforming movement methods[J]. IEEE transactions on magnetics，2006，42（4）：599-602.

[34] FLEMISCH B，MADAY Y，RAPETTI F，et al. Coupling scalar and vector potentials on nonmatching grids for eddy currents in a moving conductor[J]. Journal of computational and applied mathematics，2004，168（1/2）：191-205.

[35] IDA N. Velocity effects and low level fields in axisymmetric geometries（Summary of Results，problem 9）[J]. COMPEL-The international journal for computation and mathematics in electrical and electronic engineering. 1990，9（3）：169-180.

[36] FREEMAN E，LOWTHER D. Team workshop problem 17：the jumping ring[OL]. Available：http：//www.compumag.org/wp/team/problem 17.

[37] KARL H，FETZER J，KURZ S，et al. Description of TEAM workshop problem 28：an electrodynamic

levitation device[OL]. Available：http：//www.compumag.org/wp/ team/problem 28.

[38] RODGER D，ALLEN N，COLES P C，et al. Finite element calculation of forces on a DC magnet moving over an iron rail[J]. IEEE transactions on magnetics，1994，30（6）：4680-4682.

[39] RODGER D，EASTHAM J. Characteristics of a linear induction tachometer—a 3D moving conductor eddy current problem[J]. IEEE transactions on magnetics，1985，21（6）：2412-2415.

[40] RODGER D，LEONARD P J. Modelling the electromagnetic performance of moving rail gun aunchers using finite elements[J]. IEEE transactions on magnetics，1993，29（1）：496-498.

[41] 谢德馨，姚缨英，白保东，等. 三维涡流场的有限元分析[M]. 北京：机械工业出版社，2001.

[42] 金建铭. 电磁场有限元方法[M]. 西安：西安电子科技大学出版社，1998.

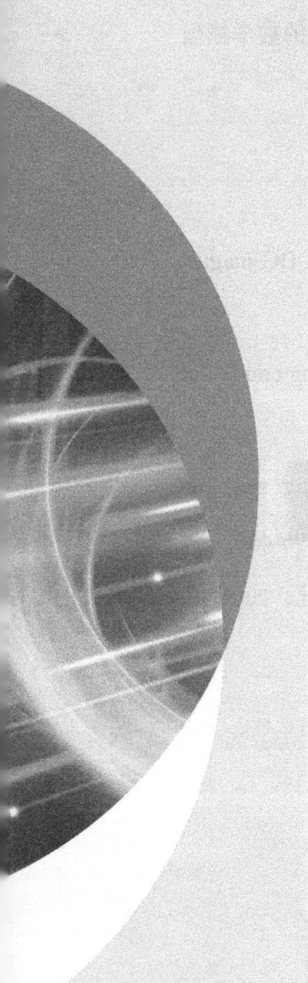

第 2 章

混合有限元法-有限体积法

Eulerian 坐标系下运动涡流场问题的控制方程为对流扩散方程。本章将首先介绍有限元法、有限体积法（finite volume method，FVM）的基本原理和离散过程，之后分析常规 Galerkin 有限元法求解对流扩散方程时，数值解与对流项系数、扩散项系数及网格尺度间的关系，并结合实例说明常规 Galerkin 有限元法求解对流扩散方程时解的振荡问题。

为克服上述振荡问题，提出应用混合有限元法-有限体积法处理 Eulerian 坐标系下的运动涡流场问题。该方法用有限元法离散控制方程的扩散项，用有限体积法离散控制方程的对流项，同时在对流项的离散中引入迎风思想以消除解的振荡。这种处理方式充分发挥了有限元法和有限体积法各自的优势。作为验证，将混合有限元法-有限体积法应用于 TEAM 9 的第 1 个问题（以下简称 TEAM 9-1）。结果可见，在一定的剖分量下，$Pe>1$ 时的解不出现振荡。

2.1　有限元法的基本原理及离散方式

2.1.1　加权余量法

考虑在求解域 Ω 上给定边界条件的微分方程：

$$\pounds(u_0)=f \quad (在\Omega内) \tag{2.1}$$

式中：$\pounds$为微分算子；u_0为待求的精确解；f为右端源项。

在边界 $\Gamma=\Gamma_1\cup\Gamma_2$ 上的边界条件为[1]

$$S(u_0)=s \quad (在\Gamma_1上) \tag{2.2}$$

$$G(u_0)=p \quad (在\Gamma_2上) \tag{2.3}$$

式中：s、p 均为边界上的已知函数。式（2.2）为本质边界条件，$S(u_0)$通常为 u_0 的函数；式（2.3）为非本质或自然边界条件，$G(u_0)$通常包含 u_0 在边界法向上的偏导数。

加权余量法在 20 世纪 30 年代就已作为一种解题思想被提出，Crandal 将该类方法统一归纳为加权余量法[2]。该方法的目的在于找到一个与精确解 u_0 尽可能接近的近似解 u，称为试探函数。为此，构造有限个线性无关的基函数 N_i $(i=1,2,\cdots,n)$，并将 u 表示为

$$u=\sum_{i=1}^{n}N_i\alpha_i \tag{2.4}$$

式中：α_i为待定常数，通常取离散节点上的待定函数值。将 u 代入式（2.1）的左端，一般来说方程将不再成立，而产生一个“余量”或“误差”函数 R：

$$R=\pounds(u)-f\neq 0 \quad (在\Omega内) \tag{2.5}$$

若 u 不满足本质边界条件式（2.2），则存在如下 Γ_1 边界上的余量函数：

$$R_1=S(u)-s \quad (在\Gamma_1上) \tag{2.6}$$

若 u 不满足自然边界条件式（2.3），则存在如下 Γ_2 边界上的余量函数：

$$R_2=G(u)-g \quad (在\Gamma_2上) \tag{2.7}$$

加权余量法的基本思想就是使上述一个或几个余量函数在某种平均意义上为 0，由此来确定近似解 u。为此取一组线性无关的函数集合 W_i（$i=1,2,\cdots,m$）及一组任意系数 β_i，构造加权函数 w：

$$w=\sum_{i=1}^{m}W_i\beta_i \tag{2.8}$$

并令

$$\int_{\Omega}Rw\mathrm{d}\Omega=\int_{\Omega}[\pounds(u)-f]w\mathrm{d}\Omega=0 \tag{2.9}$$

由于β_i的任意性，式（2.9）可等效为

$$\int_{\Omega} RW_i \mathrm{d}\Omega = 0 \quad (i = 1,2,\cdots,m) \tag{2.10}$$

式中：m 应与未知量的个数相等。式（2.9）的意义在于，虽然无法实现 u 与 u_0 处处相等，但通过将余量乘以权函数并令其在 Ω 上的积分为 0，可以使 u 与 u_0 的误差在平均意义上为 0。不同的数值方法对边界余量的处理方式各有不同，或者通过选择合适的 u 直接满足式（2.6），从而在平均意义上满足式（2.7），如 Galerkin 有限元法；或者 u 不必直接满足式（2.6）和式（2.7），而在平均意义上满足这些边界条件，如边界元法。

不难看出，选择适当的 N_i 与 W_i 是加权余量法的关键。N_i 与 W_i 应是线性无关的，且 N_i 的叠加式（2.4）能够合理地逼近精确解 u_0。其他选择依据包括[3]：①求解的精度要求；②计算矩阵元素是否容易；③可逆矩阵的维数；④是否能获得良态矩阵。

通过选择不同的 N_i 和 W_i 的组合，可以推导出各种数值方法。从加权余量法出发推导数值方法的优点在于：加权余量法直接从控制方程出发，理论上更加简洁明晰；而且该方法不需要像变分法一样首先要得到与边值问题等价的泛函，其适用范围更加广泛。以如下二维泊松（Poisson）方程为例说明有限元法的导出过程。

$$-\nabla^2 u_0 = f \quad (\text{在}\Omega\text{内}) \tag{2.11}$$

$$u_0 = \overline{u} \quad (\text{在}\Gamma_1\text{上}) \tag{2.12}$$

$$\frac{\partial u_0}{\partial n} = \overline{q} \quad (\text{在}\Gamma_2\text{上}) \tag{2.13}$$

式中：$\overline{u}$、$\overline{q}$ 为已知函数。

将近似函数 u 代入式（2.11）的左端，并对余量进行加权积分，令结果为 0，得

$$\int_{\Omega} (\nabla^2 u + f) w \mathrm{d}\Omega = 0 \tag{2.14}$$

对式（2.14）左端扩散项进行分部积分，得

$$\int_{\Omega} \nabla u \cdot \nabla w \mathrm{d}\Omega - \int_{\Omega} f w \mathrm{d}\Omega = \int_{\Gamma} \frac{\partial u}{\partial n} w \mathrm{d}\Gamma \tag{2.15}$$

对式（2.15）左端第一项再进行一次分部积分，得

$$\int_{\Omega} u \nabla^2 w \mathrm{d}\Omega + \int_{\Omega} f w \mathrm{d}\Omega = \int_{\Gamma} u \frac{\partial w}{\partial n} \mathrm{d}\Gamma - \int_{\Gamma} \frac{\partial u}{\partial n} w \mathrm{d}\Gamma \tag{2.16}$$

引入边界条件式（2.12）及式（2.13），得

$$\begin{aligned} &\int_{\Omega} u \nabla^2 w \mathrm{d}\Omega + \int_{\Omega} f w \mathrm{d}\Omega \\ &= \int_{\Gamma_1} \overline{u} \frac{\partial w}{\partial n} \mathrm{d}\Gamma + \int_{\Gamma_2} u \frac{\partial w}{\partial n} \mathrm{d}\Gamma - \int_{\Gamma_1} \frac{\partial u}{\partial n} w \mathrm{d}\Gamma - \int_{\Gamma_2} \overline{q} w \mathrm{d}\Gamma \end{aligned} \tag{2.17}$$

由于实际上在 Γ_1 处 u 并不一定等于 $\overline{u}$，在 Γ_2 上 $\partial u/\partial n$ 也并不一定等于 $\overline{q}$，引入边界条件的过程相当于做了一次近似[1]。这种近似可以通过对式（2.17）左端第一项重新进行两次分部积分后反映，即

$$\int_{\Omega} (\nabla^2 u + f) w \mathrm{d}\Omega = \int_{\Gamma_2} \left(\frac{\partial u}{\partial n} - \overline{q} \right) w \mathrm{d}\Gamma - \int_{\Gamma_1} (u - \overline{u}) \frac{\partial w}{\partial n} \mathrm{d}\Gamma \tag{2.18}$$

式（2.18）将成为以下导出有限元法的基础，该式还可用余量函数式（2.5）～式（2.7）表示为

$$\int_{\Omega} Rw\mathrm{d}\Omega - \int_{\Gamma_2} R_2 w\mathrm{d}\Gamma + \int_{\Gamma_1} R_1 \frac{\partial w}{\partial n}\mathrm{d}\Gamma = 0 \tag{2.19}$$

由式（2.19）可见，一般的加权余量法不仅仅使近似函数 u 在 Ω 内从加权平均的意义上来逼近精确解，也使 u 及$\partial u/\partial n$ 在 Γ_1 和 Γ_2 上从加权平均的意义上逼近本质和自然边界条件。

2.1.2　Galerkin 有限元法

Galerkin 有限元法中试探函数的基函数 N_i 称为形函数，通常取多项式函数，并满足两个准则[4]：①在单元与单元之间，至少需满足未知函数的连续性；②形函数可允许为任意线性形式，使一阶导数为常量的要求能得到满足。

如果式（2.4）中的 α_i 选择为节点上未知函数的值 u_i，即

$$u = \sum_{i=1}^{n} N_i u_i \tag{2.20}$$

则由此决定的 N_i 称为标准形函数，如图 2.1 所示，它具有如下性质：

$$N_i(x_j, y_j) = \delta_{ij} = \begin{cases} 1 & (i = j) \\ 0 & (i \neq j) \end{cases} \tag{2.21}$$

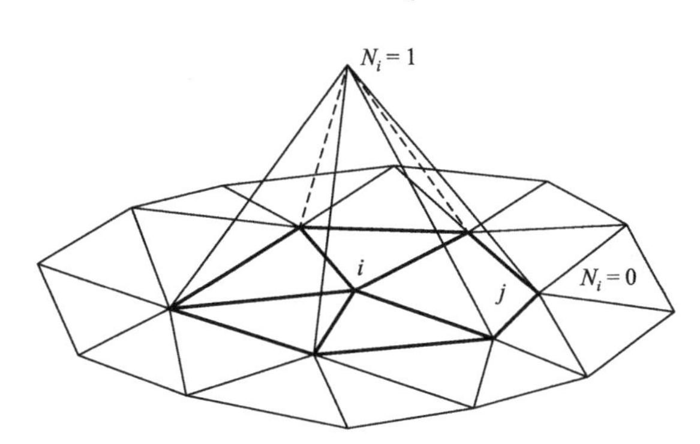

图 2.1　Galerkin 有限元法标准形函数示意图

Galerkin 有限元法将加权函数 w 的基取为试探函数 u 的基，即

$$W_i = N_i \quad (i = 1, 2, \cdots, n) \tag{2.22}$$

Galerkin 有限元法在选择 N_i 时，已使其满足了条件式（2.12），故式（2.18）可化为

$$\int_{\Omega} (\nabla^2 u + f) w\mathrm{d}\Omega = \int_{\Gamma_2} \left(\frac{\partial u}{\partial n} - \bar{q} \right) w\mathrm{d}\Gamma \tag{2.23}$$

式（2.23）要求试探函数 u 二阶可导。通常为了降低对 u 的连续性要求，即 N_i 的连续性要求，对式（2.23）进行一次分部积分，得到“弱形式”，即

$$\int_{\Omega}\nabla u\cdot\nabla w\mathrm{d}\Omega-\int_{\Omega}fw\mathrm{d}\Omega-\int_{\Gamma}\frac{\partial u}{\partial n}w\mathrm{d}\Gamma=-\int_{\Gamma_2}\left(\frac{\partial u}{\partial n}-\bar{q}\right)w\mathrm{d}\Gamma \tag{2.24}$$

化简得

$$\int_{\Omega}\nabla u\cdot\nabla w\mathrm{d}\Omega=\int_{\Gamma_2}\bar{q}w\mathrm{d}\Gamma+\int_{\Gamma_1}\frac{\partial u}{\partial n}w\mathrm{d}\Gamma+\int_{\Omega}fw\mathrm{d}\Omega \tag{2.25}$$

再通过选择合适的 W_i，使其在 Γ_1 上为 0，又可消去式（2.25）右端第二项，得

$$\int_{\Omega}\nabla u\cdot\nabla w\mathrm{d}\Omega=\int_{\Omega}fw\mathrm{d}\Omega+\int_{\Gamma_2}\bar{q}w\mathrm{d}\Gamma \tag{2.26}$$

式（2.26）即为求解 Poisson 方程的 Galerkin 有限元法的积分方程，由该方程出发能够得到一组以节点函数值 u_i 为未知量的代数方程，求解该代数方程组即能得到各节点上的离散解。

2.1.3 有限元法方程组形成

根据本书后续章节研究的需要，以下推导了在运动涡流场分析中采用 ***A*** 法的有限元法离散直至形成代数方程组的过程，其中三维运动涡流场公式采用 Lagrangian 坐标系描述。

1. 二维有限元法的方程组形成

设求解区域边界由本质边界 Γ_1 及自然边界 Γ_2（A_z 法向导数为 0）构成，根据 Galerkin 有限元法，对式（1.56）在区域 Ω 上取权函数 N_i，作加权积分，得

$$\int_{\Omega}\left[-\nabla\cdot\left(\frac{1}{\mu}\nabla A_z\right)+\sigma\frac{\partial A_z}{\partial t}+\sigma v_x\frac{\partial A_z}{\partial x}+\sigma v_y\frac{\partial A_z}{\partial y}\right]N_i\mathrm{d}\Omega=\int_{\Omega}J_{\mathrm{sz}}N_i\mathrm{d}\Omega \tag{2.27}$$

对式（2.27）左端第一项进行分部积分，并为表达方便，将$\partial A_z/\partial t$ 简写为 $\dot{A}_z$，整理可得

$$\begin{aligned}&\int_{\Omega}\frac{1}{\mu}\nabla A_z\cdot\nabla N_i\mathrm{d}\Omega+\int_{\Omega}\left(\sigma v_x\frac{\partial A_z}{\partial x}+\sigma v_y\frac{\partial A_z}{\partial y}\right)N_i\mathrm{d}\Omega+\int_{\Omega}\sigma\dot{A}_zN_i\mathrm{d}\Omega\\&=\int_{\Gamma_1}\frac{1}{\mu}\frac{\partial A_z}{\partial n}N_i\mathrm{d}\Gamma+\int_{\Gamma_2}\frac{1}{\mu}\frac{\partial A_z}{\partial n}N_i\mathrm{d}\Gamma+\int_{\Omega}J_{\mathrm{sz}}N_i\mathrm{d}\Omega\end{aligned} \tag{2.28}$$

由于 Γ_1 上的本质边界条件（已选择 N_i 在该边界上为 0）和 Γ_2 上 A_z 法向导数为 0，式（2.28）右端前两项为 0。设单元总数为 m，将式（2.28）表示为单元上的积分之和，即

$$\begin{aligned}&\sum_{e=1}^{m}\frac{1}{\mu_e}\int_{\Omega^e}\nabla A_z^e\cdot\nabla N_i^e\mathrm{d}\Omega+\sum_{e=1}^{m}\sigma_e\int_{\Omega^e}\left(v_x^e\frac{\partial A_z^e}{\partial x}+v_y^e\frac{\partial A_z^e}{\partial y}\right)N_i^e\mathrm{d}\Omega\\&+\sum_{e=1}^{m}\sigma_e\int_{\Omega^e}\dot{A}_z^eN_i^e\mathrm{d}\Omega=\sum_{e=1}^{m}\int_{\Omega^e}J_{sz}^eN_i^e\mathrm{d}\Omega\end{aligned} \tag{2.29}$$

在单元 e 内，A_z 及其对时间的偏导数 $\dot{A}_z$ 可表示为

$$A_z^e = \sum_{j=1}^{g} N_j^e A_{zj}^e \tag{2.30}$$

$$\dot{A}_z^e = \sum_{j=1}^{g} N_j^e \dot{A}_{zj}^e \tag{2.31}$$

式中：g 为单元的节点数；N_j^e 为第 j 节点在单元 e 内的形函数。

式（2.29）左边各项可写成

$$\frac{1}{\mu_e}\int_{\Omega^e} \nabla A_z^e \cdot \nabla N_i^e \mathrm{d}\Omega = \frac{1}{\mu_e}\sum_{j=1}^{g}\int_{\Omega^e}\left(\frac{\partial N_i^e}{\partial x}\frac{\partial N_j^e}{\partial x}+\frac{\partial N_i^e}{\partial y}\frac{\partial N_j^e}{\partial y}\right)\mathrm{d}\Omega A_{zj}^e \tag{2.32}$$

$$\sigma_e\int_{\Omega^e}\left(v_x^e\frac{\partial A_z^e}{\partial x}+v_y^e\frac{\partial A_z^e}{\partial y}\right)N_i^e\mathrm{d}\Omega = \sigma_e\sum_{j=1}^{g}\int_{\Omega^e}N_i^e\left(v_x^e\frac{\partial N_j^e}{\partial x}+v_y^e\frac{\partial N_j^e}{\partial y}\right)\mathrm{d}\Omega A_{zj}^e \tag{2.33}$$

$$\sigma_e\int_{\Omega^e}\dot{A}_z^e N_i^e\mathrm{d}\Omega = \sigma_e\sum_{j=1}^{g}\int_{\Omega^e}N_i^e N_j^e\mathrm{d}\Omega\dot{A}_{zj}^e \tag{2.34}$$

单元刚度矩阵 $\boldsymbol{K}^e$、单元质量矩阵 $\boldsymbol{M}^e$、单元载荷向量 $\boldsymbol{F}^e$、单元未知函数向量 $\boldsymbol{U}^e$ 及其对时间的偏导数 $\dot{\boldsymbol{U}}^e$ 分别为

$$\boldsymbol{K}^e = \begin{bmatrix} k_{11}^e & k_{12}^e & \cdots & k_{1g}^e \\ k_{21}^e & k_{22}^e & \cdots & k_{2g}^e \\ \vdots & \vdots & & \vdots \\ k_{g1}^e & k_{g2}^e & \cdots & k_{gg}^e \end{bmatrix},\quad \boldsymbol{M}^e = \begin{bmatrix} m_{11}^e & m_{12}^e & \cdots & m_{1g}^e \\ m_{21}^e & m_{22}^e & \cdots & m_{2g}^e \\ \vdots & \vdots & & \vdots \\ m_{g1}^e & m_{g2}^e & \cdots & m_{gg}^e \end{bmatrix} \tag{2.35}$$

$$\boldsymbol{F}^e = \begin{Bmatrix} f_1^e \\ f_2^e \\ \vdots \\ f_g^e \end{Bmatrix},\quad \boldsymbol{U}^e = \begin{Bmatrix} A_{z1}^e \\ A_{z2}^e \\ \vdots \\ A_{zg}^e \end{Bmatrix},\quad \dot{\boldsymbol{U}}^e = \begin{Bmatrix} \dot{A}_{z1}^e \\ \dot{A}_{z2}^e \\ \vdots \\ \dot{A}_{zg}^e \end{Bmatrix} \tag{2.36}$$

其中

$$k_{ij}^e = \nu_e\int_{\Omega^e}\left(\frac{\partial N_i^e}{\partial x}\frac{\partial N_j^e}{\partial x}+\frac{\partial N_i^e}{\partial y}\frac{\partial N_j^e}{\partial y}\right)\mathrm{d}\Omega + \sigma_e\int_{\Omega^e}N_i^e\left(v_x^e\frac{\partial N_j^e}{\partial x}+v_y^e\frac{\partial N_j^e}{\partial y}\right)\mathrm{d}\Omega \tag{2.37}$$

$$m_{ij}^e = \sigma_e\int_{\Omega^e}N_i^e N_j^e\mathrm{d}\Omega \tag{2.38}$$

$$f_i^e = \int_{\Omega^e}J_{\mathrm{sz}}^e N_i^e\mathrm{d}\Omega \tag{2.39}$$

对于二维轴对称情形，其离散方程形成过程与二维平面场一致，不同之处仅在于求解变量由 A_z 替换成 ρA_φ，且材料参数不同。

2. 三维有限元法的方程组形成

采取运动坐标系描述时，速度项不显式地出现在方程中。根据 Galerkin 有限元法，对式（1.72）在区域 Ω 上取权函数 $\boldsymbol{N}_i$，作加权积分，得

$$\int_{\Omega}\left[\nabla\times\left(\frac{1}{\mu}\nabla\times\boldsymbol{A}\right)-\nabla\left(\frac{1}{\mu}\nabla\cdot\boldsymbol{A}\right)+\sigma\nabla\phi+\sigma\frac{\partial\boldsymbol{A}}{\partial t}\right]\cdot\boldsymbol{N}_i\mathrm{d}\Omega=\int_{\Omega}\boldsymbol{J}_{\mathrm{s}}\cdot\boldsymbol{N}_i\mathrm{d}\Omega \tag{2.40}$$

当 $\boldsymbol{N}_i$ 分别取 $N_i\boldsymbol{x}$、$N_i\boldsymbol{y}$、$N_i\boldsymbol{z}$ 时，式（2.40）可分别表示三个标量方程。对式（1.73）在区域 Ω_1 内取权函数 N_i，作加权积分，得

$$\int_{\Omega_1}\nabla\cdot\left(\sigma\nabla\phi+\sigma\frac{\partial\boldsymbol{A}}{\partial t}\right)N_i\mathrm{d}\Omega=0 \tag{2.41}$$

对式（2.40）、式（2.41）在各单元上根据形函数展开，其中 $\boldsymbol{A}$ 和 ϕ 对应的系数形成单元刚度矩阵，$\partial\boldsymbol{A}/\partial t$ 对应的系数形成单元质量矩阵。但此时组合形成的总体刚度及质量矩阵均不对称，为得到有利求解的对称矩阵，引入时间积分电位 Φ，即

$$\Phi=\int_0^t\phi\mathrm{d}t \tag{2.42}$$

将式（2.40）及式（2.41）中的 ϕ 用 $\partial\Phi/\partial t$ 来表示，并为表达方便，将 $\partial\boldsymbol{A}/\partial t$ 及 $\partial\Phi/\partial t$ 简写为 $\dot{\boldsymbol{A}}$ 及 $\dot{\Phi}$，整理后可得

$$\begin{aligned}&\int_{\Omega}\nabla\times\left(\frac{1}{\mu}\nabla\times\boldsymbol{A}\right)\cdot\boldsymbol{N}_i\mathrm{d}\Omega-\int_{\Omega}\nabla\left(\frac{1}{\mu}\nabla\cdot\boldsymbol{A}\right)\cdot\boldsymbol{N}_i\mathrm{d}\Omega+\int_{\Omega}\sigma\nabla\dot{\Phi}\cdot\boldsymbol{N}_i\mathrm{d}\Omega\\&+\int_{\Omega}\sigma\dot{\boldsymbol{A}}\cdot\boldsymbol{N}_i\mathrm{d}\Omega=\int_{\Omega}\boldsymbol{J}_{\mathrm{s}}\cdot\boldsymbol{N}_i\mathrm{d}\Omega\end{aligned} \tag{2.43}$$

$$\int_{\Omega_1}\nabla\cdot(\sigma\nabla\dot{\Phi}+\sigma\dot{\boldsymbol{A}})N_i\mathrm{d}\Omega=0 \tag{2.44}$$

利用矢量恒等式，式（2.43）的第一个积分项可化为

$$\begin{aligned}\int_{\Omega}\nabla\times\left(\frac{1}{\mu}\nabla\times\boldsymbol{A}\right)\cdot\boldsymbol{N}_i\mathrm{d}\Omega&=\int_{\Omega}\nabla\cdot\left(\frac{1}{\mu}\nabla\times\boldsymbol{A}\times\boldsymbol{N}_i\right)\mathrm{d}\Omega+\int_{\Omega}\frac{1}{\mu}\nabla\times\boldsymbol{A}\cdot\nabla\times\boldsymbol{N}_i\mathrm{d}\Omega\\&=\int_{\Gamma_{\mathrm{H}}}\left(\frac{1}{\mu}\nabla\times\boldsymbol{A}\times\boldsymbol{N}_i\right)\cdot\boldsymbol{n}\mathrm{d}\Gamma+\int_{\Gamma_{\mathrm{B}}}\left(\frac{1}{\mu}\nabla\times\boldsymbol{A}\times\boldsymbol{N}_i\right)\cdot\boldsymbol{n}\mathrm{d}\Gamma\\&\quad+\int_{\Gamma_{10}}\left(\frac{1}{\mu_1}\nabla\times\boldsymbol{A}_1\times\boldsymbol{N}_i\right)\cdot\boldsymbol{n}_{10}\mathrm{d}\Gamma-\int_{\Gamma_{10}}\left(\frac{1}{\mu_0}\nabla\times\boldsymbol{A}_0\times\boldsymbol{N}_i\right)\cdot\boldsymbol{n}_{10}\mathrm{d}\Gamma\\&\quad+\int_{\Omega}\frac{1}{\mu}\nabla\times\boldsymbol{A}\cdot\nabla\times\boldsymbol{N}_i\mathrm{d}\Omega=\int_{\Omega}\frac{1}{\mu}\nabla\times\boldsymbol{A}\cdot\nabla\times\boldsymbol{N}_i\mathrm{d}\Omega\end{aligned} \tag{2.45}$$

其中边界积分项的消除是根据边界条件式（1.39）、式（1.42）及式（1.44）进行的。

式（2.43）的第二个积分项可化为

$$
\begin{aligned}
-\int_{\Omega}\nabla\left(\frac{1}{\mu}\nabla\cdot\boldsymbol{A}\right)\cdot\boldsymbol{N}_i\mathrm{d}\Omega &= -\int_{\Omega}\nabla\cdot\left(\boldsymbol{N}_i\frac{1}{\mu}\nabla\cdot\boldsymbol{A}\right)\mathrm{d}\Omega+\int_{\Omega}\frac{1}{\mu}\nabla\cdot\boldsymbol{A}\nabla\cdot\boldsymbol{N}_i\mathrm{d}\Omega \\
&= -\int_{\Gamma_{\mathrm{H}}}\left(\frac{1}{\mu}\nabla\cdot\boldsymbol{A}\right)\boldsymbol{N}_i\cdot\boldsymbol{n}\mathrm{d}\Gamma-\int_{\Gamma_{\mathrm{B}}}\left(\frac{1}{\mu}\nabla\cdot\boldsymbol{A}\right)\boldsymbol{N}_i\cdot\boldsymbol{n}\mathrm{d}\Gamma \\
&\quad -\int_{\Gamma_{10}}\left(\frac{1}{\mu_1}\nabla\cdot\boldsymbol{A}_1\right)\boldsymbol{N}_i\cdot\boldsymbol{n}_{10}\mathrm{d}\Gamma+\int_{\Gamma_{10}}\left(\frac{1}{\mu_0}\nabla\cdot\boldsymbol{A}_0\right)\boldsymbol{N}_i\cdot\boldsymbol{n}_{10}\mathrm{d}\Gamma \\
&\quad +\int_{\Omega}\frac{1}{\mu}\nabla\cdot\boldsymbol{A}\nabla\cdot\boldsymbol{N}_i\mathrm{d}\Omega \\
&= \int_{\Omega}\frac{1}{\mu}\nabla\cdot\boldsymbol{A}\nabla\cdot\boldsymbol{N}_i\mathrm{d}\Omega
\end{aligned}
\tag{2.46}
$$

其中边界积分项的消除是根据边界条件式（1.40）、式（1.41）及式（1.45）进行的。此时式（2.43）可化为

$$
\begin{aligned}
&\int_{\Omega}\frac{1}{\mu}\nabla\times\boldsymbol{A}\cdot\nabla\times\boldsymbol{N}_i\mathrm{d}\Omega+\int_{\Omega}\frac{1}{\mu}\nabla\cdot\boldsymbol{A}\nabla\cdot\boldsymbol{N}_i\mathrm{d}\Omega+\int_{\Omega}\sigma\nabla\dot{\boldsymbol{\Phi}}\cdot\boldsymbol{N}_i\mathrm{d}\Omega \\
&+\int_{\Omega}\sigma\dot{\boldsymbol{A}}\cdot\boldsymbol{N}_i\mathrm{d}\Omega=\int_{\Omega}\boldsymbol{J}_{\mathrm{s}}\cdot\boldsymbol{N}_i\mathrm{d}\Omega
\end{aligned}
\tag{2.47}
$$

利用矢量恒等式，式（2.44）的积分可化为

$$
\begin{aligned}
&\int_{\Omega_1}\nabla\cdot(\sigma\nabla\dot{\boldsymbol{\Phi}}+\sigma\dot{\boldsymbol{A}})N_i\mathrm{d}\Omega=\int_{\Omega_1}\nabla\cdot[(\sigma\nabla\dot{\boldsymbol{\Phi}}+\sigma\dot{\boldsymbol{A}})N_i]\mathrm{d}\Omega \\
&-\int_{\Omega_1}(\sigma\nabla\dot{\boldsymbol{\Phi}}+\sigma\dot{\boldsymbol{A}})\cdot\nabla N_i\mathrm{d}\Omega=\int_{\Gamma_{10}}(\sigma_1\nabla\dot{\boldsymbol{\Phi}}_1+\sigma_1\dot{\boldsymbol{A}}_1)\cdot\boldsymbol{n}_{10}N_i\mathrm{d}\Gamma \\
&-\int_{\Omega_1}(\sigma\nabla\dot{\boldsymbol{\Phi}}+\sigma\dot{\boldsymbol{A}})\cdot\nabla N_i\mathrm{d}\Omega=-\int_{\Omega_1}(\sigma\nabla\dot{\boldsymbol{\Phi}}+\sigma\dot{\boldsymbol{A}})\cdot\nabla N_i\mathrm{d}\Omega
\end{aligned}
\tag{2.48}
$$

其中积分项的消除是根据式（1.46）进行的。此时式（2.44）可化为

$$
\int_{\Omega_1}(\sigma\nabla\dot{\boldsymbol{\Phi}}+\sigma\dot{\boldsymbol{A}})\cdot\nabla N_i\mathrm{d}\Omega=0 \tag{2.49}
$$

设单元总数为 m，将式（2.47）及式（2.49）表示为单元上的积分之和，即

$$
\begin{aligned}
&\sum_{e=1}^{m}\left(\frac{1}{\mu_e}\int_{\Omega^e}\nabla\times\boldsymbol{A}^e\cdot\nabla\times\boldsymbol{N}_i^e\mathrm{d}\Omega+\frac{1}{\mu_e}\int_{\Omega^e}\nabla\cdot\boldsymbol{A}^e\nabla\cdot\boldsymbol{N}_i^e\mathrm{d}\Omega\right. \\
&\left.+\sigma_e\int_{\Omega^e}\nabla\dot{\boldsymbol{\Phi}}^e\cdot\boldsymbol{N}_i^e\mathrm{d}\Omega+\sigma_e\int_{\Omega^e}\dot{\boldsymbol{A}}^e\cdot\boldsymbol{N}_i^e\mathrm{d}\Omega\right)=\sum_{e=1}^{m}\int_{\Omega^e}\boldsymbol{J}_{\mathrm{s}}^e\cdot\boldsymbol{N}_i^e\mathrm{d}\Omega
\end{aligned}
\tag{2.50}
$$

$$
\sum_{e=1}^{m}\sigma_e\int_{\Omega^e}(\nabla\dot{\boldsymbol{\Phi}}^e+\dot{\boldsymbol{A}}^e)\cdot\nabla N_i^e\mathrm{d}\Omega=0 \tag{2.51}
$$

在单元 e 内，矢量磁位 $\boldsymbol{A}^e$ 及其对时间的偏导数 $\dot{\boldsymbol{A}}^e$、时间积分电位 $\dot{\boldsymbol{\Phi}}$ 可表示为

$$
\boldsymbol{A}^e=\sum_{j=1}^{g}N_j^e\boldsymbol{A}_j^e=\sum_{j=1}^{g}(N_j^eA_{xj}^e\boldsymbol{x}+N_j^eA_{yj}^e\boldsymbol{y}+N_j^eA_{zj}^e\boldsymbol{z}) \tag{2.52}
$$

$$
\dot{\boldsymbol{A}}^e=\sum_{j=1}^{g}N_j^e\dot{\boldsymbol{A}}_j^e=\sum_{j=1}^{g}(N_j^e\dot{A}_{xj}^e\boldsymbol{x}+N_j^e\dot{A}_{yj}^e\boldsymbol{y}+N_j^e\dot{A}_{zj}^e\boldsymbol{z}) \tag{2.53}
$$

$$
\dot{\boldsymbol{\Phi}}^e=\sum_{j=1}^{g}N_j^e\dot{\boldsymbol{\Phi}}_j^e \tag{2.54}
$$

式中：A_{xj}^e、A_{yj}^e、A_{zj}^e、$\dot{A}_{xj}^e$、$\dot{A}_{yj}^e$、$\dot{A}_{zj}^e$及$\dot{\varPhi}_j^e$为各量在单元e的第j个节点上的值。

取$\boldsymbol{N}_i^e = N_i^e \boldsymbol{x}$，式（2.50）第一、二项的单元积分可表示为

$$
\begin{aligned}
&\frac{1}{\mu_e}\int_{\Omega^e} \nabla\times\boldsymbol{A}^e\cdot\nabla\times\boldsymbol{N}_i^e \mathrm{d}\Omega+\frac{1}{\mu_e}\int_{\Omega^e}\nabla\cdot\boldsymbol{A}^e\nabla\cdot\boldsymbol{N}_i^e\mathrm{d}\Omega\\
&=\frac{1}{\mu_e}\int_{\Omega^e}\left[\left(\frac{\partial A_x^e}{\partial z}-\frac{\partial A_z^e}{\partial x}\right)\frac{\partial N_i^e}{\partial z}-\left(\frac{\partial A_y^e}{\partial x}-\frac{\partial A_x^e}{\partial y}\right)\frac{\partial N_i^e}{\partial y}+\left(\frac{\partial A_x^e}{\partial x}+\frac{\partial A_y^e}{\partial y}+\frac{\partial A_z^e}{\partial z}\right)\frac{\partial N_i^e}{\partial x}\right]\mathrm{d}\Omega\\
&=\frac{1}{\mu_e}\int_{\Omega^e}\left[\sum_{j=1}^{g}\left(\frac{\partial N_i^e}{\partial x}\frac{\partial N_j^e}{\partial x}+\frac{\partial N_i^e}{\partial y}\frac{\partial N_j^e}{\partial y}+\frac{\partial N_i^e}{\partial z}\frac{\partial N_j^e}{\partial z}\right)A_{xj}^e\right.\\
&\left.+\sum_{j=1}^{g}\left(\frac{\partial N_i^e}{\partial x}\frac{\partial N_j^e}{\partial y}-\frac{\partial N_i^e}{\partial y}\frac{\partial N_j^e}{\partial x}\right)A_{yj}^e+\sum_{j=1}^{g}\left(\frac{\partial N_i^e}{\partial x}\frac{\partial N_j^e}{\partial z}-\frac{\partial N_i^e}{\partial z}\frac{\partial N_j^e}{\partial x}\right)A_{zj}^e\right]\mathrm{d}\Omega
\end{aligned}
\tag{2.55}
$$

式（2.50）第三、四项单元积分为

$$
\begin{aligned}
&\sigma_e\int_{\Omega^e}\nabla\dot{\boldsymbol{\varPhi}}^e\cdot\boldsymbol{N}_i^e\mathrm{d}\Omega+\sigma_e\int_{\Omega^e}\dot{\boldsymbol{A}}^e\cdot\boldsymbol{N}_i^e\mathrm{d}\Omega\\
&=\sigma_e\int_{\Omega^e}\left(\sum_{j=1}^{g}N_i^e\frac{\partial N_j^e}{\partial x}\dot{\varPhi}_j^e+\sum_{j=1}^{g}N_i^eN_j^e\dot{A}_{xj}^e\right)\mathrm{d}\Omega
\end{aligned}
\tag{2.56}
$$

式（2.50）右端项单元积分为

$$
\int_{\Omega^e}\boldsymbol{J}_{\mathrm{s}}^e\cdot\boldsymbol{N}_i^e\mathrm{d}\Omega=\int_{\Omega^e}J_{\mathrm{s}x}^eN_i^e\mathrm{d}\Omega
\tag{2.57}
$$

同理，当$\boldsymbol{N}_i^e = N_i^e \boldsymbol{y}$时，各项的单元积分为

$$
\begin{aligned}
&\frac{1}{\mu_e}\int_{\Omega^e} \nabla\times\boldsymbol{A}^e\cdot\nabla\times\boldsymbol{N}_i^e \mathrm{d}\Omega+\frac{1}{\mu_e}\int_{\Omega^e}\nabla\cdot\boldsymbol{A}^e\nabla\cdot\boldsymbol{N}_i^e\mathrm{d}\Omega\\
&=\frac{1}{\mu_e}\int_{\Omega^e}\left[\sum_{j=1}^{g}\left(\frac{\partial N_i^e}{\partial x}\frac{\partial N_j^e}{\partial x}+\frac{\partial N_i^e}{\partial y}\frac{\partial N_j^e}{\partial y}+\frac{\partial N_i^e}{\partial z}\frac{\partial N_j^e}{\partial z}\right)A_{yj}^e\right.\\
&\left.+\sum_{j=1}^{g}\left(\frac{\partial N_i^e}{\partial y}\frac{\partial N_j^e}{\partial x}-\frac{\partial N_i^e}{\partial x}\frac{\partial N_j^e}{\partial y}\right)A_{xj}^e+\sum_{j=1}^{g}\left(\frac{\partial N_i^e}{\partial y}\frac{\partial N_j^e}{\partial z}-\frac{\partial N_i^e}{\partial z}\frac{\partial N_j^e}{\partial y}\right)A_{zj}^e\right]\mathrm{d}\Omega
\end{aligned}
\tag{2.58}
$$

$$
\begin{aligned}
&\sigma_e\int_{\Omega^e}\nabla\dot{\boldsymbol{\varPhi}}^e\cdot\boldsymbol{N}_i^e\mathrm{d}\Omega+\sigma_e\int_{\Omega^e}\dot{\boldsymbol{A}}^e\cdot\boldsymbol{N}_i^e\mathrm{d}\Omega\\
&=\sigma_e\int_{\Omega^e}\left(\sum_{j=1}^{g}N_i^e\frac{\partial N_j^e}{\partial y}\dot{\varPhi}_j^e+\sum_{j=1}^{g}N_i^eN_j^e\dot{A}_{yj}^e\right)\mathrm{d}\Omega
\end{aligned}
\tag{2.59}
$$

$$
\int_{\Omega^e}\boldsymbol{J}_{\mathrm{s}}^e\cdot\boldsymbol{N}_i^e\mathrm{d}\Omega=\int_{\Omega^e}J_{\mathrm{s}y}^eN_i^e\mathrm{d}\Omega
\tag{2.60}
$$

当$\boldsymbol{N}_i^e = N_i^e \boldsymbol{z}$时，各项的单元积分为

$$\frac{1}{\mu_e}\int_{\Omega^e}\nabla\times\boldsymbol{A}^e\cdot\nabla\times\boldsymbol{N}_i^e\mathrm{d}\Omega+\frac{1}{\mu_e}\int_{\Omega^e}\nabla\cdot\boldsymbol{A}^e\nabla\cdot\boldsymbol{N}_i^e\mathrm{d}\Omega$$
$$=\frac{1}{\mu_e}\int_{\Omega^e}\left[\sum_{j=1}^{g}\left(\frac{\partial N_i^e}{\partial x}\frac{\partial N_j^e}{\partial x}+\frac{\partial N_i^e}{\partial y}\frac{\partial N_j^e}{\partial y}+\frac{\partial N_i^e}{\partial z}\frac{\partial N_j^e}{\partial z}\right)A_{zj}^e\right.$$
$$\left.+\sum_{j=1}^{g}\left(\frac{\partial N_i^e}{\partial z}\frac{\partial N_j^e}{\partial x}-\frac{\partial N_i^e}{\partial x}\frac{\partial N_j^e}{\partial z}\right)A_{xj}^e+\sum_{j=1}^{g}\left(\frac{\partial N_i^e}{\partial z}\frac{\partial N_j^e}{\partial y}-\frac{\partial N_i^e}{\partial y}\frac{\partial N_j^e}{\partial z}\right)A_{yj}^e\right]\mathrm{d}\Omega \tag{2.61}$$

$$\sigma_e\int_{\Omega^e}\nabla\dot{\boldsymbol{\Phi}}^e\cdot\boldsymbol{N}_i^e\mathrm{d}\Omega+\sigma_e\int_{\Omega^e}\dot{\boldsymbol{A}}^e\cdot\boldsymbol{N}_i^e\mathrm{d}\Omega$$
$$=\sigma_e\int_{\Omega^e}\left(\sum_{j=1}^{g}N_i^e\frac{\partial N_j^e}{\partial z}\dot{\boldsymbol{\Phi}}_j^e+\sum_{j=1}^{g}N_i^eN_j^e\dot{A}_{zj}^e\right)\mathrm{d}\Omega \tag{2.62}$$

$$\int_{\Omega^e}\boldsymbol{J}_{\mathrm{s}}^e\cdot\boldsymbol{N}_i^e\mathrm{d}\Omega=\int_{\Omega^e}J_{\mathrm{s}z}^eN_i^e\mathrm{d}\Omega \tag{2.63}$$

式（2.51）的单元积分可表示为

$$\int_{\Omega^e}\sigma_e(\nabla\dot{\boldsymbol{\Phi}}^e+\dot{\boldsymbol{A}}^e)\cdot\nabla N_i^e\mathrm{d}\Omega$$
$$=\sigma_e\int_{\Omega^e}\left[\sum_{j=1}^{g}\left(\frac{\partial N_i^e}{\partial x}\frac{\partial N_j^e}{\partial x}+\frac{\partial N_i^e}{\partial y}\frac{\partial N_j^e}{\partial y}+\frac{\partial N_i^e}{\partial z}\frac{\partial N_j^e}{\partial z}\right)\dot{\boldsymbol{\Phi}}_j^e\right]\mathrm{d}\Omega$$
$$+\sigma_e\int_{\Omega^e}\left(\sum_{j=1}^{g}\frac{\partial N_i^e}{\partial x}N_j^e\dot{A}_{jx}^e+\sum_{j=1}^{g}\frac{\partial N_i^e}{\partial y}N_j^e\dot{A}_{jy}^e+\sum_{j=1}^{g}\frac{\partial N_i^e}{\partial z}N_j^e\dot{A}_{jz}^e\right)\mathrm{d}\Omega \tag{2.64}$$

综合上述单元积分式（2.55）～式（2.64），单元刚度矩阵 $\boldsymbol{K}^e$、单元质量矩阵 $\boldsymbol{M}^e$、单元载荷向量 $\boldsymbol{F}^e$、单元未知函数向量 $\boldsymbol{U}^e$ 及其对时间的偏导数 $\dot{\boldsymbol{U}}^e$ 分别为

$$\boldsymbol{K}^e=\begin{bmatrix}\boldsymbol{k}_{11}^e & \boldsymbol{k}_{12}^e & \cdots & \boldsymbol{k}_{1g}^e\\ \boldsymbol{k}_{21}^e & \boldsymbol{k}_{22}^e & \cdots & \boldsymbol{k}_{2g}^e\\ \vdots & \vdots & & \vdots\\ \boldsymbol{k}_{g1}^e & \boldsymbol{k}_{g2}^e & \cdots & \boldsymbol{k}_{gg}^e\end{bmatrix},\quad \boldsymbol{k}_{ij}^e=\begin{bmatrix}k_{xixj}^e & k_{xiyj}^e & k_{xizj}^e & 0\\ k_{yixj}^e & k_{yiyj}^e & k_{yizj}^e & 0\\ k_{zixj}^e & k_{ziyj}^e & k_{zizj}^e & 0\\ 0 & 0 & 0 & 0\end{bmatrix} \tag{2.65}$$

$$\boldsymbol{M}^e=\begin{bmatrix}\boldsymbol{m}_{11}^e & \boldsymbol{m}_{12}^e & \cdots & \boldsymbol{m}_{1g}^e\\ \boldsymbol{m}_{21}^e & \boldsymbol{m}_{22}^e & \cdots & \boldsymbol{m}_{2g}^e\\ \vdots & \vdots & & \vdots\\ \boldsymbol{m}_{g1}^e & \boldsymbol{m}_{g2}^e & \cdots & \boldsymbol{m}_{gg}^e\end{bmatrix},\quad \boldsymbol{m}_{ij}^e=\begin{bmatrix}m_{xixj}^e & 0 & 0 & m_{xi\Phi j}^e\\ 0 & m_{yiyj}^e & 0 & m_{yi\Phi j}^e\\ 0 & 0 & m_{zizj}^e & m_{zi\Phi j}^e\\ m_{\Phi ixj}^e & m_{\Phi iyj}^e & m_{\Phi izj}^e & m_{\Phi i\Phi j}^e\end{bmatrix} \tag{2.66}$$

$$\boldsymbol{F}^e=\begin{Bmatrix}\boldsymbol{f}_1^e\\ \boldsymbol{f}_2^e\\ \vdots\\ \boldsymbol{f}_g^e\end{Bmatrix},\quad \boldsymbol{f}_i^e=\begin{Bmatrix}f_{xi}^e\\ f_{yi}^e\\ f_{zi}^e\\ 0\end{Bmatrix} \tag{2.67}$$

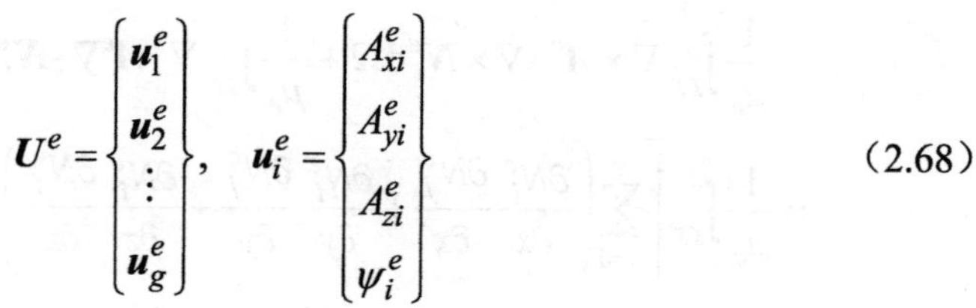

$$\boldsymbol{U}^e = \begin{Bmatrix} \boldsymbol{u}_1^e \\ \boldsymbol{u}_2^e \\ \vdots \\ \boldsymbol{u}_g^e \end{Bmatrix}, \quad \boldsymbol{u}_i^e = \begin{Bmatrix} A_{xi}^e \\ A_{yi}^e \\ A_{zi}^e \\ \psi_i^e \end{Bmatrix} \tag{2.68}$$

$$\dot{\boldsymbol{U}}^e = \begin{Bmatrix} \dot{\boldsymbol{u}}_1^e \\ \dot{\boldsymbol{u}}_2^e \\ \vdots \\ \dot{\boldsymbol{u}}_g^e \end{Bmatrix}, \quad \dot{\boldsymbol{u}}_i^e = \begin{Bmatrix} \dot{A}_{xi}^e \\ \dot{A}_{yi}^e \\ \dot{A}_{zi}^e \\ \dot{\psi}_i^e \end{Bmatrix} \tag{2.69}$$

其中

$$k_{xixj}^e = k_{yiyj}^e = k_{zizj}^e = \frac{1}{\mu_e}\int_{\Omega^e}\sum_{j=1}^{g}\left(\frac{\partial N_i^e}{\partial x}\frac{\partial N_j^e}{\partial x} + \frac{\partial N_i^e}{\partial y}\frac{\partial N_j^e}{\partial y} + \frac{\partial N_i^e}{\partial z}\frac{\partial N_j^e}{\partial z}\right)\mathrm{d}\Omega \tag{2.70}$$

$$k_{xiyj}^e = -k_{yixj}^e = \int_{\Omega^e}\frac{1}{\mu_e}\sum_{j=1}^{g}\left(\frac{\partial N_i^e}{\partial x}\frac{\partial N_j^e}{\partial y} - \frac{\partial N_i^e}{\partial y}\frac{\partial N_j^e}{\partial x}\right)\mathrm{d}\Omega \tag{2.71}$$

$$k_{xizj}^e = -k_{zixj}^e = \int_{\Omega^e}\frac{1}{\mu_e}\sum_{j=1}^{g}\left(\frac{\partial N_i^e}{\partial x}\frac{\partial N_j^e}{\partial z} - \frac{\partial N_i^e}{\partial z}\frac{\partial N_j^e}{\partial x}\right)\mathrm{d}\Omega \tag{2.72}$$

$$k_{yizj}^e = -k_{ziyj}^e = \int_{\Omega^e}\frac{1}{\mu_e}\sum_{j=1}^{g}\left(\frac{\partial N_i^e}{\partial y}\frac{\partial N_j^e}{\partial z} - \frac{\partial N_i^e}{\partial z}\frac{\partial N_j^e}{\partial y}\right)\mathrm{d}\Omega \tag{2.73}$$

$$m_{xixj}^e = m_{yiyj}^e = m_{zizj}^e = \sigma_e\int_{\Omega^e}\sum_{j=1}^{g}N_i^e N_j^e\mathrm{d}\Omega \tag{2.74}$$

$$m_{xi\psi j}^e = \sigma_e\int_{\Omega^e}\sum_{j=1}^{g}N_i^e\frac{\partial N_j^e}{\partial x}\mathrm{d}\Omega \tag{2.75}$$

$$m_{yi\Phi j}^e = \sigma_e\int_{\Omega^e}\sum_{j=1}^{g}N_i^e\frac{\partial N_j^e}{\partial y}\mathrm{d}\Omega \tag{2.76}$$

$$m_{zi\Phi j}^e = \sigma_e\int_{\Omega^e}\sum_{j=1}^{g}N_i^e\frac{\partial N_j^e}{\partial z}\mathrm{d}\Omega \tag{2.77}$$

$$m_{\Phi ixj}^e = \sigma_e\int_{\Omega^e}\sum_{j=1}^{g}\frac{\partial N_i^e}{\partial x}N_j^e\mathrm{d}\Omega \tag{2.78}$$

$$m_{\Phi iyj}^e = \sigma_e\int_{\Omega^e}\sum_{j=1}^{g}\frac{\partial N_i^e}{\partial y}N_j^e\mathrm{d}\Omega \tag{2.79}$$

$$m_{\Phi izj}^e = \sigma_e\int_{\Omega^e}\sum_{j=1}^{g}\frac{\partial N_i^e}{\partial z}N_j^e\mathrm{d}\Omega \tag{2.80}$$

$$m_{\Phi i\Phi j}^{e}=\int_{\Omega^{e}}\sigma_{e}\sum_{j=1}^{g}\left(\frac{\partial N_{i}^{e}}{\partial x}\frac{\partial N_{j}^{e}}{\partial x}+\frac{\partial N_{i}^{e}}{\partial y}\frac{\partial N_{j}^{e}}{\partial y}+\frac{\partial N_{i}^{e}}{\partial z}\frac{\partial N_{j}^{e}}{\partial z}\right)\mathrm{d}\Omega \tag{2.81}$$

$$f_{xi}^{e}=\int_{\Omega^{e}}J_{\mathrm{sx}}^{e}N_{i}^{e}\mathrm{d}\Omega \tag{2.82}$$

$$f_{yi}^{e}=\int_{\Omega^{e}}J_{\mathrm{sy}}^{e}N_{i}^{e}\mathrm{d}\Omega \tag{2.83}$$

$$f_{zi}^{e}=\int_{\Omega^{e}}J_{\mathrm{sz}}^{e}N_{i}^{e}\mathrm{d}\Omega \tag{2.84}$$

3. 单元叠加及时间离散

将单元刚度矩阵、单元质量矩阵及单元载荷向量根据单元各节点的全局节点号叠加到总体刚度矩阵 $\boldsymbol{K}$、总体质量矩阵 $\boldsymbol{M}$ 及总体载荷向量 $\boldsymbol{F}$ 中，得

$$\boldsymbol{KU}+\boldsymbol{M\dot{U}}=\boldsymbol{F} \tag{2.85}$$

之后对式（2.85）进行时间离散，在时间区间$[t_n, t_{n+1}]$内采用线性插值表示如下各量[4]：

$$\boldsymbol{U}=\left(1-\frac{\tau}{\Delta t}\right)\boldsymbol{U}^{n}+\frac{\tau}{\Delta t}\boldsymbol{U}^{n+1} \tag{2.86}$$

$$\dot{\boldsymbol{U}}=\frac{1}{\Delta t}(\boldsymbol{U}^{n+1}-\boldsymbol{U}^{n}) \tag{2.87}$$

式中：$\tau=t-t_n$，取某一权函数 $w(\tau)$，对式（2.85）进行加权积分，得

$$\begin{gathered}\int_{0}^{\Delta t}w(\tau)(\boldsymbol{KU}+\boldsymbol{M\dot{U}})\mathrm{d}\tau=\int_{0}^{\Delta t}w(\tau)\boldsymbol{F}\mathrm{d}\tau\Rightarrow\\(\boldsymbol{M}+\Delta t\theta\boldsymbol{K})\boldsymbol{U}^{n+1}=[\boldsymbol{M}-\Delta t(1-\theta)\boldsymbol{K}]\boldsymbol{U}^{n}+\Delta t\bar{\boldsymbol{F}}\end{gathered} \tag{2.88}$$

其中

$$\begin{cases}\theta=\int_{0}^{\Delta t}w(\tau)\tau\mathrm{d}\tau\Big/\left[\Delta t\int_{0}^{\Delta t}w(\tau)\mathrm{d}\tau\right]\\\bar{\boldsymbol{F}}=\int_{0}^{\Delta t}w(\tau)\boldsymbol{F}\mathrm{d}\tau\Big/\int_{0}^{\Delta t}w(\tau)\mathrm{d}\tau\end{cases} \tag{2.89}$$

对于瞬态电磁场，分析计算常用的 Eulertan 向后差分格式，θ 取 1，式（2.88）简化为

$$(\boldsymbol{M}+\Delta t\boldsymbol{K})\boldsymbol{U}^{n+1}=\boldsymbol{MU}^{n}+\Delta t\bar{\boldsymbol{F}} \tag{2.90}$$

2.2　有限体积法的基本思路及离散方式

2.2.1　有限体积法的基本思路

有限体积法的基本思路是[5-7]：将计算区域划分为网格，并在每个网格点周围构造互不重叠的控制体积，将待解微分方程（控制方程）对每一个控制体积积分，从而得出一组离散方程，方程中的未知数就是网格点上的场量。为了求出控制体积的积分，必须假

定场量在网格点之间的插值规律。从积分区域的选取方法来看，有限体积法属于加权余量法中的子域法，从未知数的近似方法来看，有限体积法属于采用局部近似的离散方法。简言之，子域法加离散就是有限体积法的基本方法。

2.2.2 有限体积法的区域离散方式

区域离散实质上就是用一组有限个离散的点来代替原来的连续空间。应用有限体积法时首先要对求解区域进行离散。

将求解区域离散化后，可得到以下四种几何要素[7]。

（1）节点：需要求解的场量所处的几何位置。

（2）控制体积：应用控制方程的最小几何单位。

（3）界面：规定了与各节点相对应的控制体积的分界面位置。

（4）网格线：连接相邻两节点形成的曲线族。

根据节点在单元中位置的不同，区域离散方法可以分为外节点法和内节点法。

外节点法中节点位于网格单元的顶角上，划分网格单元的曲线就是网格线，但网格单元不是控制体积。为了确定各节点的控制体积，需在相邻两节点的中间位置上作界面，由这些界面构成各节点的控制体积。从计算过程的先后来看，它是先确定节点的坐标，再确定相应的界面，因而也可称为先节点后界面的方法，其布置方式如图 2.2 所示。图 2.2（b）中的虚线为控制体积的界面线，图 2.2（c）中的阴影部分为单个节点的控制体积。

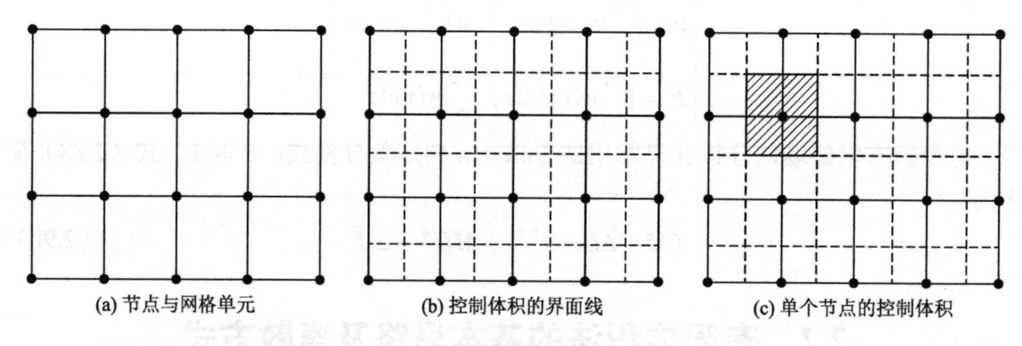

图 2.2　外节点法要素示意图

内节点法中节点位于网格单元的中心，这时网格单元就是控制体积，划分网格单元的曲线就是控制体积的界面线。就实施过程而言，内节点法先规定界面位置，然后确定节点，因而是一种先界面后节点的方法，其布置方式如图 2.3 所示，图 2.3（c）中阴影部分为单个节点的控制体积。由于内节点的控制体积为区域剖分后的网格单元，其控制体积的形式由网格单元的形式确定。

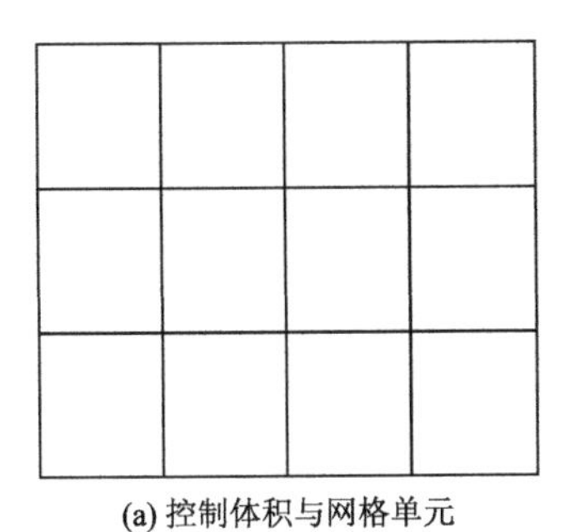

(a) 控制体积与网格单元

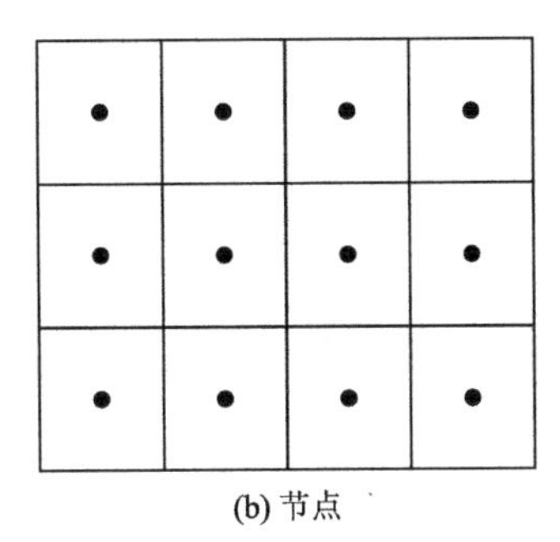

(b) 节点

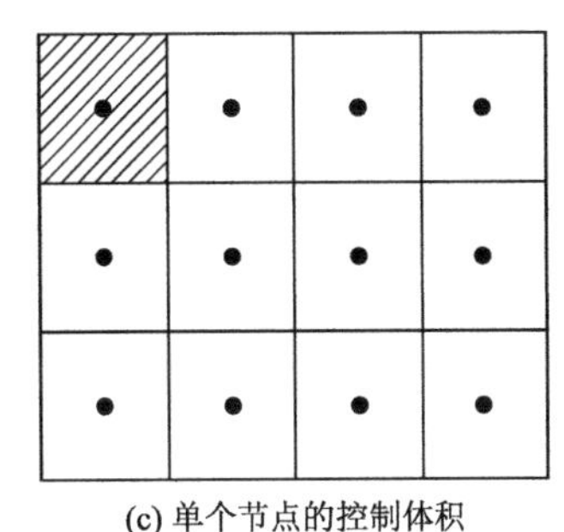

(c) 单个节点的控制体积

图 2.3　内节点法要素示意图

由于外节点法定义控制体积的方式不受网格单元的限制，本章采用外节点法。

对于二维问题，首先对区域 Ω 进行初始三角形（或四边形）剖分，如图 2.4 所示。待求的场量定义在三角形顶点处。

考虑区域 Ω 的三角剖分族 $T_h=\{K\}$，K 为单元，h_m 为所有三角形单元的最大边长。对每一个给定的三角剖分族 T_h，定义一个闭的三角形集合 $\{e_i\}_{i=1}^m$，其中 m 为构成三角形集合的三角形单元个数；定义一个节点集 $\{p_i\}_{i=1}^n$，其中 n 为构成三角形集合的节点数。图 2.4 中的三角形集合 $\{e_i\}_{i=1}^m$ 由 e_1～e_6 六个单元构成，节点集 $\{p_i\}_{i=1}^n$ 由节点 p_1～p_7 构成。

将三角形每条边的中点与重心（或外心）相连可得围绕顶点的小多边形区域，这样的多边形单元又称为对偶单元（控制体积），对偶单元也形成了区域 Ω 的一个剖分，称为对偶剖分[8]，图 2.5 中节点 p_1 为内节点，节点 p_2～p_7 为外节点。m_1～m_6 分别为三角形单元各边的中点，t_1～t_6 分别为三角形单元的重心（或外心），当 t_1～t_6 为三角形单元的重心时，图 2.5 中的阴影区域称为节点 p_1 的重心型对偶剖分；当 t_1～t_6 为三角形单元的外心时，图 2.5 中的阴影区域称为节点 p_1 的外心型对偶剖分。

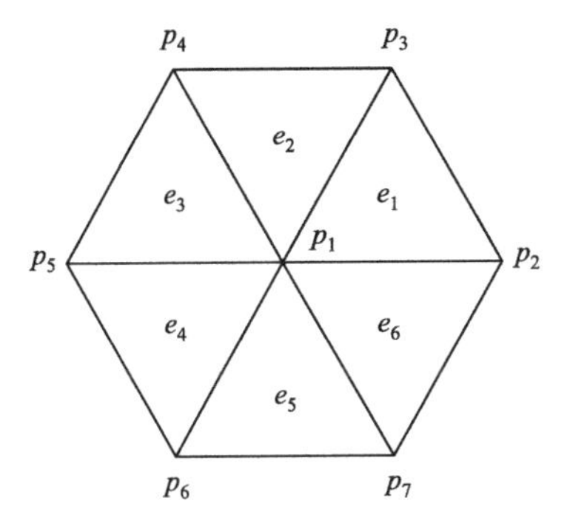

图 2.4　初始剖分示意图

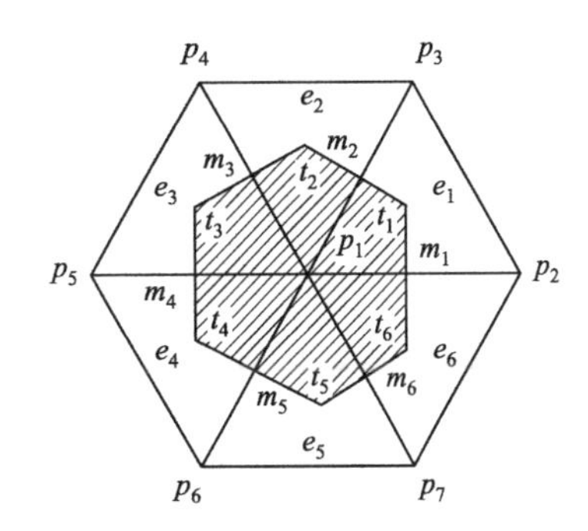

图 2.5　对偶剖分示意图

对于给定的三角形剖分 T_h 构造一个重心型对偶剖分，连接重心与各边中点形成节点 p_1 的对偶剖分区域，如图 2.6 所示的阴影部分。这里，$\Omega_1=\bigcup\limits_{e\in T_h}\Omega_1^e$ 表示节点 p_1 的对偶剖分区域，也称为 p_1 的控制体积，Γ 为节点 p_1 控制体积的边界。

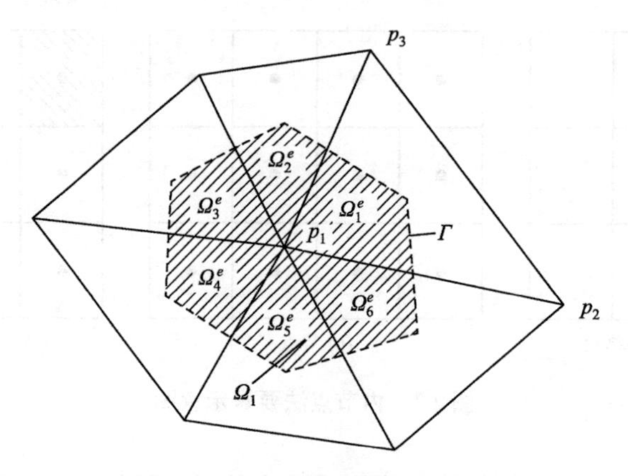

图 2.6　p_1 的重心型对偶剖分示意图

图 2.7 为 T_h 中所有节点的重心型对偶剖分示意图，图中 p_1 为内节点，p_1 的对偶剖分 Ω_1 包含在 T_h 内，p_2～p_7 为外节点，它们的对偶剖分只有部分在 T_h 内，分别为 Ω_2～Ω_7。

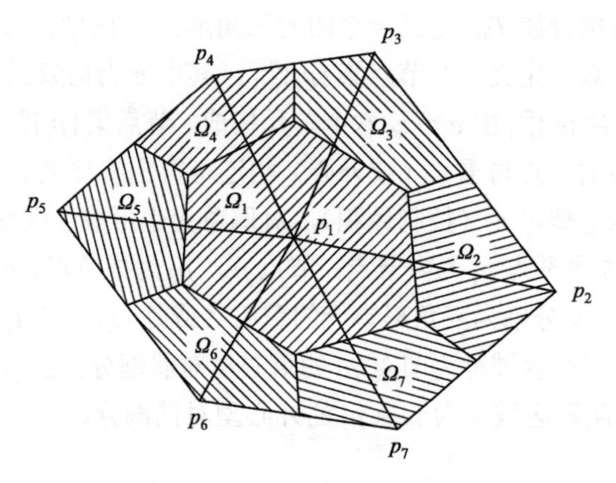

图 2.7　T_h 中所有节点的重心型对偶剖分示意图

2.3　对流占优型对流扩散方程解的稳定性

2.3.1　对流占优型对流扩散方程特征

由式（1.56），Eulerian 坐标系下二维场的控制方程可以写为

$$-\frac{1}{\mu}\nabla^2 A_z - \sigma\left(-\frac{\partial A_z}{\partial t} - v_x\frac{\partial A_z}{\partial x} - v_y\frac{\partial A_z}{\partial y}\right) = J_{sz} \tag{2.91}$$

而

$$v_x\frac{\partial A_z}{\partial x} + v_y\frac{\partial A_z}{\partial y} = \boldsymbol{V}\cdot\nabla A_z \tag{2.92}$$

式中：$V = V_x x + V_y y$。

将式（2.92）代入式（2.91），则二维场的控制方程可以写为

$$-\frac{1}{\mu}\nabla^2 A_z - \sigma\left(-\frac{\partial A_z}{\partial t} - \boldsymbol{V}\cdot\nabla A_z\right) = J_{sz} \tag{2.93}$$

对于稳态问题，式（2.93）写为

$$-\frac{1}{\mu}\nabla^2 A_z + \sigma\boldsymbol{V}\cdot\nabla A_z = J_{sz} \tag{2.94}$$

式（2.94）的一维形式为

$$-\frac{1}{\mu}\frac{\mathrm{d}^2 A_z}{\mathrm{d}x^2} + \sigma v_x\frac{\mathrm{d}A_z}{\mathrm{d}x} = J_{sz} \tag{2.95}$$

式（2.94）中第一项表示介质的特性对场分布的影响，称为扩散项，扩散系数为 $1/\mu$。式（2.94）中第二项表示介质运动对场分布的影响，称为对流项，对流系数与导体的电导率和运动速度有关。当对流系数远远大于扩散系数时，这类控制方程属于对流占优型对流扩散方程。

从纯数学的观点来看，对流项是一阶导数项，其离散处理似乎不存在什么困难。但从物理过程的特点来看，最难离散处理的便是一阶导数项。这主要与对流作用带有强烈的方向性有关。就数值计算及其结果而言，对流项离散方式是否合适，直接影响到数值解的准确性和稳定性。对于这类问题，对流的作用把上游的信息一直带到下游，而通过扩散向下游传递的信息则相对很少。

从物理过程来看，扩散作用与对流作用在传递信息或扰动方面的特性有很大的区别，这种区别可以从传热过程中直观地获得。在传热过程中，扩散是由分子的不规则热运动所致。分子不规则热运动对空间不同方向的影响概率都是一样的，因而扩散过程可以把发生在某一地点上扰动的影响向各个方向传递。对流是流体微团宏观的定向运动，带有强烈的方向性。在对流的作用下，发生在某一地点上的扰动只能向其下游方向传递，而不会逆向传播。对流与扩散作用在物理本质上的差别应在离散格式的特性中有相应的反映。

令 $k=1/\mu$，$a=\sigma v_x>0$，$J_{sz}=0$，与式（2.95）对应的一维形式可表示为

$$\begin{cases} -k\dfrac{\mathrm{d}^2 y}{\mathrm{d}x^2} + a\dfrac{\mathrm{d}y}{\mathrm{d}x} = 0, \quad 0<x<1 \\ y(0)=\alpha, y(1)=\beta \end{cases} \tag{2.96}$$

式中：α、β 为 y 在边界上的已知值。

以二阶线性常微分方程第一边值问题为例，在讨论常规 Galerkin 有限元法解对流占优型对流扩散方程时解的误差估计时发现[9]：当对流项系数很大时，网格尺度 h 必须很小，也就是说，必须用细密的网格。然而，当扩散项系数远远小于对流项系数时，要达到必要的精度，要求网格尺度很小，细密的网格会加大计算规模，降低计算效率。

2.3.2　对流占优型对流扩散方程的解析解

式（2.96）的解析解可表示为

$$y(x)=\alpha+(\beta-\alpha)\frac{e^{\frac{a}{k}x}-1}{e^{\frac{a}{k}}-1} \tag{2.97}$$

式中：Peclet 数 $P=a/k$。

在不同的 Peclet 数下，y 随 x 变化的曲线如图 2.8 所示。

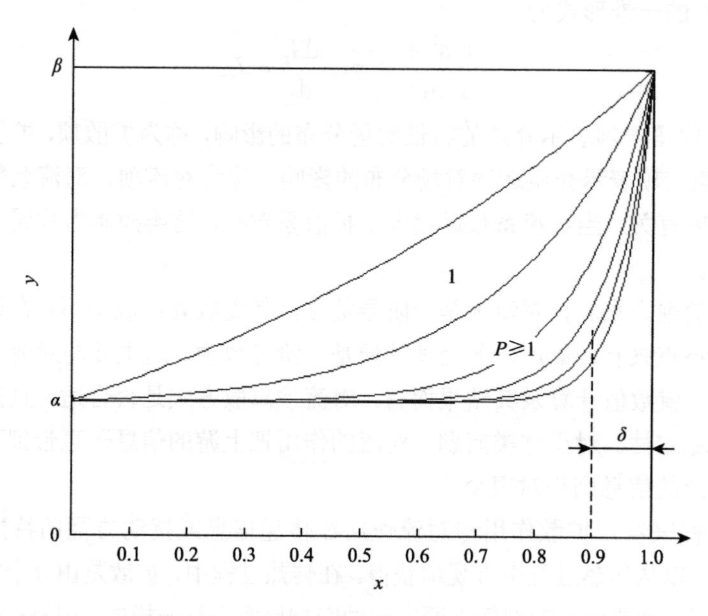

图 2.8　一维对流扩散方程解析解示意图

由图 2.8 可见，当 P 逐渐增大时，精确解越来越呈现出边界层类型问题的特性：在 $x\in[0,1]$的大部分范围内，上游的值 $y(0)=\alpha$ 占了优势，仅在靠近外边界 $x=1$ 的薄层内，y 才由来流的值迅速上升到边值 $y(1)=\beta$，而且这一“边界层”的厚度 δ 随 P 的增大而减小。P 表示了对流与扩散作用的相对大小，当 P 的绝对值很大时，扩散的作用可以忽略[10]。

2.3.3　对流占优型对流扩散方程数值解的分析

对于式（2.96），按 Galerkin 有限元法得到的有限元方程为

$$k\int_0^1\frac{dy}{dx}\frac{dN_i}{dx}dx+a\int_0^1\frac{dy}{dx}N_i dx=0 \tag{2.98}$$

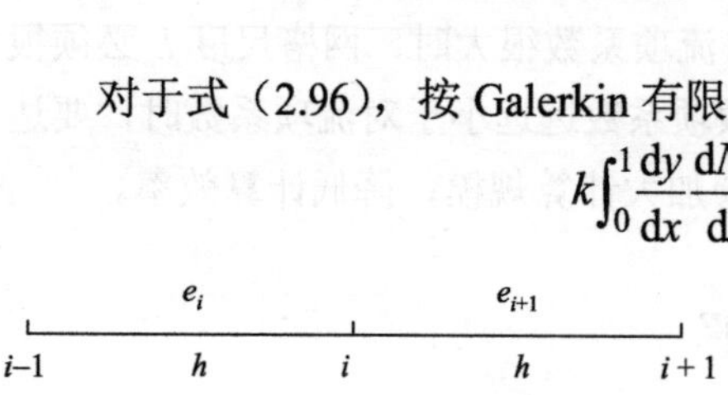

取 N_i 为一维线性形函数，将求解区域均分为 n 个单元，每个单元长度为 h，如图 2.9 所示，可写出节点 i 的方程。

e_i　　e_{i+1}

$i-1$　h　i　h　$i+1$

图 2.9　一维单元和节点示意图

包含节点 i 的单元有两个，分别是单元 e_i 和单元 e_{i+1}。

对于单元 e_i，有

$$N_i = \frac{x - x_{i-1}}{x_i - x_{i-1}} \tag{2.99}$$

$$N_{i-1} = \frac{x_i - x}{x_i - x_{i-1}} \tag{2.100}$$

于是有

$$y = y_{i-1}N_{i-1} + y_i N_i = y_{i-1}\frac{x_i - x}{x_i - x_{i-1}} + y_i \frac{x - x_{i-1}}{x_i - x_{i-1}} \tag{2.101}$$

$$\frac{\mathrm{d}y}{\mathrm{d}x} = -\frac{y_{i-1}}{h} + \frac{y_i}{h} \tag{2.102}$$

$$\frac{\mathrm{d}N_i}{\mathrm{d}x} = \frac{1}{h} \tag{2.103}$$

将式（2.101）～式（2.103）代入式（2.98），有

$$R_i^{e_i} = \int_{x_{i-1}}^{x_i}\left(k\frac{\mathrm{d}y}{\mathrm{d}x}\frac{\mathrm{d}N_i}{\mathrm{d}x} + a\frac{\mathrm{d}y}{\mathrm{d}x}N_i\right)\mathrm{d}x \tag{2.104}$$

即

$$R_i^{e_i} = \int_{x_{i-1}}^{x_i}\left(k\frac{y_i - y_{i-1}}{h}\cdot\frac{1}{h} + a\frac{y_i - y_{i-1}}{h}\cdot\frac{x - x_{i-1}}{h}\right)\mathrm{d}x \tag{2.105}$$

化简后得

$$R_i^{e_i} = \frac{k}{h}(y_i - y_{i-1}) + \frac{a}{2}(y_i - y_{i-1}) \tag{2.106}$$

对于单元 e_{i+1}，有

$$N_i = \frac{x_{i+1} - x}{x_{i+1} - x_i} \tag{2.107}$$

$$N_{i+1} = \frac{x - x_i}{x_{i+1} - x_i} \tag{2.108}$$

于是有

$$y = y_i N_i + y_{i+1}N_{i+1} = y_i\frac{x_{i+1} - x}{x_{i+1} - x_i} + y_{i+1}\frac{x - x_i}{x_{i+1} - x_i} \tag{2.109}$$

$$\frac{\mathrm{d}y}{\mathrm{d}x} = -\frac{y_i}{h} + \frac{y_{i+1}}{h} \tag{2.110}$$

$$\frac{\mathrm{d}N_i}{\mathrm{d}x} = -\frac{1}{h} \tag{2.111}$$

将式（2.109）～式（2.111）代入式（2.98），有

$$R_i^{e_{i+1}} = \int_{x_i}^{x_{i+1}}\left(-k\frac{y_{i+1} - y_i}{h}\cdot\frac{1}{h} + a\frac{y_{i+1} - y_i}{h}\cdot\frac{x_{i+1} - x}{h}\right)\mathrm{d}x \tag{2.112}$$

化简后得

$$R_i^{e_{i+1}} = -\frac{k}{h}(y_{i+1} - y_i) + \frac{a}{2}(y_{i+1} - y_i) \tag{2.113}$$

由式（2.106）和式（2.113）可得节点 i 的方程：

$$-\frac{k}{h}(y_i - y_{i-1}) + \frac{a}{2}(y_i - y_{i-1}) + \frac{k}{h}(y_{i+1} - y_i) + \frac{a}{2}(y_{i+1} - y_i) = 0 \tag{2.114}$$

即

$$(ah - 2k)y_{i+1} + 4ky_i - (2k + ah)y_{i-1} = 0 \tag{2.115}$$

如果用中心差分格式代替式（2.96）中的一阶导数和二阶导数，则有

$$k\frac{y_{i+1} - 2y_i + y_{i-1}}{h^2} + a\frac{y_{i+1} - y_{i-1}}{2h} = 0 \tag{2.116}$$

化简得

$$(ah - 2k)y_{i+1} + 4ky_i - (2k + ah)y_{i-1} = 0 \tag{2.117}$$

式（2.115）与式（2.117）具有完全相同的形式，当 $Pe \neq 1$ 时，它的解有如下形式[11]：

$$y_j = A + B\left(\frac{1+Pe}{1-Pe}\right)^j \quad (j = 1, 2, \cdots, n) \tag{2.118}$$

式中：Pe 为单元的 Peclet 数，且有 $Pe = ah/(2k)$；A、B 为与边值有关的表达式。

当 $k < ah/2$ 时，式（2.118）将出现振荡现象，产生数值不稳定问题，这种振荡非原问题所固有，称为非物理振荡[9]。因此常规 Galerkin 有限元法不适用于解对流占优型对流扩散方程。

在 $x \in [0, 1]$上保持剖分单元数为 20，单元尺度 $h = 0.05$，取 $\alpha = 0$，$\beta = 1$，当式（2.96）中的对流项系数和扩散项系数不同（表 2.1）时，比较式（2.96）的解析解及常规 Galerkin 有限元法求得的数值解，结果如图 2.10 所示。

表 2.1　不同 *Pe* 时的计算条件

计算条件	a	k	h	Pe
1	20	1	0.05	0.5
2	200	1	0.05	5
3	400	1	0.05	10
4	600	1	0.05	15

由图 2.10 可见，保持剖分单元的尺度不变，当 Pe 值增大时，常规 Galerkin 有限元法的解出现了明显的振荡现象。

应用常规 Galerkin 有限元法解对流占优型对流扩散方程时解会出现振荡现象，但通过加密网格可以消除解的振荡，在表 2.2 的不同剖分密度下，式（2.96）解的变化情况如图 2.11 所示。

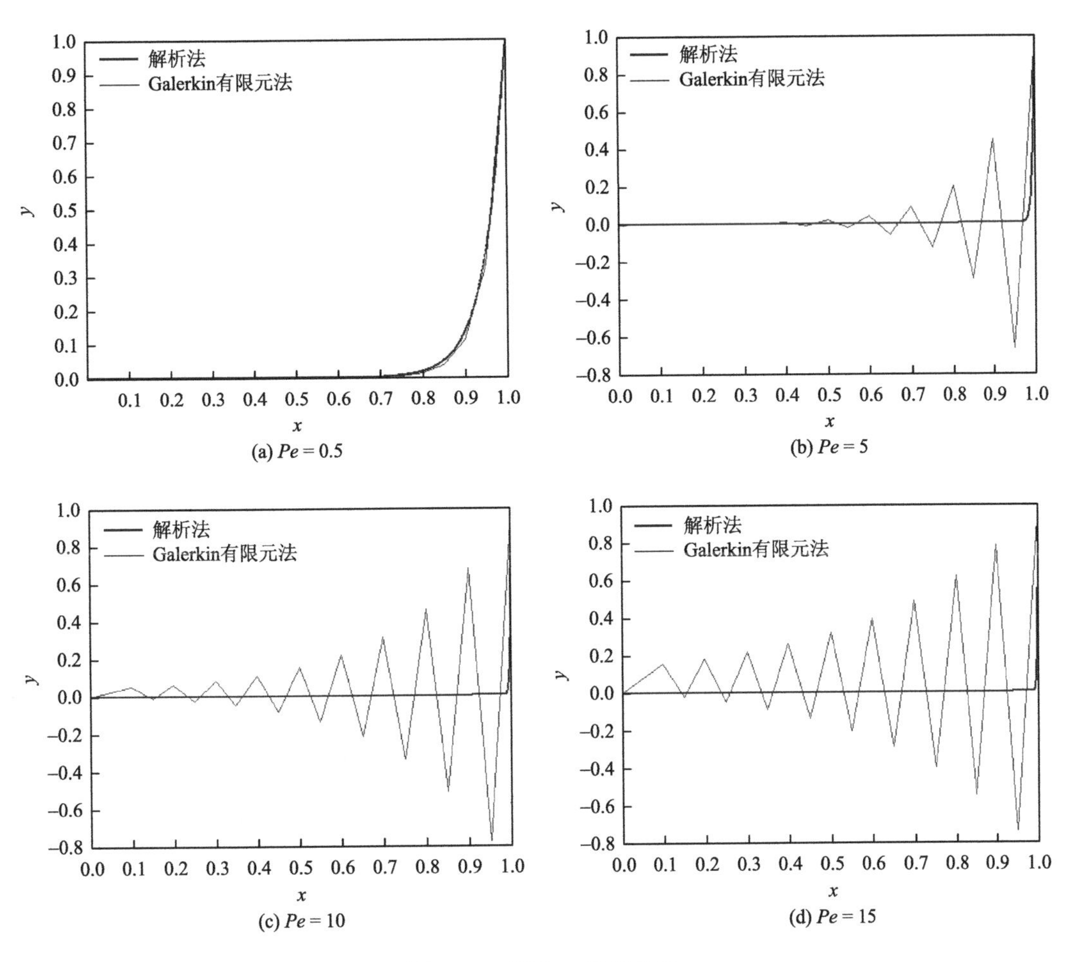

图 2.10　不同 Pe 值下的解

表 2.2　不同剖分密度下的计算条件

计算条件	a	k	h	Pe	剖分密度增大倍数
1	400	1	0.05	10	1
2	400	1	0.025	5	2
3	400	1	0.01	2	5
4	400	1	0.0025	0.5	20

由图 2.11 可见，增加剖分密度时，常规 Galerkin 有限元法解的振荡情况得到了改善，且当网格的尺度足够小时，$Pe<1$，这时常规 Galerkin 有限元法的解不出现振荡现象。

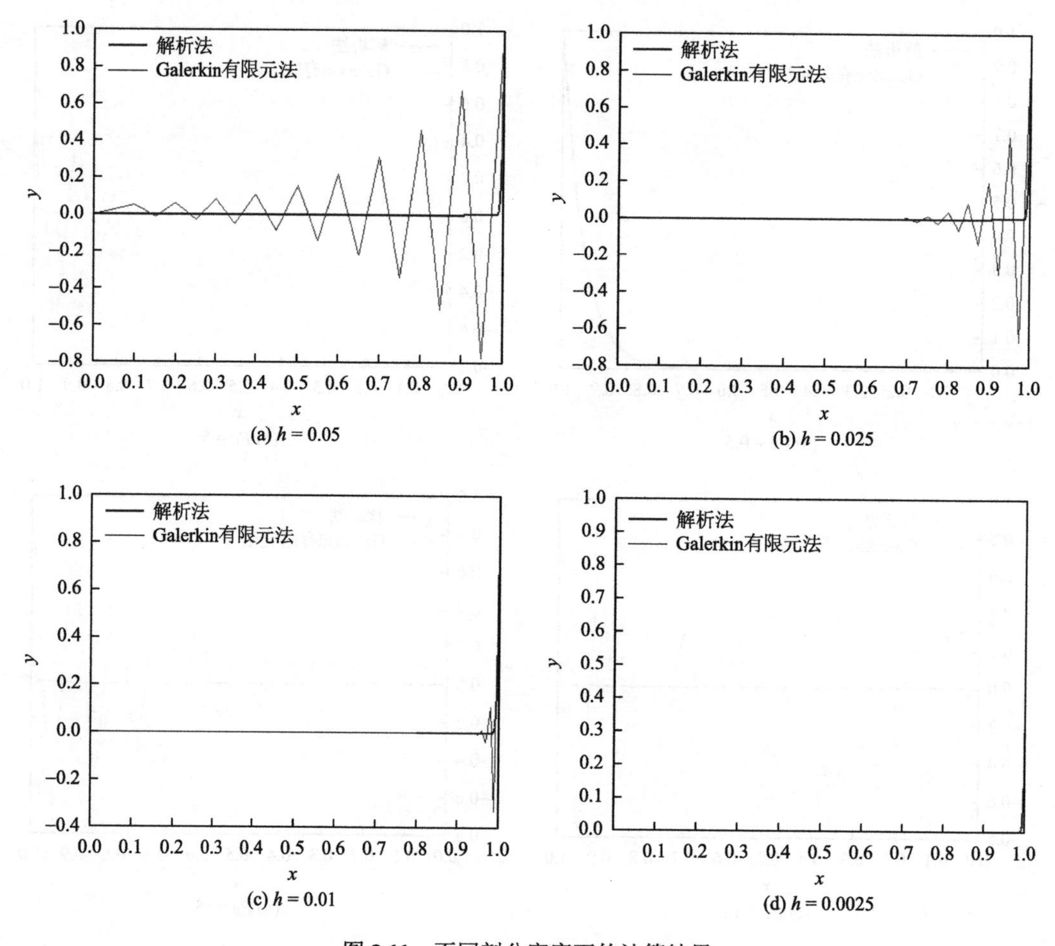

图 2.11　不同剖分密度下的计算结果

2.4　引入迎风因子的有限元法和有限体积法

对于式（2.96）分别应用迎风有限元法和迎风有限体积法进行离散，比较两种方法的离散过程。

2.4.1　迎风有限元法

取形函数为分段线性函数，以 x_i 点为中心的形函数为

$$N(s)=\begin{cases}1+s & (-1\leqslant s\leqslant 0)\\ 1-s & (0\leqslant s\leqslant 1)\\ 0 & (|s|>1)\end{cases} \tag{2.119}$$

式中：$s = x/h - x_i/h$。

对于迎风有限元法而言，构造权函数为线性形函数与一个二次函数的线性组合：

$$\psi(s)=N(s)+\alpha\sigma_2(s) \tag{2.120}$$

式中：α 为任意参数，它起着控制迎风的作用，当对流项系数 $a>0$ 时，取 $\alpha>0$，当 $a<0$ 时，取 $\alpha<0$。要求 $\sigma_2(s)$ 满足下列条件[9]。

（1）在所有节点上等于零。

（2）在 $|s|\leqslant 1$ 上是奇函数。

（3）$\int_0^1 \sigma_2(s)\mathrm{d}s=-\frac{1}{2}$。

取 $\sigma_2(s)$为分段二次多项式：

$$\sigma_2(s)=\begin{cases}-3s(1+s) & (-1\leqslant s\leqslant 0)\\ -3s(1-s) & (0\leqslant s\leqslant 1)\\ 0 & (|s|>1)\end{cases} \tag{2.121}$$

式（2.121）满足上述三个条件，这样构造的权函数可写为统一公式：

$$\psi(s)=(1-3\alpha s)N(s) \tag{2.122}$$

对流项离散过程中应用的形函数 $N_i(s)$和权函数 $\psi_i(s)$如图 2.12 所示。

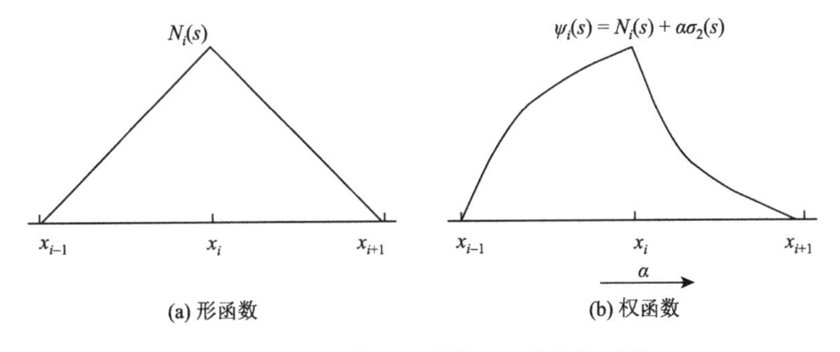

图 2.12　迎风有限元法的形函数和权函数

由图 2.12 可见，$\psi_i(s)$是不对称函数，用节点坐标表示对流项离散过程中应用的形函数 $N_i(x)$和权函数 $\psi_i(x)$，有

$$N_i(x)=\begin{cases}\dfrac{x-x_{i-1}}{h} & (x_{i-1}<x\leqslant x_i)\\ \dfrac{x_{i+1}-x}{h} & (x_i<x\leqslant x_{i+1})\\ 0 & (x<x_{i-1}\text{或}x>x_{i+1})\end{cases} \tag{2.123}$$

$$\psi_i(x)=\begin{cases}\dfrac{x-x_{i-1}}{h}-3\alpha\dfrac{x-x_i}{h}\dfrac{x-x_{i-1}}{h} & (x_{i-1}\leqslant x\leqslant x_i)\\ \dfrac{x_{i+1}-x}{h}-3\alpha\dfrac{x-x_i}{h}\dfrac{x_{i+1}-x}{h} & (x_i<x\leqslant x_{i+1})\\ 0 & (x<x_{i-1}\text{或}x>x_{i+1})\end{cases} \tag{2.124}$$

这样就可以应用 $N_i(x)$、$\psi_i(x)$离散有限元方程中的对流项。

对于单元 e_i，有

$$y = y_{i-1}N_{i-1} + y_i N_i = y_{i-1}\frac{x - x_i}{x_{i-1} - x_i} + y_i \frac{x - x_{i-1}}{x_i - x_{i-1}} \tag{2.125}$$

$$\frac{\mathrm{d}y}{\mathrm{d}x} = -\frac{y_{i-1}}{h} + \frac{y_i}{h} \tag{2.126}$$

$$\begin{aligned} R_i^{e_i} &= \int_{x_{i-1}}^{x_i} a\frac{\mathrm{d}y}{\mathrm{d}x}\psi_i \mathrm{d}x \\ &= \int_{x_{i-1}}^{x_i} a\frac{y_i - y_{i-1}}{h}\left(\frac{x - x_{i-1}}{h} - 3\alpha\frac{x - x_i}{h}\frac{x - x_{i-1}}{h}\right)\mathrm{d}x \\ &= \frac{a}{2}(y_i - y_{i-1}) + \frac{\alpha a}{2}(y_i - y_{i-1}) \end{aligned} \tag{2.127}$$

对于单元 e_{i+1}，有

$$y = y_i N_i + y_{i+1}N_{i+1} = y_i\frac{x - x_{i+1}}{x_i - x_{i+1}} + y_{i+1}\frac{x - x_i}{x_{i+1} - x_i} \tag{2.128}$$

$$\frac{\mathrm{d}y}{\mathrm{d}x} = -\frac{y_i}{h} + \frac{y_{i+1}}{h} \tag{2.129}$$

$$\begin{aligned} R_i^{e_{i+1}} &= \int_{x_i}^{x_{i+1}} a\frac{\mathrm{d}y}{\mathrm{d}x}\psi_i \mathrm{d}x \\ &= \int_{x_i}^{x_{i+1}} a\frac{y_{i+1} - y_i}{h}\left(\frac{x_{i+1} - x}{h} - 3\alpha\frac{x - x_i}{h}\frac{x_{i+1} - x}{h}\right)\mathrm{d}x \\ &= \frac{a}{2}(y_{i+1} - y_i) - \frac{\alpha a}{2}(y_{i+1} - y_i) \end{aligned} \tag{2.130}$$

对于扩散项而言，权函数即为形函数，于是在单元 e_i 上，有

$$R_i^{e_i} = \int_{x_{i-1}}^{x_i} k\frac{y_i - y_{i-1}}{h}\cdot\frac{1}{h}\mathrm{d}x = \frac{k}{h}(y_i - y_{i-1}) \tag{2.131}$$

在单元 e_{i+1} 上，有

$$R_i^{e_{i+1}} = \int_{x_i}^{x_{i+1}} -k\frac{y_{i+1} - y_i}{h}\cdot\frac{1}{h}\mathrm{d}x = -\frac{k}{h}(y_{i+1} - y_i) \tag{2.132}$$

由式（2.127）、式（2.130）～式（2.132）可得节点 i 的表达式为

$$\left(-\frac{k}{h} + \frac{a}{2} - \frac{\alpha a}{2}\right)y_{i+1} + \left(\frac{2k}{h} + \alpha a\right)y_i + \left(-\frac{k}{h} - \frac{a}{2} - \frac{\alpha a}{2}\right)y_{i-1} = 0 \tag{2.133}$$

令 $Pe = ah/(2k)$，则有

$$[1-(1-\alpha)Pe]y_{i+1} - 2(1+\alpha Pe)y_i + [1+(1+\alpha)Pe]y_{i-1} = 0 \tag{2.134}$$

当 $\alpha = 1$ 时，式（2.134）为

$$y_{i+1} - 2(1+Pe)y_i + (1+2Pe)y_{i-1} = 0 \tag{2.135}$$

这时的迎风格式为全迎风格式。

2.4.2　迎风有限体积法

设计迎风有限体积法离散格式的关键在于如何计算跨控制体积界面的场量。图 2.13 为一维剖分后的剖分单元及其控制体积示意图。图 2.13 中 $i-1$、i、$i+1$ 为节点编号，节点 i 附近的阴影区域为其对应的控制体积。

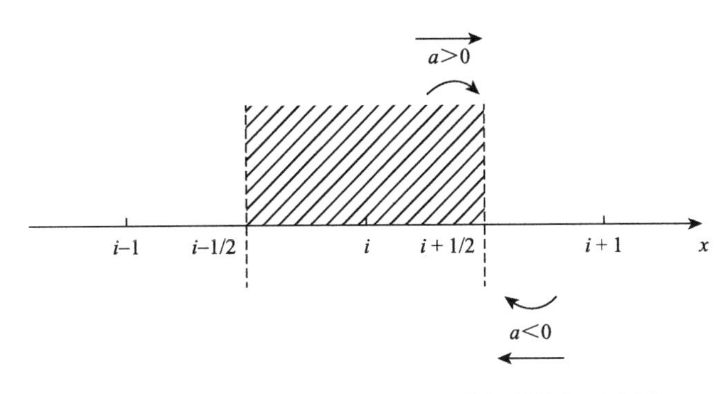

图 2.13　一维剖分后的剖分单元及其控制体积示意图

用有限体积法处理式（2.96）中的对流项，有

$$\int_{i-1/2}^{i+1/2} a\frac{\mathrm{d}y}{\mathrm{d}x}\mathrm{d}x = a(y_{i+1/2} - y_{i-1/2}) \tag{2.136}$$

如果对流项采用全迎风格式，则 $y_{i-1/2}$ 和 $y_{i+1/2}$ 的取值方式如下。

（1）在 $i+1/2$ 界面上：$a>0$，$y_{i+1/2}=y_i$；$a<0$，$y_{i+1/2}=y_{i+1}$。

（2）在 $i-1/2$ 界面上：$a>0$，$y_{i-1/2}=y_{i-1}$；$a<0$，$y_{i-1/2}=y_i$。

这就是说界面上的未知量恒取上游节点的值，于是有

$$\int_{i-1/2}^{i+1/2} a\frac{\mathrm{d}y}{\mathrm{d}x}\mathrm{d}\Omega = a(y_{i+1/2} - y_{i-1/2}) = a(y_i - y_{i-1}) \tag{2.137}$$

用常规有限体积法处理式（2.96）中的扩散项和右端项可得

$$-\frac{k}{h}y_{i-1} + \frac{2k}{h}y_i - \frac{k}{h}y_{i+1} = 0 \tag{2.138}$$

这样，对于节点 i 有

$$\left(-\frac{k}{h} - a\right)y_{i-1} + \left(\frac{2k}{h} + a\right)y_i - \frac{k}{h}y_{i+1} = 0 \tag{2.139}$$

令 $Pe = ah/(2k)$，有

$$y_{i+1} - 2(1+Pe)y_i + (1+2Pe)y_{i-1} = 0 \tag{2.140}$$

式（2.140）与式（2.135）具有完全相同的形式，但迎风有限体积法的处理要比迎风有限元法简单。

在 $x\in[0, 1]$上保持剖分单元数为 20，单元尺度 $h=0.05$，比较不同 Pe 值下式（2.96）

的解析解及 Galerkin 有限元法、全迎风格式的迎风有限体积法求解的结果，如图 2.14 所示。

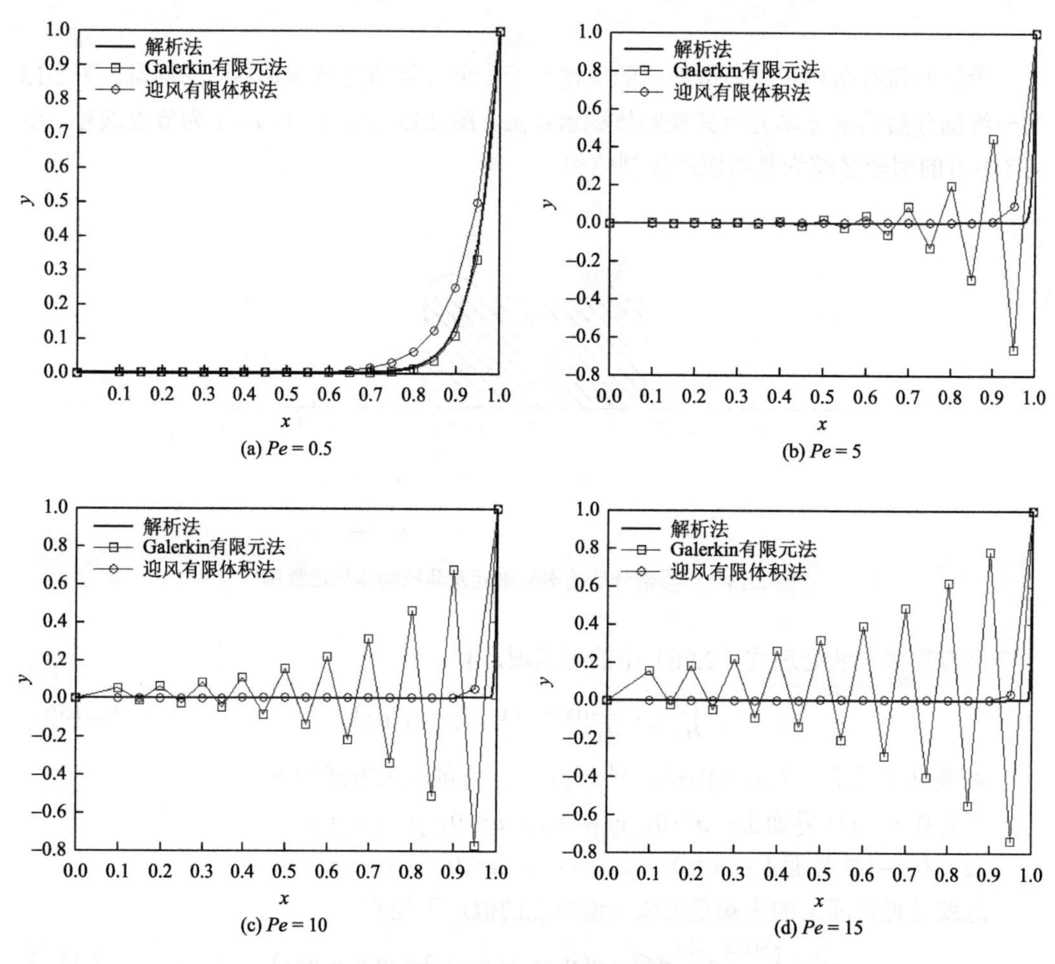

图 2.14 *Pe* 值不同时三种方法计算结果的比较

由图 2.14 可知如下几条结论。

（1）当 *Pe* 较小时，应用 Galerkin 有限元法所得到的结果与解析解更接近。

（2）当 *Pe* 逐渐增大时，Galerkin 有限元法所得的结果出现了明显的振荡现象，且 *Pe* 越大，数值解的振荡越明显，而与此同时，引入迎风因子的有限体积法在 *Pe* 增大时显示出了其处理这类问题的优越性。也就是说，当对流作用十分强而数值计算的离散网格数又受到限制时，采用中心差分格式的计算结果会出现振荡现象，即场量的空间分布随位置做上下波动，而采用全迎风格式的计算结果却始终可以获得物理上合理的解分布。

（3）全迎风格式的有限体积法虽然能得到不振荡的解，但数值解与解析解的差异较大，因而探求精度较高的迎风格式，选择合适的迎风因子是提高迎风法计算精度的重要环节。

2.5　混合有限元法–有限体积法的实施

2.5.1　扩散项与源项的处理

有限元法与有限体积法相结合求解对流扩散方程在应用数学领域早已有相关的讨论。有限元法对扩散问题有良好的计算效率[12]，有限体积法从积分守恒形式出发，物理概念十分明确，方法比较简便，容易被接受和掌握。有限元法和有限体积法相结合处理非线性对流扩散问题时，可利用有限体积法处理非线性对流项，利用有限元法离散扩散项[13]；该方法的数值解的稳定性和收敛性已有学者给出了证明[14-16]。本书结合应用数学领域中处理对流扩散方程的思想，将 Eulerian 坐标系下运动涡流场问题控制方程中的对流项用有限体积法离散，扩散项由 Galerkin 有限元法离散，同时引入迎风思想以消除解的振荡。

前面已讨论了 Eulerian 坐标系下稳态二维问题的控制方程，将控制方程中的扩散项和源项用 Galerkin 有限元法离散，设单元的形函数为 N_i，Galerkin 有限元法取权函数为单元形函数，即

$$W_i = N_i \tag{2.141}$$

于是可以形成代数方程刚度矩阵的系数项和右端项：

$$K'_{ij} = \frac{1}{\mu}\int_{\Omega^e}\left(\frac{\partial N_i}{\partial x}\frac{\partial N_j}{\partial x} + \frac{\partial N_i}{\partial y}\frac{\partial N_j}{\partial y}\right)\mathrm{d}x\mathrm{d}y \tag{2.142}$$

$$b_i = \int_{\Omega^e} J_{\mathrm{s}} N_i \mathrm{d}x\mathrm{d}y \tag{2.143}$$

2.5.2　对流项的处理

1. 对流项的处理思想

节点 p_1 的控制体积边界示意图如图 2.15 所示。

Eulerian 坐标系下二维稳态运动涡流场问题控制方程式(2.94)中的对流项为 $\sigma \boldsymbol{V}\cdot\nabla A_z$，应用有限体积法离散对流项[8]，有

$$\begin{aligned}\int_{\Omega^i}\sigma \boldsymbol{V}\cdot\nabla A_z \mathrm{d}\Omega^i &= \int_{\Omega^i}[\nabla\cdot(\sigma \boldsymbol{V} A_z) - A_z\nabla\cdot\sigma \boldsymbol{V}]\mathrm{d}s \\ &= \sum_{j\in\Lambda_i}\left(\int_{\Gamma_{ij}} A_{zn}\sigma \boldsymbol{V}_{ij}\cdot\boldsymbol{n}\mathrm{d}\Gamma_{ij} - \int_{\Gamma_{ij}} A_{zi}\sigma \boldsymbol{V}_{ij}\cdot\boldsymbol{n}\mathrm{d}\Gamma_{ij}\right) \\ &= \sum_{j\in\Lambda_i}\int_{\Gamma_{ij}}(\sigma \boldsymbol{V}_{ij}\cdot\boldsymbol{n})(A_{zn} - A_{zi})\mathrm{d}\Gamma_{ij}\end{aligned} \tag{2.144}$$

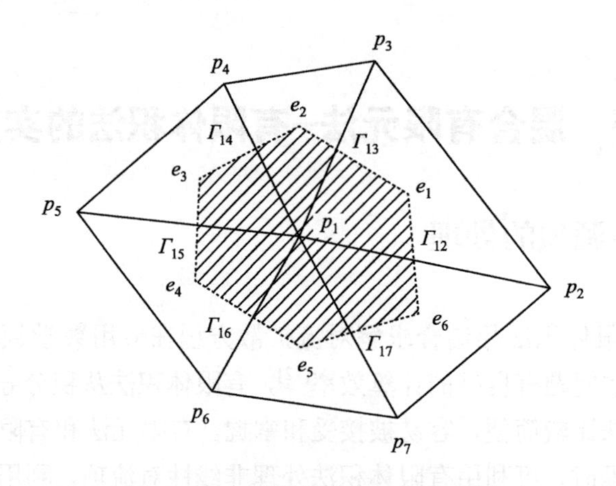

图 2.15　p_1 的控制体积边界示意图

其中：$\Lambda_i = \{j, j \neq i, p_i$ 和 p_j 相邻$\}$，对于图 2.15 的节点 p_1 而言，$\Lambda_i = \{2, 3, 4, 5, 6, 7\}$；$\boldsymbol{n}$ 为边界 Γ_{ij} 的法向量；A_{zn} 为边界 Γ_{ij} 处的未知量；A_{zi} 为节点 i 的未知量。由式（2.144）可见，应用 Gauss 定理，对流项在控制体积内的积分转变成了对控制体积边界的积分。这样，对于图 2.15 的节点 p_1 而言，p_1 控制体积上的积分分别在单元 e_1～e_6 的部分区域进行，节点 p_1 控制体积上的积分变换为 p_1 控制体积边界 Γ_{12}～Γ_{17} 上的积分。

2. 迎风因子的选取

取迎风因子为

$$r_{ij} = r(P_{ij}) \tag{2.145}$$

其中，P_{ij} 定义为

$$P_{ij} = \frac{\beta_{ij}}{|\alpha_{ij}|} \tag{2.146}$$

$$\alpha_{ij} = \frac{1}{\mu}\nabla N_i \nabla N_j, \quad \beta_{ij} = \sigma \int_{\Gamma_{ij}} \boldsymbol{V}_{ij} \cdot \boldsymbol{n} \mathrm{d}\Gamma_{ij}$$

式中：N_i、N_j 为应用 Galerkin 有限元法离散扩散项时所取的权函数和形函数。

函数 $r(P_{ij})$ 满足以下一些条件[8]。

（1）$r(P_{ij})$ 是单调函数。

（2）$\lim\limits_{P_{ij} \to -\infty} r(P_{ij}) = 0, \lim\limits_{P_{ij} \to +\infty} r(P_{ij}) = 1$。

（3）$1 + P_{ij} r(P_{ij}) \geqslant P_{ij}$。

（4）$[1 - r(P_{ij}) - r(-P_{ij})]P_{ij} = 0$。

（5）$[r(P_{ij}) - 1/2]P_{ij} \geqslant 0$。

（6）P_{ij}、$r(P_{ij})$ 连续。

由条件（4）可知，当 $P_{ij}\neq 0$ 时，$r(P_{ij})+r(-P_{ij})=1$。

满足上述条件的函数 $r(P_{ij})$可用多种方式构造，如可取为以下形式。

全迎风格式：

$$r_{ij}=\begin{cases}1 & (P_{ij}\geqslant 0)\\ 0 & (P_{ij}<0)\end{cases} \tag{2.147}$$

萨马斯基（Samarskii）格式：

$$r_{ij}=\begin{cases}\dfrac{1+P_{ij}}{2+P_{ij}} & (P_{ij}\geqslant 0)\\ \dfrac{1}{2-P_{ij}} & (P_{ij}<0)\end{cases} \tag{2.148}$$

指数格式：

$$r_{ij}=\begin{cases}1-\dfrac{1}{P_{ij}}+(e^{P_{ij}}-1)^{-1} & (P_{ij}>0)\\ \dfrac{1}{2}, & (P_{ij}=0)\\ -\dfrac{1}{P_{ij}}-(e^{-P_{ij}}-1)^{-1} & (P_{ij}<0)\end{cases} \tag{2.149}$$

考虑导体运动对界面上场量 A_{zn} 取值的影响后，取

$$A_{zn}=r_{ij}A_{zi}+(1-r_{ij})A_{zj} \tag{2.150}$$

式中：r_{ij} 为迎风因子，且有 $0\leqslant r_{ij}\leqslant 1$。

将式（2.150）代入式（2.144），有

$$\begin{aligned}\int_{\Omega^i}\sigma\boldsymbol{V}\cdot\nabla A_z\mathrm{d}\Omega^i&=\sum_{j\in\Lambda_i}\int_{\Gamma_{ij}}(\sigma\boldsymbol{V}_{ij}\cdot\boldsymbol{n})(A_{zn}-A_{zi})\mathrm{d}\Gamma_{ij}\\&=\sum_{j\in\Lambda_i}\int_{\Gamma_{ij}}(\sigma\boldsymbol{V}_{ij}\cdot\boldsymbol{n})(A_{zi}-A_{zj})(r_{ij}-1)\mathrm{d}\Gamma_{ij}\end{aligned} \tag{2.151}$$

3. 对流项的离散过程

有限元法处理扩散项和源项时，依次对每个单元循环计算单元刚度矩阵和单元载荷向量，而有限体积法处理对流项时对每一个控制体积积分。对于重心型对偶剖分而言，控制体积与单元不一致，但为编程处理方便，处理对流项时仍采用对单元循环的方式，这样，有限体积法处理对流项后也形成 m 个单元刚度矩阵，这里的 m 为总的单元个数。以下以剖分单元为线性三角形单元为例，说明对流项的处理过程。

1）P_{ij} 的确定

由式（2.146）可知，确定 P_{ij} 前首先要确定α_{ij} 和β_{ij}，而

$$\alpha_{ij}=\frac{1}{\mu}\nabla N_i \nabla N_j=\frac{1}{\mu}\left(\frac{\partial N_i}{\partial x}\frac{\partial N_j}{\partial x}+\frac{\partial N_i}{\partial y}\frac{\partial N_j}{\partial y}\right) \tag{2.152}$$

$$\beta_{ij}=\int_{\Gamma_{ij}}\sigma \boldsymbol{V}_{ij}\cdot \boldsymbol{n}\mathrm{d}\Gamma \tag{2.153}$$

图 2.16（a）阴影区域 Ω_1、Ω_2、Ω_3 分别为节点 p_1、p_2、p_3 在单元 e_1 内的控制体积。单元 e_1 的重心坐标为（x_c, y_c），各边中点的坐标分别为（x_{m1}, y_{m1}），（x_{m2}, y_{m2}），（x_{m3}, y_{m3}）。

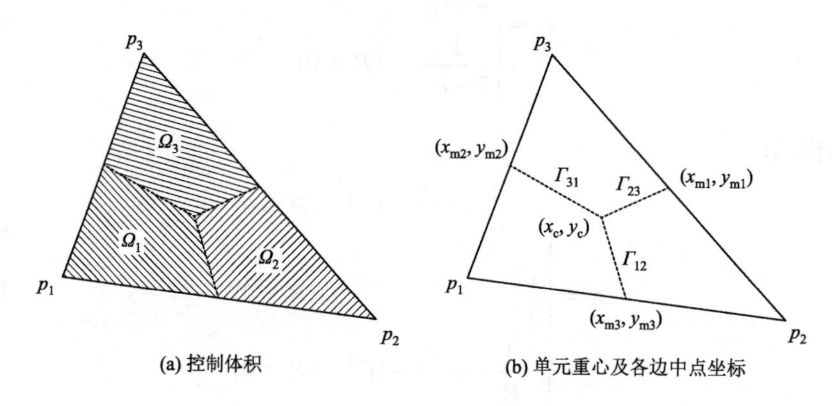

图 2.16　单元 e_1 中各节点的控制体积

假定速度的正方向为：1→2，2→3，3→1。这样，在单元 e_1 中，有

$$\begin{cases}x_c=\frac{1}{3}(x_1+x_2+x_3)\\ y_c=\frac{1}{3}(y_1+y_2+y_3)\\ x_{m1}=\frac{1}{2}(x_2+x_3)\\ y_{m1}=\frac{1}{2}(y_2+y_3)\\ x_{m2}=\frac{1}{2}(x_1+x_3)\\ y_{m2}=\frac{1}{2}(y_1+y_3)\\ x_{m3}=\frac{1}{2}(x_1+x_2)\\ y_{m3}=\frac{1}{2}(y_1+y_2)\end{cases} \tag{2.154}$$

$$\begin{cases} \boldsymbol{V}_{\mathrm{c}} = v_{\mathrm{c}x}\boldsymbol{x} + v_{\mathrm{c}y}\boldsymbol{y} = \dfrac{1}{3}(v_{1x} + v_{2x} + v_{3x})\boldsymbol{x} + \dfrac{1}{3}(v_{1y} + v_{2y} + v_{3y})\boldsymbol{y} \\ \boldsymbol{V}_{\mathrm{m}1} = v_{\mathrm{m}1x}\boldsymbol{x} + v_{\mathrm{m}1y}\boldsymbol{y} = \dfrac{1}{2}(v_{2x} + v_{3x})\boldsymbol{x} + \dfrac{1}{2}(v_{2y} + v_{3y})\boldsymbol{y} \\ \boldsymbol{V}_{\mathrm{m}2} = v_{\mathrm{m}2x}\boldsymbol{x} + v_{\mathrm{m}2y}\boldsymbol{y} = \dfrac{1}{2}(v_{1x} + v_{3y})\boldsymbol{x} + \dfrac{1}{2}(v_{1x} + v_{3y})\boldsymbol{y} \\ \boldsymbol{V}_{\mathrm{m}3} = v_{\mathrm{m}3x}\boldsymbol{x} + v_{\mathrm{m}3y}\boldsymbol{y} = \dfrac{1}{2}(v_{1x} + v_{2x})\boldsymbol{x} + \dfrac{1}{2}(v_{1y} + v_{2y})\boldsymbol{y} \end{cases} \tag{2.155}$$

$$\begin{cases} \boldsymbol{V}_{12} = \dfrac{1}{2}(\boldsymbol{V}_{\mathrm{c}} + \boldsymbol{V}_{\mathrm{m}3}) \\ \boldsymbol{V}_{23} = \dfrac{1}{2}(\boldsymbol{V}_{\mathrm{c}} + \boldsymbol{V}_{\mathrm{m}1}) \\ \boldsymbol{V}_{31} = \dfrac{1}{2}(\boldsymbol{V}_{\mathrm{c}} + \boldsymbol{V}_{\mathrm{m}2}) \end{cases} \tag{2.156}$$

定义积分路径 $\varGamma$ 的方向为单元各边中点指向重心，于是有

$$\begin{aligned} &\int_{\varGamma_{12}} \boldsymbol{V}_{12} \cdot \boldsymbol{n}\mathrm{d}\varGamma = v_{12x}(y_{\mathrm{c}} - y_{\mathrm{m}3}) - v_{12y}(x_{\mathrm{c}} - x_{\mathrm{m}3}) \\ &\int_{\varGamma_{23}} \boldsymbol{V}_{23} \cdot \boldsymbol{n}\mathrm{d}\varGamma = v_{23x}(y_{\mathrm{c}} - y_{\mathrm{m}1}) - v_{23y}(x_{\mathrm{c}} - x_{\mathrm{m}1}) \\ &\int_{\varGamma_{31}} \boldsymbol{V}_{31} \cdot \boldsymbol{n}\mathrm{d}\varGamma = v_{31x}(y_{\mathrm{c}} - y_{\mathrm{m}2}) - v_{31y}(x_{\mathrm{c}} - x_{\mathrm{m}2}) \end{aligned} \tag{2.157}$$

将式（2.157）代入式（2.153），有

$$\begin{cases} \beta_{12} = \int_{\varGamma_{12}} \sigma\boldsymbol{V}_{12} \cdot \boldsymbol{n}\mathrm{d}\varGamma = \sigma v_{12x}(y_{\mathrm{c}} - y_{\mathrm{m}3}) - \sigma v_{12y}(x_{\mathrm{c}} - x_{\mathrm{m}3}) \\ \beta_{23} = \int_{\varGamma_{23}} \sigma\boldsymbol{V}_{23} \cdot \boldsymbol{n}\mathrm{d}\varGamma = \sigma v_{23x}(y_{\mathrm{c}} - y_{\mathrm{m}1}) - \sigma v_{23y}(x_{\mathrm{c}} - x_{\mathrm{m}1}) \\ \beta_{31} = \int_{\varGamma_{31}} \sigma\boldsymbol{V}_{31} \cdot \boldsymbol{n}\mathrm{d}\varGamma = \sigma v_{31x}(y_{\mathrm{c}} - y_{\mathrm{m}2}) - \sigma v_{31y}(x_{\mathrm{c}} - x_{\mathrm{m}2}) \end{cases} \tag{2.158}$$

而

$$\begin{cases} \beta_{21} = \int_{\varGamma_{21}} \sigma\boldsymbol{V}_{12} \cdot \boldsymbol{n}\mathrm{d}\varGamma = -\int_{\varGamma_{12}} \sigma\boldsymbol{V}_{12} \cdot \boldsymbol{n}\mathrm{d}\varGamma = -\beta_{12} \\ \beta_{32} = \int_{\varGamma_{32}} \sigma\boldsymbol{V}_{23} \cdot \boldsymbol{n}\mathrm{d}\varGamma = -\int_{\varGamma_{23}} \sigma\boldsymbol{V}_{23} \cdot \boldsymbol{n}\mathrm{d}\varGamma = -\beta_{23} \\ \beta_{13} = \int_{\varGamma_{13}} \sigma\boldsymbol{V}_{31} \cdot \boldsymbol{n}\mathrm{d}\varGamma = -\int_{\varGamma_{31}} \sigma\boldsymbol{V}_{31} \cdot \boldsymbol{n}\mathrm{d}\varGamma = -\beta_{31} \end{cases} \tag{2.159}$$

将 α_{ij} 和 β_{ij} 代入式（2.146）可以计算出三角形单元每条边上的 P_{ij}。

已知

$$\alpha_{ij} = \alpha_{ji} \tag{2.160}$$

由式（2.152）可知

$$P_{ji} = \frac{\beta_{ji}}{|\alpha_{ji}|} \tag{2.161}$$

于是有

$$P_{ji}=\frac{\beta_{ji}}{|\alpha_{ji}|}=-\frac{\beta_{ij}}{|\alpha_{ji}|}=-P_{ij} \tag{2.162}$$

2）r_{ij} 的计算

确定一种迎风因子的选取方案，若选择 Samarskii 格式，则将 P_{ij} 代入式（2.148）计算三角形单元每条边上的迎风因子 r_{ij}。

由式（2.145）有

$$r_{ji}=r(P_{ji})=r(-P_{ij}) \tag{2.163}$$

对照 $r(P_{ij})$满足的条件（4）可知：$r_{ij}+r_{ji}=1$。

3）对流项的离散

将式（2.151）应用于节点 p_1，有

$$(A_{z1}-A_{z2})(r_{12}-1)\beta_{12}+(A_{z1}-A_{z3})(r_{13}-1)\beta_{13}=0 \tag{2.164}$$

于是有

$$[(r_{12}-1)\beta_{12}+r_{31}\beta_{31}]A_{z1}+(1-r_{12})\beta_{12}A_{z2}-r_{31}\beta_{31}A_{z3}=0 \tag{2.165}$$

同理，对于节点 p_2、p_3，有

$$-r_{12}\beta_{12}A_{z1}+[(r_{23}-1)\beta_{23}+r_{12}\beta_{12}]A_{z2}+(1-r_{23})\beta_{23}A_{z3}=0 \tag{2.166}$$

$$(1-r_{31})\beta_{31}A_{z1}-r_{23}\beta_{23}A_{z2}+[(r_{31}-1)\beta_{31}+r_{23}\beta_{23}]A_{z3}=0 \tag{2.167}$$

即

$$\begin{cases}K''_{11}=(r_{12}-1)\beta_{12}+r_{31}\beta_{31}\\K''_{12}=(1-r_{12})\beta_{12}\\K''_{13}=-r_{31}\beta_{31}\\K''_{21}=-r_{12}\beta_{12}\\K''_{22}=(r_{23}-1)\beta_{23}+r_{12}\beta_{12}\\K''_{23}=(1-r_{23})\beta_{23}\\K''_{31}=(1-r_{31})\beta_{31}\\K''_{32}=-r_{23}\beta_{23}\\K''_{33}=(r_{31}-1)\beta_{31}+r_{23}\beta_{23}\end{cases} \tag{2.168}$$

2.5.3 单元刚度矩阵的形成

将 Galerkin 有限元法离散扩散项所得的单元刚度矩阵和应用有限体积法离散对流项所得的单元刚度矩阵中的对应项叠加，形成混合有限元法-有限体积法离散对流扩散方程的单元刚度矩阵，即

$$\begin{cases} K_{11} = K'_{11} + K''_{11} \\ K_{12} = K'_{12} + K''_{12} \\ K_{13} = K'_{13} + K''_{13} \\ K_{21} = K'_{21} + K''_{21} \\ K_{22} = K'_{22} + K''_{22} \\ K_{23} = K'_{23} + K''_{23} \\ K_{31} = K'_{31} + K''_{31} \\ K_{32} = K'_{32} + K''_{32} \\ K_{33} = K'_{33} + K''_{33} \end{cases} \tag{2.169}$$

式中：K'为 Galerkin 有限元法离散扩散项所得的单元刚度矩阵中的系数；K''为有限体积法离散对流项所得的单元刚度矩阵中的系数。

2.6　混合有限元法-有限体积法应用实例

TEAM Workshop Problems 是国际电磁场计算学界为了对各种电磁场数值算法进行验证和优劣评判提出的一系列模型及其理论与试验数据，被公认为是对新方法评估的权威标准。

TEAM 9-1 是分析运动的带电圆环线圈在导体圆柱空腔中轴向运动的速度效应问题。该问题所给出的计算结果是在不同运动速度下，参考线上某些点处的磁感应强度值。构成空腔体的材料分别为非铁磁材料和铁磁材料两种，空腔体中的介质为空气，空腔体直径为 28 mm，载流线圈直径为 24 mm，并载有 1 A 直流电流。当空腔体材料为铁磁物质时，取相对磁导率$\mu_r = 50$，电导率$\sigma = 5\times10^6$ S/m。观察线 L_a 距中心线 13 mm，观测点均位于 L_a 线上，距离载流环中心分别为载流环直径的 50% 1.0 倍、1.5 倍、2.0 倍、3.0 倍、4.0 倍、5.0 倍、6.0 倍，如图 2.17 所示。

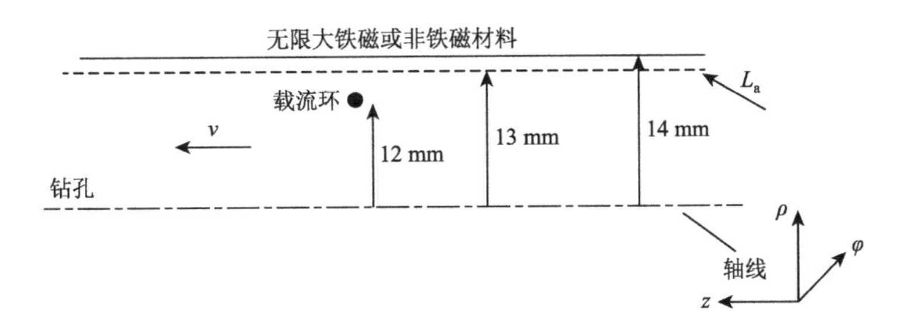

图 2.17　TEAM 9-1 几何示意图

TEAM 9-1 问题是一个稳态二维轴对称运动涡流场问题，假设 z 轴为对称轴，源电流 $\boldsymbol{J}_s$ 只有周向 φ 分量，速度 $\boldsymbol{v}$ 只有 z 分量，则 Eulerian 坐标系下的控制方程为

$$-\frac{\partial}{\partial \rho}\left[\frac{1}{\mu\rho}\frac{\partial(\rho A_{\varphi})}{\partial \rho}\right]-\frac{\partial}{\partial z}\left(\frac{1}{\mu}\frac{\partial A_{\varphi}}{\partial z}\right)+\sigma v_z\frac{\partial A_{\varphi}}{\partial z}=J_{s\varphi} \tag{2.170}$$

式（2.170）也可写成

$$-\frac{\partial}{\partial \rho}\left[\frac{1}{\mu\rho}\frac{\partial(\rho A_{\varphi})}{\partial \rho}\right]-\frac{\partial}{\partial z}\left[\frac{1}{\mu\rho}\frac{\partial(\rho A_{\varphi})}{\partial z}\right]+\frac{\sigma}{\rho}v_z\frac{\partial(\rho A_{\varphi})}{\partial z}=J_{s\varphi} \tag{2.171}$$

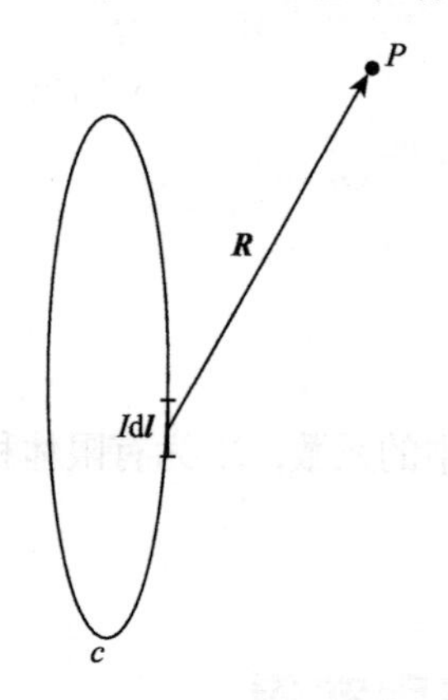

图 2.18　电流元在 P 点产生的磁通密度计算示意图

电流元在 P 点产生的磁通密度计算示意图如图 2.18 所示。

由毕奥-萨伐尔定律可以求得载有恒定电流 I 的导线在空间中点 P 所产生的磁通密度，即

$$\boldsymbol{B}=\frac{\mu_0}{4\pi}\int_c\frac{I\mathrm{d}\boldsymbol{l}\times\boldsymbol{R}}{R^3} \tag{2.172}$$

式中：$\boldsymbol{B}$ 为载有恒定电流 I 的导线在 P 点产生的磁通密度，$\mathrm{Wb/m^2}$；μ_0 为空气中的磁导率，H/m；$\mathrm{d}\boldsymbol{l}$ 为电流方向的导线线元，m；$\boldsymbol{R}$ 为导线线元至 P 点的距离矢量，m。

表 2.3、表 2.4 为部分观测点处解析法计算的磁场强度值。表中 r 为线圈半径，d 为线圈直径。

表 2.3　解析法计算值 1

观测点位置	B_ρ/T	B_z/T	观测点位置	B_ρ/T	B_z/T
$0.1r$	9.22×10^{-5}	-5.40×10^{-5}	$-0.1r$	-9.22×10^{-5}	-5.40×10^{-5}
$0.5r$	2.58×10^{-5}	8.47×10^{-6}	$-0.5r$	-2.58×10^{-5}	8.47×10^{-6}
$1.0r$	9.46×10^{-6}	6.58×10^{-6}	$-1.0r$	-9.46×10^{-6}	6.58×10^{-6}
$1.5r$	4.18×10^{-6}	4.25×10^{-6}	$-1.5r$	-4.18×10^{-6}	4.25×10^{-6}
$2.0r$	2.07×10^{-6}	2.73×10^{-6}	$-2.0r$	-2.07×10^{-6}	2.73×10^{-6}
$2.5r$	1.11×10^{-6}	1.79×10^{-6}	$-2.5r$	-1.11×10^{-6}	1.79×10^{-6}
$3.0r$	6.37×10^{-7}	1.22×10^{-6}	$-3.0r$	-6.37×10^{-7}	1.22×10^{-6}

表 2.4　解析法计算值 2

观测点位置	B_ρ/T	B_z/T	观测点位置	B_ρ/T	B_z/T
$0.1d$	6.49×10^{-5}	-7.84×10^{-5}	$-0.1d$	-6.49×10^{-5}	-7.84×10^{-5}
$0.5d$	9.35×10^{-5}	6.61×10^{-6}	$-0.5d$	-9.35×10^{-5}	6.61×10^{-6}
$1.0d$	2.07×10^{-6}	2.73×10^{-6}	$-1.0d$	-2.07×10^{-6}	2.73×10^{-6}
$1.5d$	6.37×10^{-6}	1.22×10^{-6}	$-1.5d$	-6.37×10^{-6}	1.22×10^{-6}

续表

观测点位置	B_ρ/T	B_z/T	观测点位置	B_ρ/T	B_z/T
2.0d	2.45×10^{-6}	6.17×10^{-7}	−2.0d	-2.45×10^{-6}	6.17×10^{-7}
2.5d	1.11×10^{-6}	3.47×10^{-7}	−2.5d	-1.11×10^{-6}	3.47×10^{-7}
3.0d	5.68×10^{-7}	2.12×10^{-7}	−3.0d	-5.68×10^{-7}	2.12×10^{-7}

表 2.5 为 TEAM 9-1 数据与解析法计算值比较，由所示数据可见：观测点距离线圈中心 0.1r～3.0r 时，计算值 B_ρ和 B_z 的绝对值与 TEAM 9-1 给出值基本相同，由此可以判断 TEAM 9-1 给出值为 B_ρ和 B_z 的绝对值。

表 2.5　TEAM 9-1 数据与解析法计算值比较

观测点位置	TEAM 9-1		解析法计算值	
	B_ρ/T	B_z/T	B_ρ/T	B_z/T
0.1r	9.22×10^{-5}	5.33×10^{-5}	9.22×10^{-5}	-5.40×10^{-5}
0.5r	2.59×10^{-5}	8.66×10^{-6}	2.58×10^{-5}	8.47×10^{-6}
1.0r	9.46×10^{-6}	6.58×10^{-6}	9.35×10^{-6}	6.61×10^{-6}
1.5r	4.21×10^{-6}	4.13×10^{-6}	4.18×10^{-6}	4.25×10^{-6}
2.0r	2.03×10^{-6}	2.64×10^{-6}	2.07×10^{-6}	2.73×10^{-6}
2.5r	1.08×10^{-6}	1.77×10^{-6}	1.11×10^{-6}	1.79×10^{-6}
3.0r	6.57×10^{-7}	1.19×10^{-6}	6.37×10^{-7}	1.22×10^{-6}
−0.1r	9.22×10^{-5}	5.33×10^{-5}	-9.22×10^{-5}	-5.40×10^{-5}
−0.5r	2.59×10^{-5}	8.66×10^{-6}	-2.58×10^{-5}	8.47×10^{-6}
−1.0r	9.46×10^{-6}	6.58×10^{-6}	-9.46×10^{-6}	6.58×10^{-6}
−1.5r	4.21×10^{-6}	4.13×10^{-6}	-4.18×10^{-6}	4.25×10^{-6}
−2.0r	2.03×10^{-6}	2.64×10^{-6}	-2.07×10^{-6}	2.73×10^{-6}
−2.5r	1.08×10^{-6}	1.77×10^{-6}	-1.11×10^{-6}	1.79×10^{-6}
−3.0r	6.57×10^{-7}	1.19×10^{-6}	-6.37×10^{-7}	1.22×10^{-6}

在表 2.3、表 2.4 中，当观测点距线圈中心距离为 0.1r、0.1d 时，计算所得的 B_z 为负，当观测点距离线圈中心 0.5r～3.0d 时，计算所得的 B_z 均大于零。图 2.19 为线圈运动速度 $v = 0$ m/s 时部分观测点附近区域的磁力线分布图。

分析中部分观测点附近区域的磁场分布可见，观测点（0.0013，0.1r）和观测点（0.0013，0.1d）处磁力线方向指向右斜下方，这时磁场强度的 B_z 分量为负；观测点（0.0013，0.5r）和观测点（0.0013，1.0r）处磁力线方向指向右斜上方，这时磁场强度的 B_z 分量为正。

1. 空腔体为非铁磁材料

当圆柱空腔体为非铁磁材料，剖分后模型的单元数为 68 087，节点数为 34 271，线

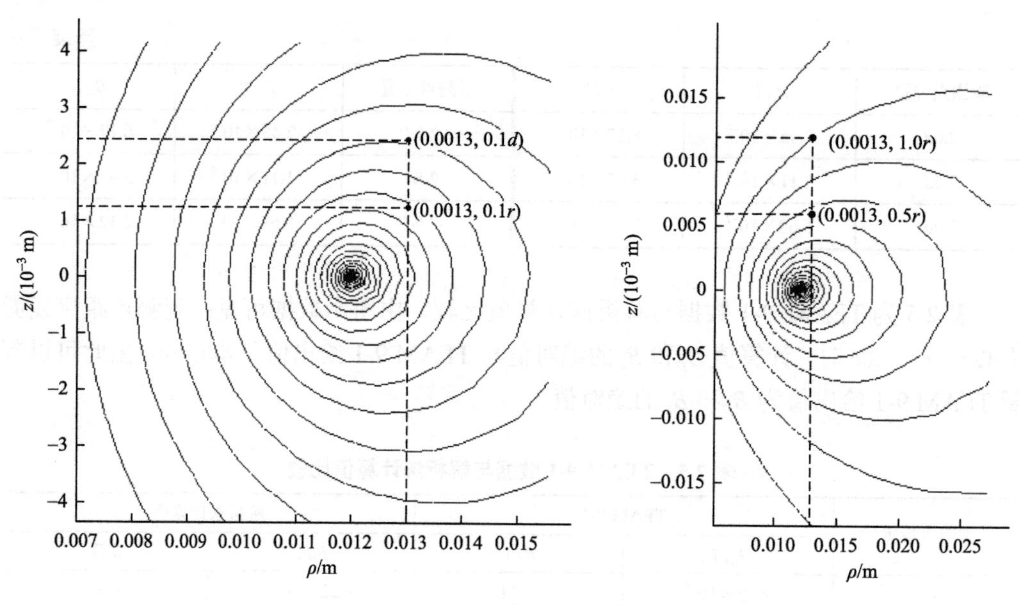

图 2.19　通电线圈附近磁力线分布

圈运动速度分别为 $v = 0$ m/s、$v = 1$ m/s、$v = 10$ m/s、$v = 100$ m/s 时，采用 Samarskii 格式的混合有限元法-有限体积法计算 TEAM 9-1 问题，将计算结果与 TEAM 9-1 给出值比较可以判断出，在本章所给的坐标系下 TEAM 9-1 给出值为在线圈轴线下方距线圈中心 $0.1r$～$6.0r$ 处 B_ρ和 B_z 的绝对值。计算结果与 TEAM 9-1 数据的比较如图 2.20～图 2.23 所示。

由图 2.20～图 2.23 可见：

（1）采用 Samarskii 格式的混合有限元法-有限体积法的计算结果与 TEAM 9-1 给出的数据有很好的一致性。

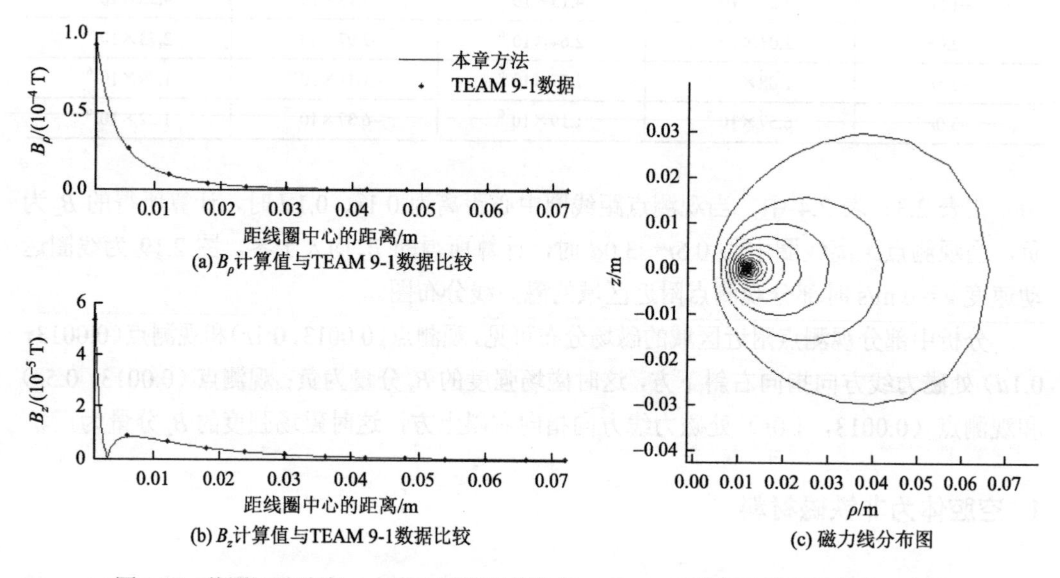

图 2.20　线圈运动速度 $v = 0$ m/s 时的计算值与 TEAM 9-1 数据比较和磁力线分布图

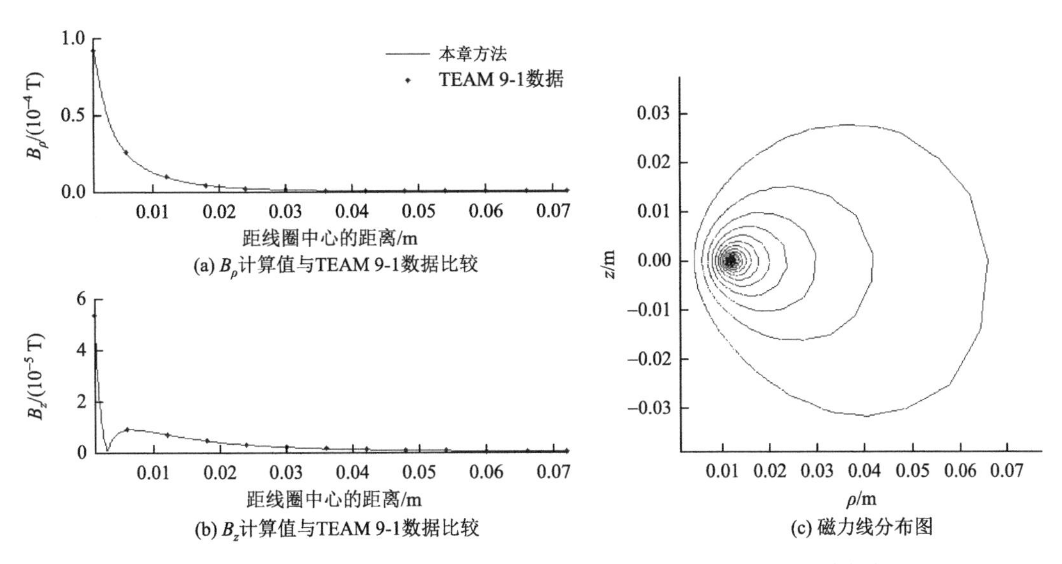

图 2.21　线圈运动速度 $v = 1$ m/s 时的计算值与 TEAM 9-1 数据比较和磁力线分布图

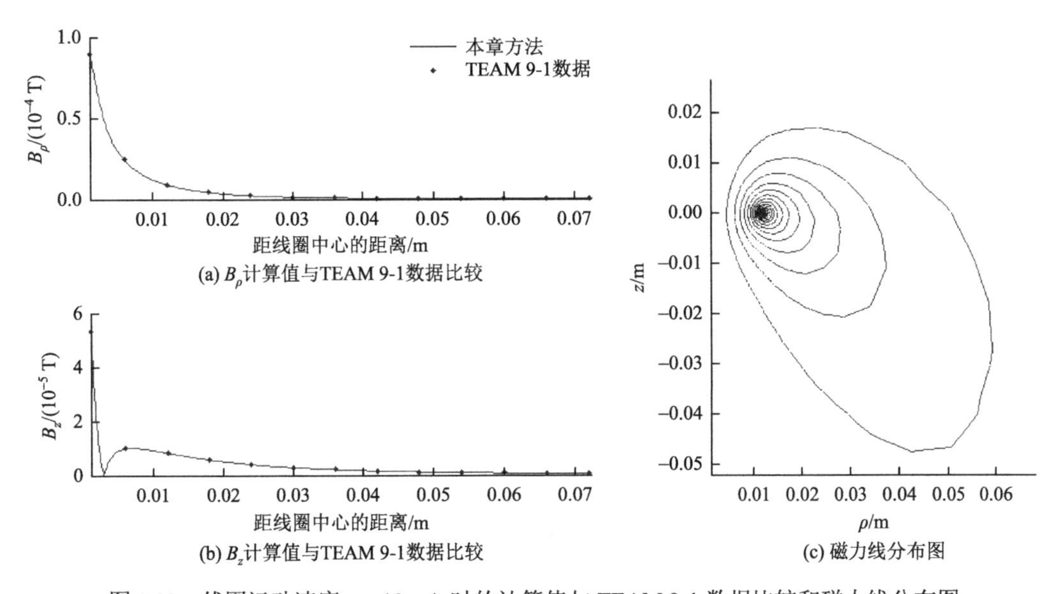

图 2.22　线圈运动速度 $v = 10$ m/s 时的计算值与 TEAM 9-1 数据比较和磁力线分布图

（2）当线圈沿 z 轴正方向运动时，磁力线被“拖运”，且速度越高，磁力线被“拖运”的程度越明显。

（3）当线圈运动速度增大时，由于涡流的作用，磁力线向空腔内透入的深度减小。

2. 空腔体为铁磁材料

空腔体为铁磁材料，线圈运动速度 $v = 100$ m/s 时的计算值与 TEAM 9-1 数据比较如图 2.24 所示。

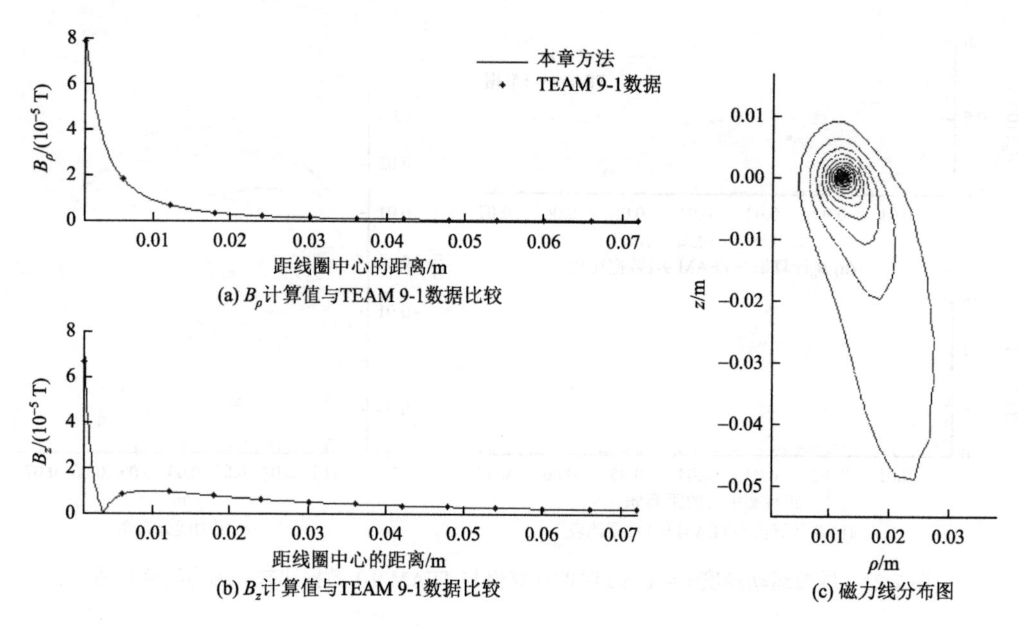

图 2.23　空腔体为非铁磁材料时线圈运动速度 $v = 100$ m/s 时的计算值与 TEAM 9-1 数据比较和磁力线分布图

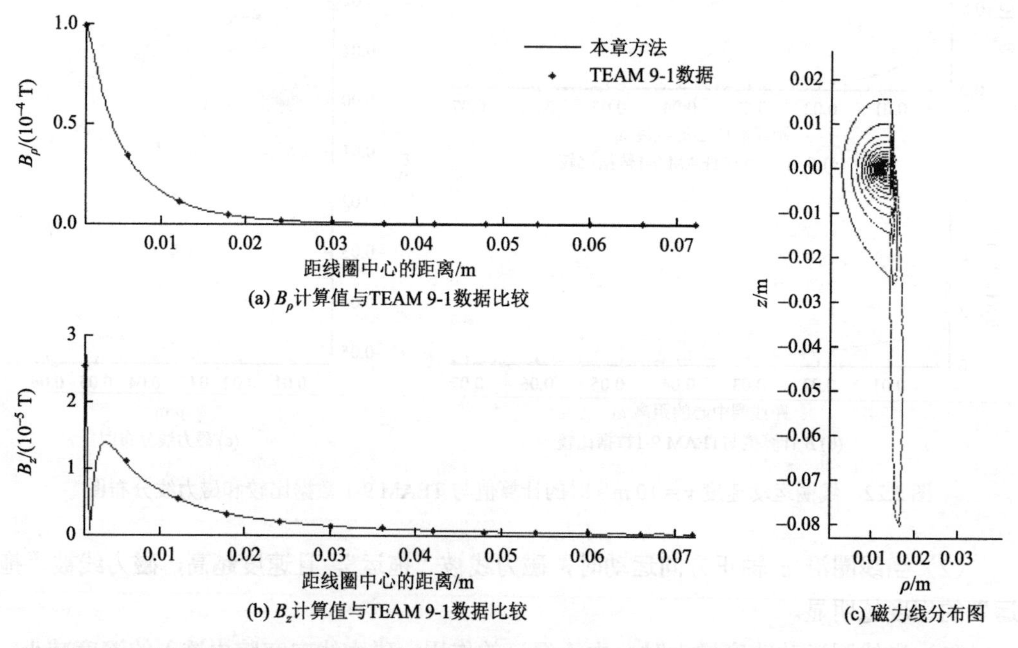

图 2.24　空腔体为铁磁材料时线圈运动速度 $v = 100$ m/s 时的计算值与 TEAM 9-1 数据比较和磁力线分布图

由图 2.24 可见：

（1）采用 Samarskii 格式的混合有限元法–有限体积法的计算结果与 TEAM 9-1 给出的数据有很好的一致性。

（2）当空腔体材料为铁磁材料时，磁力线向空腔内透入的深度比空腔体材料为非铁磁材料时的透入深度小。

3. 不同迎风格式的比较

圆柱空腔体为铁磁材料，当线圈运动速度 $v = 100$ m/s 时，采用线性三角形单元剖分，剖分后的单元数为 68 087，节点数为 34 271，且 $Pe>1$。比较全迎风格式、Samarskii 格式和指数格式的计算结果，如图 2.25、图 2.26 所示。

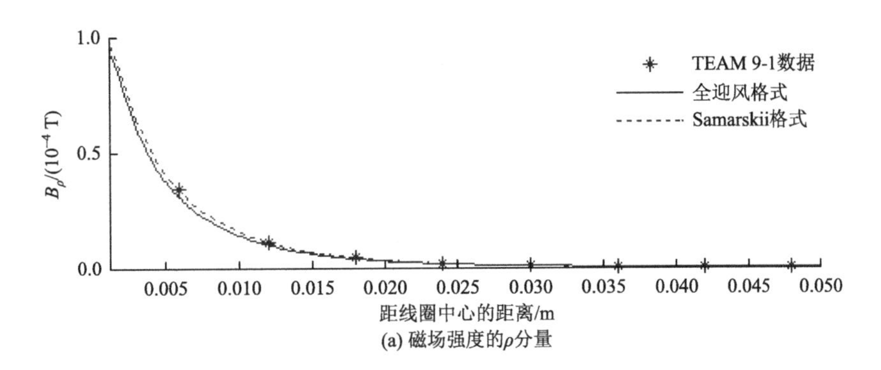

(a) 磁场强度的ρ分量

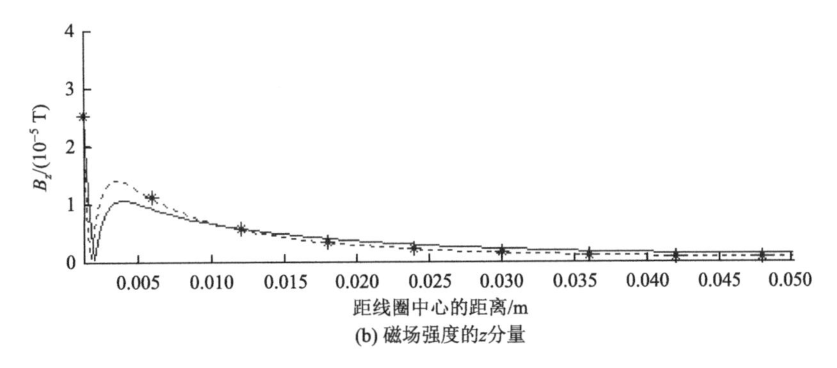

(b) 磁场强度的z分量

图 2.25　不同迎风格式的计算结果比较

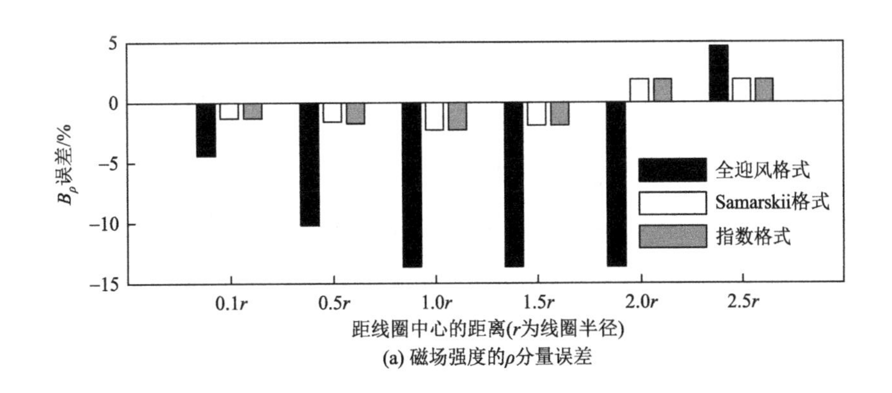

(a) 磁场强度的ρ分量误差

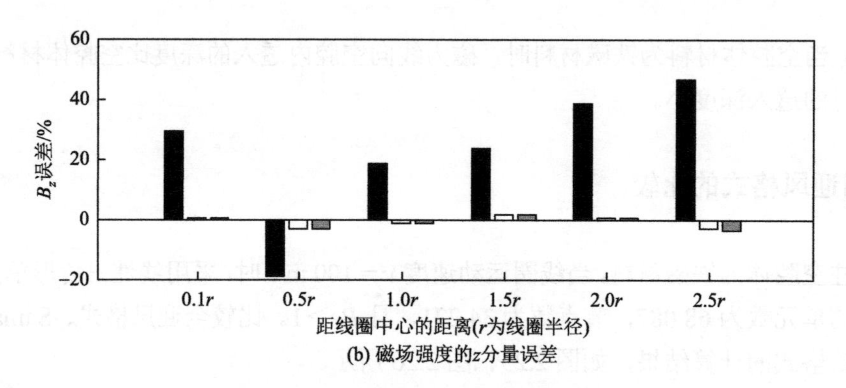

(b) 磁场强度的z分量误差

图 2.26　不同迎风格式的误差比较

分析图 2.25、图 2.26 可知：

（1）三种迎风格式均能保证当 $Pe>1$ 时解不出现振荡现象。

（2）全迎风格式虽然能保证解不振荡，但其计算误差较 Samarskii 格式和指数格式大。

（3）Samarskii 格式和指数格式的计算精度基本相同。

（4）迎风格式的选取对计算结果的准确程度影响很大。

4. 剖分量对计算精度的影响

圆柱空腔体为铁磁材料，当线圈运动速度 $v = 100$ m/s 时，比较三种计算条件下观测线上的磁场强度计算值，如表 2.6 和图 2.27～图 2.29 所示。

表 2.6　不同剖分量下的计算条件

计算条件	单元类型	单元数	节点数
1	线性三角形	68 087	34 271
2	线性三角形	18 903	9 579
3	线性三角形	5 565	2 860

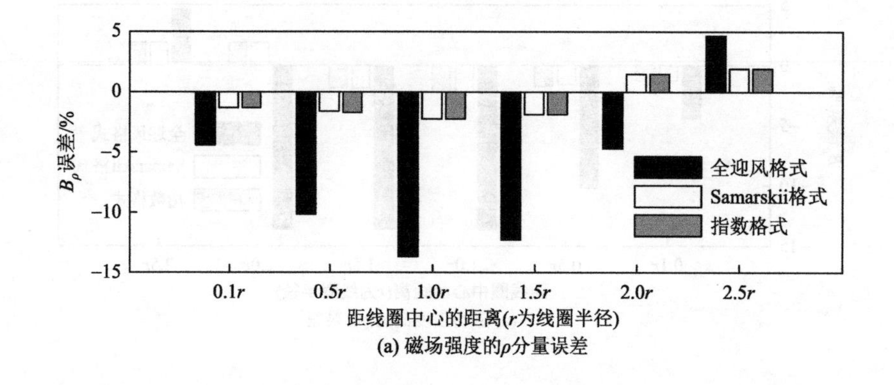

(a) 磁场强度的ρ分量误差

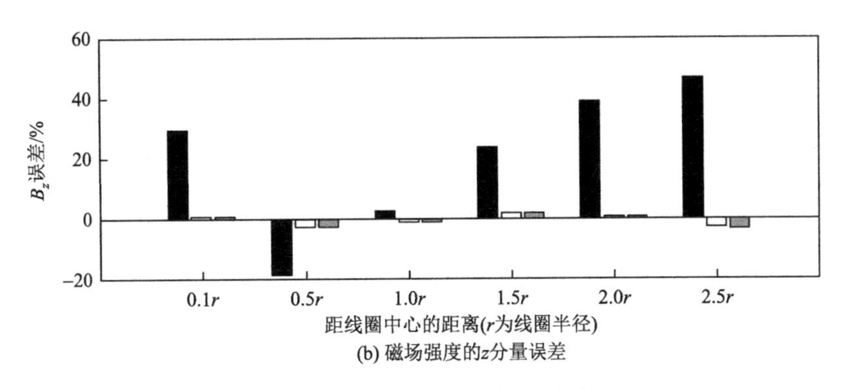

(b) 磁场强度的z分量误差

图 2.27　计算条件 1 下的误差比较

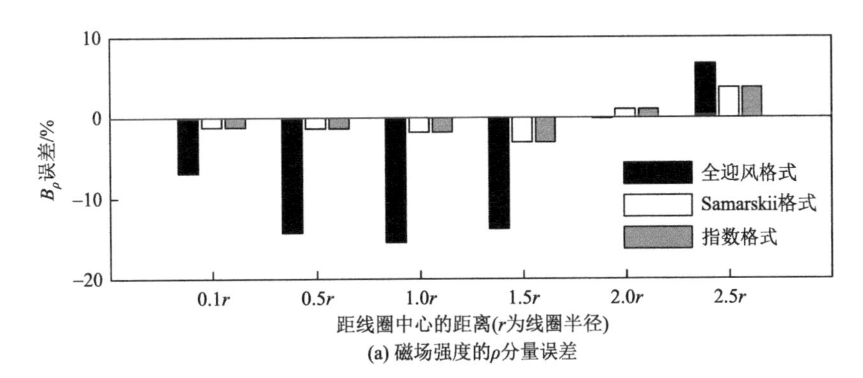

(a) 磁场强度的ρ分量误差

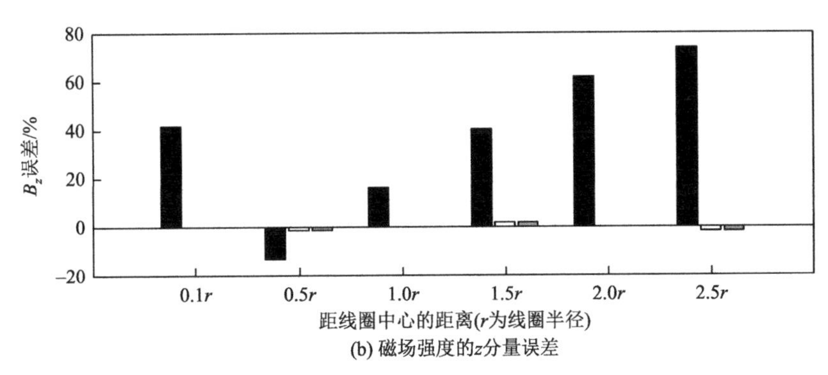

(b) 磁场强度的z分量误差

图 2.28　计算条件 2 下的误差比较

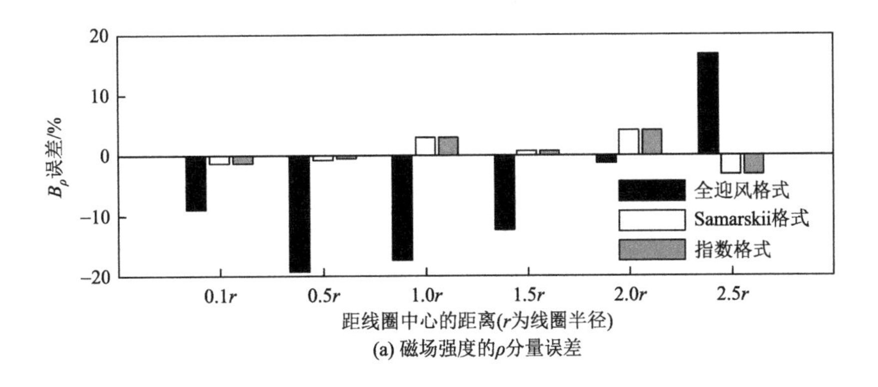

(a) 磁场强度的ρ分量误差

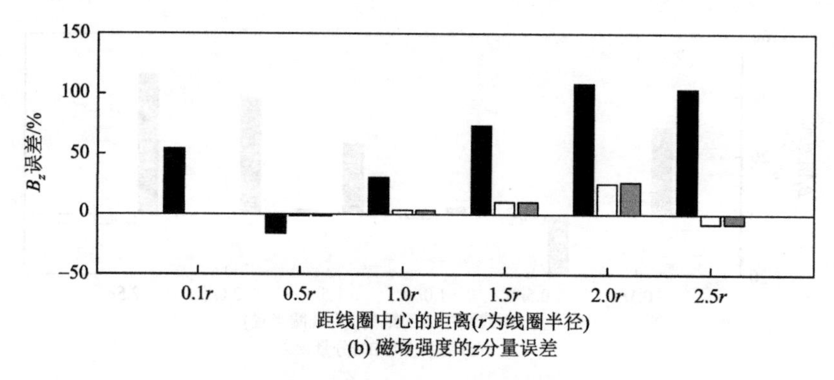

(b) 磁场强度的z分量误差

图 2.29　计算条件 3 下的误差比较

比较图 2.27～图 2.29 可见：

（1）当 *Pe* 增大时，解的误差增大。

（2）全迎风格式的计算误差随着 *Pe* 的增大迅速增大。

（3）Samarskii 格式和指数格式的计算误差随 *Pe* 增大而增大的趋势较小。

由以上比较可见，Samarskii 格式和指数格式的混合有限元法-有限体积法的计算结果与 TEAM 9-1 数据有很好的一致性，这说明了混合有限元法-有限体积法的正确性和有效性。

三种计算条件下通电线圈附近区域磁力线分布如图 2.30 所示。

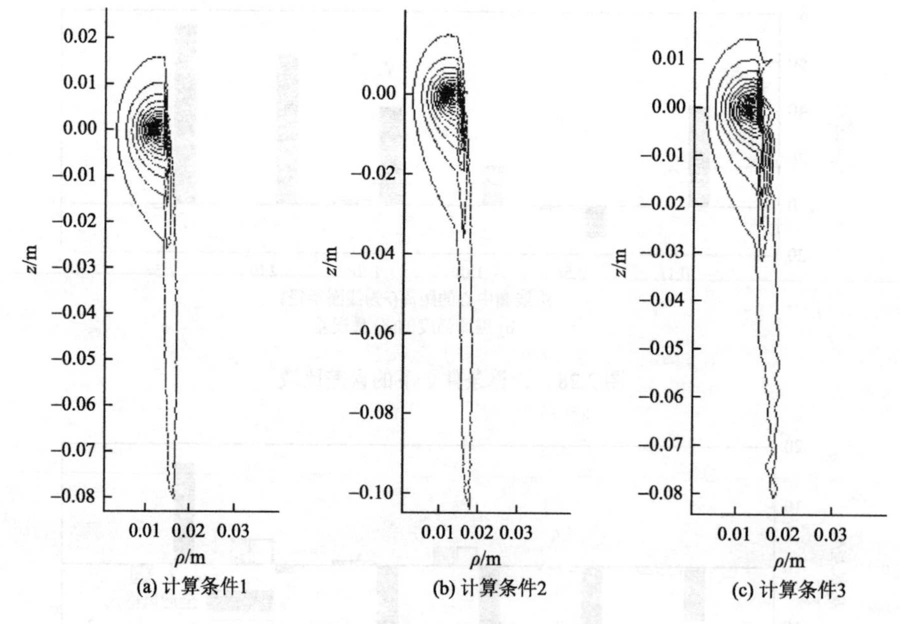

(a) 计算条件1　(b) 计算条件2　(c) 计算条件3

图 2.30　磁力线分布示意图

由图 2.30 可见，当剖分密度减小，*Pe* 增大时，在磁势较小的区域上磁力线出现了不合理的分布。

综合上述讨论可知，在一定的剖分量下，采用适当迎风格式的混合有限元法-有限体积法的计算值与 TEAM 9-1 有很好的一致性，这说明了该方法的正确性。但同时也应注意到：

（1）Pe 增大时混合有限元法-有限体积法的计算结果误差增大。

（2）TEAM 9-1 问题中铁磁材料的$\mu_r = 50$，工程实际问题中铁磁材料的μ_r多为 500～1500，因而与 TEAM 9-1 数据的对照还不能反映铁磁材料相对磁导率高时的计算情况。

线圈运动速度 $v = 100$ m/s 时，采用线性三角形单元剖分，剖分后的单元数为 68 087，节点数为 34271，比较$\mu_r = 50$、$\mu_r = 500$、$\mu_r = 1000$ 时混合有限元法-有限体积法的计算结果，如图 2.31 所示。

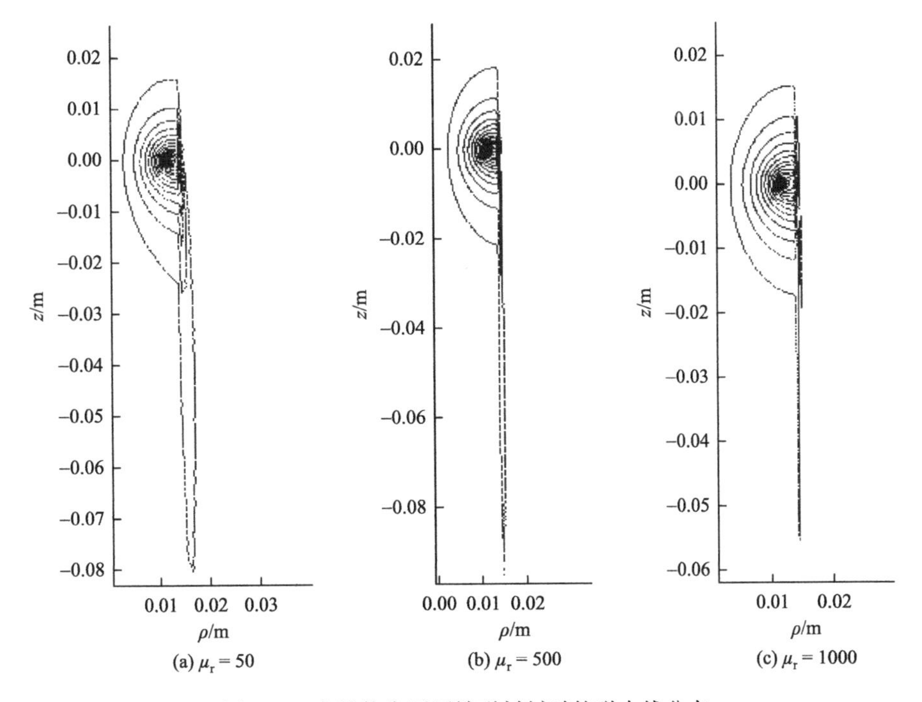

图 2.31　空腔体为不同铁磁材料时的磁力线分布

由图 2.31 可见，当空腔体材料的相对磁导率增大，Pe 增大时，磁力线分布出现了少量不合理的分布，但其出现在磁势值很小的区域。另外，当空腔体材料的相对磁导率增大时，磁力线向铁磁材料内的透入深度减小。

参 考 文 献

[1] BREBBIA C A，TELLES J C F，WROBEL L C. Boundary element techniques[M]. Berlin：Springer-Verlag，1984.

[2] 徐文焕，陈虬. 加权余量法在结构分析中的应用[M]. 北京：中国铁道出版社，1985.

[3] HARRINGTON R F. Field computation by moment methods[M]. New York：IEEE Press，1993.

[4] ZIENKIEWICZ O C，TAYLOR R L. The finite element method [M]. 5th ed. Woburn：Butterworth-Heinemann，2000.

[5] 谭维炎. 计算浅水动力学：有限体积法的应用[M]. 北京：清华大学出版社，1998.

[6] 王福军. 计算流体动力学分析：CFD 软件原理与应用[M]. 北京：清华大学出版社，2004.

[7] 周雪漪. 计算水力学[M]. 北京：清华大学出版社，1995.

[8] 赵智勇. 对流扩散问题的迎风有限元格式及其自适应方法[D]. 天津：南开大学，2004.

[9] 苏煜城，吴启光. 奇异摄动问题数值方法引论[M]. 重庆：重庆出版社，1991.

[10] 陶文铨. 数值传热学[M]. 西安：西安交通大学出版社，2001.

[11] ITO M，TAKAHASHI T，ODAMURA M. Up-wind finite element solution of travelling magnetic field problems[J]. IEEE transaction on magnetics，1992，28（2）：1605-1610.

[12] 张文博. 线性定常对流占优对流扩散问题的有限体积-流线扩散有限元法[J]. 计算数学，2004，26（1）：93-109.

[13] 李宏，刘儒勋. 对流扩散方程的有限体积-有限元方法的误差估计[J]. 应用数学，2001，15（2）：111-115.

[14] 窦红. 对流扩散方程的一种显式有限体积-有限元方法[J]. 应用数学与计算数学学报，2000，13（4）：45-53.

[15] FEISTAUER M，FELCMAN J，LUJACIVA-MEDVIDOVA M. On the convergence of a combined finite volume-finite element method for nonlinear convection-diffusion problems[J]. Numerical method for partial differential equations，1997，13：163-190.

[16] FEISTAUER M，FELCMAN J，LUJACIVA-MEDVIDOVA M，et al. Error estimates for a combined finite volume-finite element method for nonlinear convection-diffusion problems[J]. Journal on applied mathematics，1999，36（5）：1528-1548.

第 3 章

组合网格法

对于许多工程问题的运动涡流场分析，数值分析者所遇到的一个突出问题在于离散网格拓扑关系对模拟运动的限制和麻烦。虽然一些学者已提出了一些网格重构技巧，但要从根本上解决这一问题，需要从离散网格拓扑关系的限制中“解放”出来，有一套更加灵活的处理技术。为此，本章将讨论一种采用重叠非匹配网格的数值方法——组合网格法（composite grid method，CGM），首先分析 CGM 的理论基础，然后给出 CGM 的具体算法及实施步骤，并讨论减小非协调误差的方法，最后将其应用于 TEAM 28——磁悬浮模型动态特性的分析。

3.1 已有的多重网格方法及其局限

快速自适应组合网格法（fast adaptive composite grid method，FAC）由 S.McCormick 于 1984 年首先提出，1988 年后该理论作为“多水平方法”的重要组成部分而受人关注[1]。FAC 与通常的局部加密网格法的区别在于 FAC 既是离散方法，又是求解方法。其主要思想是[2]：设计多套不同的网格，借助多重网格的思想，用快速算法在规则网格上有效地求出局部解，通过不断修正组合网格的解，最终在一个非规则组合网格上用规则网格方法求出满意的离散近似。由此可见，FAC 方法是基于多重网格方法上的区域分解法。由于规则网格在前处理及求解方面均比不规则网格容易得多，且收敛性更好，FAC 成为十分有效的方法。

FAC 方法一方面利用多重网格的思想，以残差转移来求组合网格的解，克服了多重网格插值和限制转移公式不易确定的困难；另一方面，FAC 包含区域分解的思想，对需要精确求解的区域如奇异区采取逐级加密的方式，既避免了粗网格与最细网格的直接接触，又可减小网格总数。图 3.1 对比了传统局部加密网格法与 FAC 对某一带奇异性问题的离散方式。

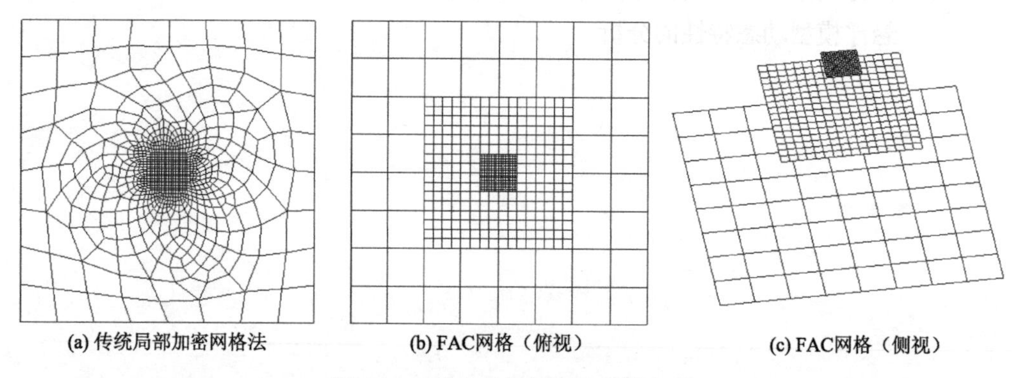

(a) 传统局部加密网格法　(b) FAC网格（俯视）　(c) FAC网格（侧视）

图 3.1　对带奇异性问题的离散方式

传统局部加密网格法虽然也采用整体粗网格和局部细网格，但往往要求整个求解区域采用非结构化网格剖分，如二维采用三角形或非结构化的四边形单元，三维采用四面体单元。因为非结构化网格缺少规则网格的正则性，所以得到的解便缺少规则网格解的一些优点，如超收敛性等[3]。FAC 独立求解规则网格的各局部加密网格，编程简单，求解时可采用现有的各类快速求解线性代数方程组的方法。

考虑如图 3.2 所示的求解区域，其中 u 在 Ω_2 内变化剧烈，且 $\Omega_2 \subseteq \Omega_1$。采用两套网格进行剖分，令 T_c 为 Ω_1 上的粗网格，$H_c \subseteq H_0^1(\Omega_1)$ 为相应的有限元空间；T_f 为 Ω_2 上的细网格，嵌套于 T_c，其有限元空间为 $H_f \subseteq H_0^1(\Omega_2)$ 。组合网格由 T_c 和 T_f 共同组成，定义组合网格空间 $H_g = H_c \cup H_f$。

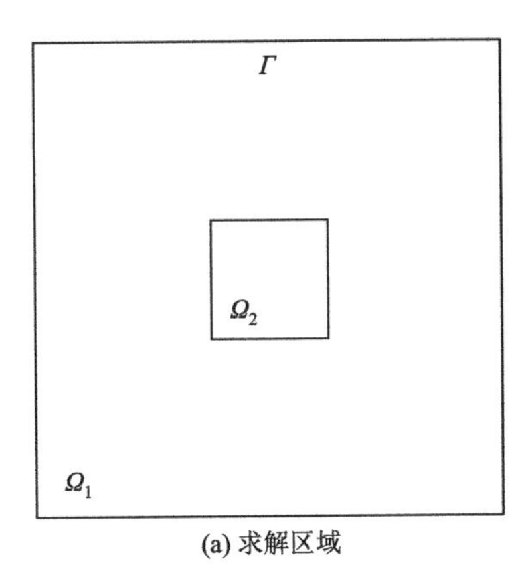

(a) 求解区域

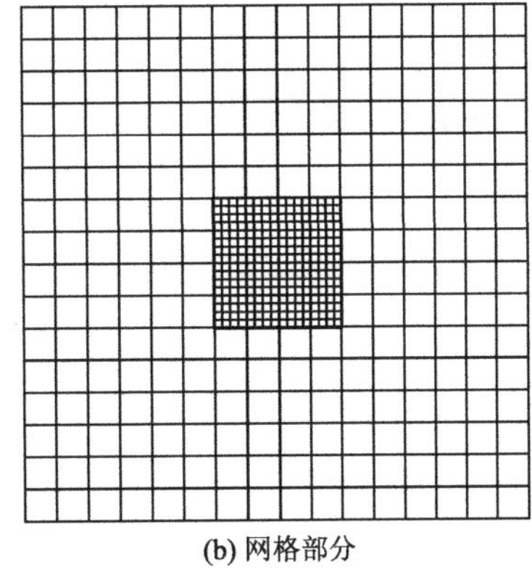
(b) 网格部分

图 3.2　FAC 求解区域及网格剖分

设离散后组合网格的求解变量 $\boldsymbol{U}_{\mathrm{g}} \in H_{\mathrm{g}}$，为

$$\boldsymbol{U}_{\mathrm{g}} = \begin{bmatrix} \boldsymbol{U}_{\mathrm{f}} \\ \boldsymbol{U}_{\mathrm{c}} \end{bmatrix} \tag{3.1}$$

式中：$\boldsymbol{U}_{\mathrm{f}} \in H_{\mathrm{f}}$，为细网格上的求解变量；$\boldsymbol{U}_{\mathrm{c}} \in H_{\mathrm{c}}$，为粗网格上的求解变量。有限元离散后的方程为

$$\boldsymbol{L}_{\mathrm{g}} \boldsymbol{U}_{\mathrm{g}} = \boldsymbol{F}_{\mathrm{g}} \tag{3.2}$$

$$\boldsymbol{L}_{\mathrm{c}} \boldsymbol{U}_{\mathrm{c}} = \boldsymbol{F}_{\mathrm{c}} \tag{3.3}$$

$$\boldsymbol{L}_{\mathrm{f}} \boldsymbol{U}_{\mathrm{f}} = \boldsymbol{F}_{\mathrm{f}} \tag{3.4}$$

式中：$\boldsymbol{L}_{\mathrm{g}}$、$\boldsymbol{L}_{\mathrm{c}}$ 和 $\boldsymbol{L}_{\mathrm{f}}$ 分别为组合网格、粗网格和细网格上的算子；$\boldsymbol{F}_{\mathrm{g}}$、$\boldsymbol{F}_{\mathrm{c}}$ 和 $\boldsymbol{F}_{\mathrm{f}}$ 分别为组合网格、粗网格和细网格方程右端项。

定义组合网格上某一迭代步 n 的余量 $\boldsymbol{R}_{\mathrm{g}}^{n}$ 为

$$\boldsymbol{R}_{\mathrm{g}}^{n} = \boldsymbol{F}_{\mathrm{g}} - \boldsymbol{L}_{\mathrm{g}} \boldsymbol{U}_{\mathrm{g}}^{n} \tag{3.5}$$

式中：$\boldsymbol{U}_{\mathrm{g}}^{n}$ 为第 n 迭代步 $\boldsymbol{U}_{\mathrm{g}}$ 的计算值。

应用 FAC 方法时还应导出函数值从粗网格到组合网格的内插算子 $\boldsymbol{I}_{\mathrm{c}}^{\mathrm{g}}$ 及从细网格到组合网格的内插算子 $\boldsymbol{I}_{\mathrm{f}}^{\mathrm{g}}$，即

$$\boldsymbol{U}_{\mathrm{g}} = \boldsymbol{I}_{\mathrm{c}}^{\mathrm{g}} \boldsymbol{U}_{\mathrm{c}} \tag{3.6}$$

$$\boldsymbol{U}_{\mathrm{g}} = \boldsymbol{I}_{\mathrm{f}}^{\mathrm{g}} \boldsymbol{U}_{\mathrm{f}} \tag{3.7}$$

另外，还需要导出组合网格分别到粗网格和细网格的限制算子 $\boldsymbol{I}_{\mathrm{g}}^{\mathrm{c}}$ 及 $\boldsymbol{I}_{\mathrm{g}}^{\mathrm{f}}$，即

$$\boldsymbol{U}_{\mathrm{c}} = \boldsymbol{I}_{\mathrm{g}}^{\mathrm{c}} \boldsymbol{U}_{\mathrm{g}} \tag{3.8}$$

$$\boldsymbol{U}_{\mathrm{f}} = \boldsymbol{I}_{\mathrm{g}}^{\mathrm{f}} \boldsymbol{U}_{\mathrm{g}} \tag{3.9}$$

直接求解组合网格方程式（3.2）通常是很困难的[1]，FAC 将求解式（3.2）分解为求解规则网格上的式（3.3）及式（3.4），其算法的基本步骤如下[4]。

（1）置初始组合网格变量近似值$\boldsymbol{U}_{\mathrm{g}}^{0}$，令$n=0$。

（2）在粗网格上求解

$$\boldsymbol{L}_{\mathrm{c}}\boldsymbol{U}_{\mathrm{c}}^{n}=\boldsymbol{I}_{\mathrm{g}}^{\mathrm{c}}\boldsymbol{R}_{\mathrm{g}}^{n} \tag{3.10}$$

得到$\boldsymbol{U}_{\mathrm{c}}^{n}$后，修正组合网格上的值

$$\boldsymbol{U}_{\mathrm{g}}^{n+1/2}=\boldsymbol{U}_{\mathrm{g}}^{n}+\boldsymbol{I}_{\mathrm{c}}^{\mathrm{g}}\boldsymbol{U}_{\mathrm{c}}^{n} \tag{3.11}$$

（3）在细网格上求解

$$\boldsymbol{L}_{\mathrm{f}}\boldsymbol{U}_{\mathrm{f}}^{n}=\boldsymbol{I}_{\mathrm{g}}^{\mathrm{f}}\boldsymbol{R}_{\mathrm{g}}^{n} \tag{3.12}$$

得到$\boldsymbol{U}_{\mathrm{f}}^{n}$后，再次修正组合网格上的值

$$\boldsymbol{U}_{\mathrm{g}}^{n+1}=\boldsymbol{U}_{\mathrm{g}}^{n+1/2}+\boldsymbol{I}_{\mathrm{f}}^{\mathrm{g}}\boldsymbol{U}_{\mathrm{f}}^{n} \tag{3.13}$$

（4）根据式（3.5）求组合网格上的余量$\boldsymbol{R}_{\mathrm{g}}^{n}$，并判断$\left\|\boldsymbol{R}_{\mathrm{g}}^{n}\right\|$是否小于预先给定的误差限$\varepsilon$，是则结束迭代，否则令$n=n+1$，返回步骤（2）。

FAC 方法虽然具有上述一些优点，但它在工程中应用得并不多。其原因在于 FAC 对网格有两个要求，一是各级网格为规则网格，二是网格之间嵌套。但是，工程问题中所分析的对象如电磁装置往往结构复杂，即使整体区域能够保证规则网格，但局部区域常无法保证，如旋转电机定、转子间的气隙很难用规则网格来剖分。另外，实际问题的网格划分，往往难以保证粗、细网格的嵌套。

当需要得到某些局部精确解，而全部采用非结构化网格开销太大时，工程上有另一种处理方式即整体-局部（global-local，G-L）法，在有些有限元商业软件中称为子模型法。

如图 3.3 所示，G-L 法对整体区域先采用较粗网格剖分，对局部关心区域采用细网格剖分，两套网格不要求嵌套。求解时首先在粗网格上进行，之后将粗网格上的计算结果在细网格边界节点上进行插值，由此得到细网格的边界条件，再求解细网格上的 Dirichlet（狄利克雷）边值问题。

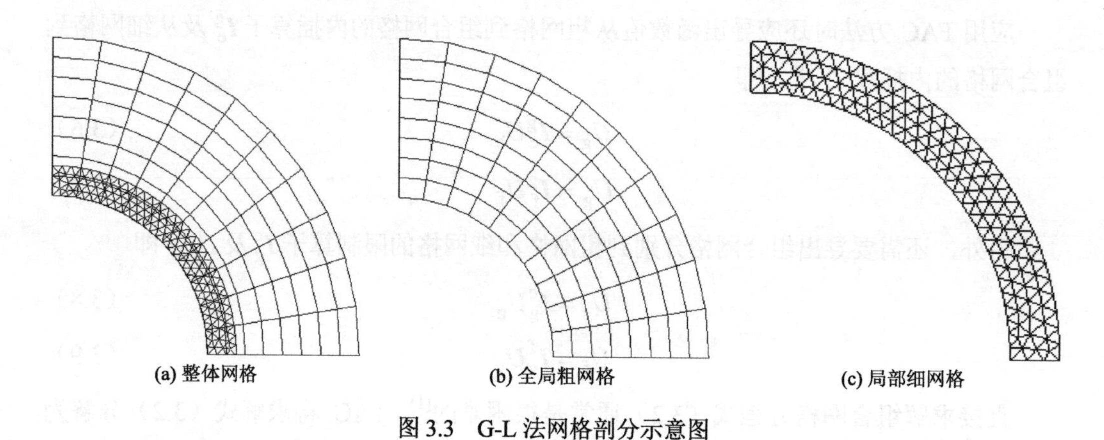

图 3.3　G-L 法网格剖分示意图

然而，虽然 G-L 法易于实现，但该方法只是通过简单的边界插值，顺次在粗、细网格上分别求解一次，没有迭代过程，即细网格上的解未对原粗网格的解进行反馈修正，故其解的精度不高。

3.2　CGM 的基本原理

CGM 是在结合 FAC 和 G-L 法两种方法各自优点的基础上所提出的一种区域分解算法[3]。FAC 方法对想要得到精确解的位置进行局部加密处理，假定某一初始解，反复交替地在各套网格上进行校正。CGM 继承了 FAC 的这一思想，同时又通过引入插值矩阵克服了 FAC 要求各套网格嵌套的限制，使其能应用于非结构化网格。

本章所采用的 CGM 利用粗、细两套网格分别处理静止和运动部分。如图 3.4 所示，其中静止区域由粗网格 T_H 离散，运动区域由细网格 T_h 离散，对应的有限元空间分别为 S_H 和 S_h。

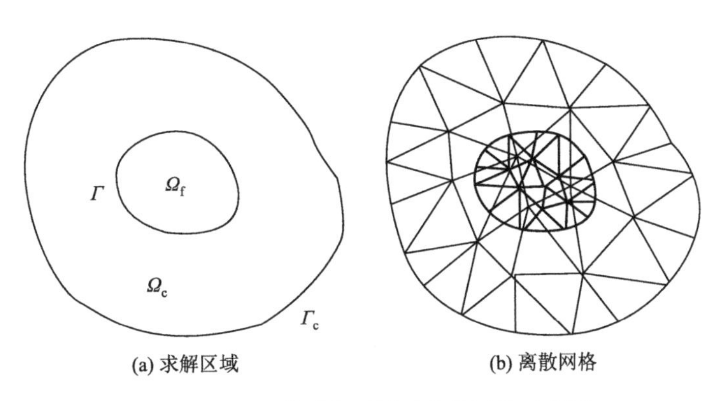

(a) 求解区域　　(b) 离散网格

图 3.4　CGM 的求解区域及离散网格示意图

在区域 $\Omega=\Omega_c\cup\Omega_f$ 上考虑如下边值问题：

$$L_c v = f_c \quad (\text{在 } \Omega_c \text{ 内}) \tag{3.14}$$

$$L_f u = f_f \quad (\text{在 } \Omega_f \text{ 内}) \tag{3.15}$$

式中：L_c 和 L_f 依次为粗、细网格上不同的微分算子；$v\in S_H$ 为粗网格的待求量；$u\in S_h$ 为细网格的待求量；f_c、f_f 分别为粗网格和细网格的源项。在边界 $\Gamma=\Omega_c\cap\Omega_f$ 上有

$$v|_\Gamma = u|_\Gamma \tag{3.16}$$

区域 Ω_c 外边界 Γ_c 上的边界条件不加特定限制，可为某本质边界条件及自然边界条件的组合。

根据虚功方程，式（3.14）及式（3.15）可以写为

$$(L_c v,\overline{v})_{\Omega_c} = (f_c,\overline{v})_{\Omega_c} \tag{3.17}$$

$$(L_f u,\overline{u})_{\Omega_f} = (f_f,\overline{u})_{\Omega_f} \tag{3.18}$$

式中：$\bar{v}$ 和 $\bar{u}$ 分别为两种区域内变量的虚位移，结合式（3.17）和式（3.18），可得

$$(L_{\mathrm{c}}v - f_{\mathrm{c}}, \bar{v})_{\Omega} = (L_{\mathrm{c}}v - f_{\mathrm{c}}, \bar{v})_{\Omega_{\mathrm{c}}} - (L_{\mathrm{f}}u - f_{\mathrm{f}}, \bar{u})_{\Omega_{\mathrm{f}}} \tag{3.19}$$

在 CGM 中采取如下计算格式：

$$(L_{\mathrm{c}}v - f_{\mathrm{c}}, \bar{v})_{\Omega} = (L_{\mathrm{c}}u_{\mathrm{c}} - f_{\mathrm{c}}, \bar{v})_{\Omega_{\mathrm{f}}} - (L_{\mathrm{f}}u_{\mathrm{f}} - f_{\mathrm{f}}, \bar{v})_{\Omega_{\mathrm{f}}} \tag{3.20}$$

式中：u_{c} 和 u_{f} 分别为算子 L_{c} 及 L_{f} 作用在细网格上的求解变量。

令粗、细网格上的基函数分别为 $\boldsymbol{\Psi} = \{\psi_j\}_{j=1}^{n_{\mathrm{c}}}$ 和 $\boldsymbol{\Phi} = \{\phi_j\}_{j=1}^{n_{\mathrm{f}}}$，其中，$n_{\mathrm{c}}$ 和 n_{f} 分别为粗、细网格的节点数。定义 $\boldsymbol{P}$ 矩阵为

$$\boldsymbol{\Psi} = \boldsymbol{P}\boldsymbol{\Phi} \tag{3.21}$$

式（3.21）建立了粗网格基函数与细网格基函数的映射关系，令

$$v = \sum_{j=1}^{n_{\mathrm{c}}} v_j \psi_j = \boldsymbol{V}^{\mathrm{T}}\boldsymbol{\Psi}, \quad \bar{v} = \sum_{j=1}^{n_{\mathrm{c}}} \bar{v}_j \psi_j = \bar{\boldsymbol{V}}^{\mathrm{T}}\boldsymbol{\Psi} \tag{3.22}$$

$$u = \sum_{j=1}^{n_{\mathrm{f}}} u_j \phi_j = \boldsymbol{U}^{\mathrm{T}}\boldsymbol{\Phi}, \quad \bar{u} = \sum_{j=1}^{n_{\mathrm{f}}} \bar{u}_j \phi_j = \bar{\boldsymbol{U}}^{\mathrm{T}}\boldsymbol{\Phi} \tag{3.23}$$

于是在 Ω_f 上满足

$$v = \boldsymbol{V}^{\mathrm{T}}\boldsymbol{P}\boldsymbol{\Phi} \tag{3.24}$$

利用这个关系将式（3.20）整理后可得

$$\int_{\Omega} \boldsymbol{\Psi} L_{\mathrm{c}}(\boldsymbol{\Psi}^{\mathrm{T}}) \mathrm{d}\Omega \boldsymbol{V} - \int_{\Omega} f_{\mathrm{c}} \boldsymbol{\Psi} \mathrm{d}\Omega = \boldsymbol{P}(\boldsymbol{R}_{\mathrm{c}} - \boldsymbol{R}_{\mathrm{f}}) \tag{3.25}$$

$$\boldsymbol{R}_{\mathrm{c}} = \int_{\Omega_{\mathrm{f}}} \boldsymbol{\Phi} L_{\mathrm{c}}(\boldsymbol{\Phi}^{\mathrm{T}}) \mathrm{d}\Omega \boldsymbol{U}_{\mathrm{c}} - \int_{\Omega_{\mathrm{f}}} \boldsymbol{\Phi} f_{\mathrm{c}} \mathrm{d}\Omega \tag{3.26}$$

$$\boldsymbol{R}_{\mathrm{f}} = \int_{\Omega_{\mathrm{f}}} \boldsymbol{\Phi} L_{\mathrm{f}}(\boldsymbol{\Phi}^{\mathrm{T}}) \mathrm{d}\Omega \boldsymbol{U}_{\mathrm{f}} - \int_{\Omega_{\mathrm{f}}} \boldsymbol{\Phi} f_{\mathrm{f}} \mathrm{d}\Omega \tag{3.27}$$

式中：$\boldsymbol{R}_{\mathrm{c}}$–$\boldsymbol{R}_{\mathrm{f}}$ 项的作用是对粗网格的求解进行修正，称为余量修正项。显然，该修正项是在细网格中求得的，因而要通过映射关系将其加到粗网格的计算式中。由式（3.25）可见，细网格中计算的余量修正项向粗网格的映射是通过前乘 $\boldsymbol{P}$ 矩阵实现的。

要计算修正项 $\boldsymbol{R}_{\mathrm{c}}$ 与 $\boldsymbol{R}_{\mathrm{f}}$ 需要先得到 $\boldsymbol{U}_{\mathrm{c}}$ 与 $\boldsymbol{U}_{\mathrm{f}}$，这两项是通过求解细网格上的两个 Dirichlet 边值问题

$$(L_{\mathrm{c}}u_{\mathrm{c}}, \bar{u})_{\Omega_{\mathrm{f}}} = (f_{\mathrm{c}}, \bar{u})_{\Omega_{\mathrm{f}}} \tag{3.28}$$

$$(L_{\mathrm{f}}u_{\mathrm{f}}, \bar{u})_{\Omega_{\mathrm{f}}} = (f_{\mathrm{f}}, \bar{u})_{\Omega_{\mathrm{f}}} \tag{3.29}$$

获得的。需要指出，由于有限元方程形成过程中 Dirichlet 边界条件是强加于方程组的，故将 $\boldsymbol{U}_{\mathrm{c}}$ 与 $\boldsymbol{U}_{\mathrm{f}}$ 代入式（3.26）与式（3.27）后，所求得的 $\boldsymbol{R}_{\mathrm{c}}$ 与 $\boldsymbol{R}_{\mathrm{f}}$ 在细网格边界上不为 0。

式（3.28）与式（3.29）的 Dirichlet 边界条件需由粗网格的计算结果插值得到。这样，在细网格的边界上就引入了从粗网格计算值向细网格边界节点值的映射。利用最小二乘法及式（3.21）可得

$$(u - v, \bar{u})_{\Gamma} = 0 \Rightarrow \bar{\boldsymbol{U}}^{\mathrm{T}} \int_{\Gamma} \boldsymbol{\Phi}\boldsymbol{\Phi}^{\mathrm{T}} \mathrm{d}\Gamma \boldsymbol{U} = \bar{\boldsymbol{U}}^{\mathrm{T}} \int_{\Gamma} \boldsymbol{\Phi}\boldsymbol{\Phi}^{\mathrm{T}} \mathrm{d}\Gamma \boldsymbol{P}^{\mathrm{T}} \boldsymbol{V} \tag{3.30}$$

由式（3.30）可导出粗网格节点变量向细网格节点变量映射的关系：

$$\boldsymbol{U}=\boldsymbol{D}^{\mathrm{T}}\boldsymbol{V} \tag{3.31}$$

3.3　CGM 的实施

3.3.1　实施步骤

在 CGM 的实施过程中，粗、细网格上的解以不断更新 Dirichlet 边界条件和计算余量修正项的方式相互进行修正。具体步骤如下。

（1）在区域 Ω 和 Ω_{f} 上分别采用粗、细两套网格进行有限元剖分，两套网格有各自独立的单元和节点。

（2）搜寻细网格的边界节点及包含细网格边界节点的粗网格单元，根据细网格节点在粗网格单元内的位置及单元形函数计算插值矩阵 $\boldsymbol{P}$。

（3）假定 u_{c} 和 u_{f} 的初值 $u_{\mathrm{c}}^0=0$ 和 $u_{\mathrm{f}}^0=0$，此时余量 $\boldsymbol{R}_{\mathrm{c}}$ 和 $\boldsymbol{R}_{\mathrm{f}}$ 的初值均为 $\boldsymbol{0}$。

（4）在粗网格上求解 $v^{n+1}\in S_{\mathrm{H}}$，满足式（3.20），以下称为 a 场。判断 v^n 和 v^{n+1} 的差别是否满足迭代误差限，是则跳到步骤（7），否则更新 v^{n+1}。

（5）将粗网格上的 v^{n+1} 通过 $\boldsymbol{P}^{\mathrm{T}}$ 矩阵映射到细网格的边界节点上，作为细网格的 Dirichlet 边界条件，在细网格上求解 $u_c^{n+1}\in S_{\mathrm{h}}$ 和 $u_f^{n+1}\in S_{\mathrm{h}}$，分别满足式（3.28）和式（3.29）。以下称给定 Dirichlet 边界条件下的式（3.28）为 b 场，式（3.29）为 c 场。

（6）根据式（3.26）及式（3.27）求细网格上的余量 $\boldsymbol{R}_{\mathrm{c}}$ 和 $\boldsymbol{R}_{\mathrm{f}}$，并将两者之差通过前乘 $\boldsymbol{P}$ 矩阵形成粗网格上的余量修正项，即式（3.25）的右端项，回到步骤（4）。

（7）在细网格上求解式（3.18）。

程序实现过程中应该注意的是，在 CGM 的迭代过程中，粗网格上的式（3.20）、细网格上的式（3.28）和式（3.29）均只需要在迭代的第 1 步形成刚度矩阵。之后的各迭代步中，对于粗网格，根据 $\boldsymbol{R}_{\mathrm{c}}$ 和 $\boldsymbol{R}_{\mathrm{f}}$ 修改方程右端项；对于细网格，将 Dirichlet 边界上的更新值与刚度矩阵中的对应元素相乘，并移项，使结果仍然是仅改变方程的右端项。

当 CGM 应用于瞬态场的分析时，在以上迭代循环之外还要嵌套一层时间循环，并将各时间步 u_{c} 和 u_{f} 的 CGM 迭代初值取上一时间步的计算结果（第 1 步设为 0）。由于各时间步场量变化具有一定的连续性，在瞬态问题中，从第 2 步开始各时间步下的 CGM 迭代步数比稳态问题要少。

其中，插值矩阵 $\boldsymbol{P}$ 的求取方法如下。

令 $p_{i,j}$ 为插值矩阵 $\boldsymbol{P}$ 的第 i 行第 j 列的元素，式（3.21）可展开成

$$\begin{Bmatrix}\psi_1\\ \psi_2\\ \vdots\\ \psi_{n_{\mathrm{c}}}\end{Bmatrix}=\begin{bmatrix}p_{1,1} & p_{1,2} & \cdots & p_{1,n_{\mathrm{f}}}\\ p_{1,2} & p_{2,2} & \cdots & p_{2,n_{\mathrm{f}}}\\ \vdots & \vdots & & \vdots\\ p_{n_{\mathrm{c}},1} & p_{n_{\mathrm{c}},2} & \cdots & p_{n_{\mathrm{c}},n_{\mathrm{f}}}\end{bmatrix}\begin{Bmatrix}\phi_1\\ \phi_2\\ \vdots\\ \phi_{n_{\mathrm{f}}}\end{Bmatrix} \tag{3.32}$$

称 T_{h} 的边界节点集合为 $\boldsymbol{N}_{\mathrm{f}}$，其中的节点数为 N。由于修正项在细网格内部为 0，只有第 j 列对应于 $\boldsymbol{N}_{\mathrm{f}}$ 中的节点时，$d_{i,j}$ 才需要存储。如果在 T_{H} 中每个单元的节点数为 M，则对 $\boldsymbol{N}_{\mathrm{f}}$ 中的每一个节点，仅有 M 个元素需要存储。因此，在 CGM 中，仅需压缩存储 $\boldsymbol{P}$ 矩阵的 $N\times M$ 个元素及其下标。

例如，s 是 T_{h} 中第 i 个节点，坐标为 (x,y)，e 为 T_{H} 中包含 s 的单元。设其为四节点线性四边形单元，各节点号为 $e1$、$e2$、$e3$ 和 $e4$，坐标分别为 (x_1,y_1)、(x_2,y_2)、(x_3,y_3) 和 (x_4,y_4)。s 点的自然坐标 (ξ,η) 可由式（3.33）、式（3.34）确定：

$$
\begin{aligned}
x=\frac{1}{4}[&(1-\xi)(1-\eta)x_1+(1+\xi)(1-\eta)x_2\\
&+(1+\xi)(1+\eta)x_3+(1-\xi)(1+\eta)x_4]
\end{aligned}
\tag{3.33}
$$

$$
\begin{aligned}
y=\frac{1}{4}[&(1-\xi)(1-\eta)y_1+(1+\xi)(1-\eta)y_2\\
&+(1+\xi)(1+\eta)y_3+(1-\xi)(1+\eta)y_4]
\end{aligned}
\tag{3.34}
$$

相应的 $\boldsymbol{P}$ 矩阵中的元素为

$$
\begin{cases}
p_{e1,i}=\dfrac{1}{4}(1-\xi)(1-\eta)\\
p_{e2,i}=\dfrac{1}{4}(1+\xi)(1-\eta)\\
p_{e3,i}=\dfrac{1}{4}(1+\xi)(1+\eta)\\
p_{e4,i}=\dfrac{1}{4}(1-\xi)(1+\eta)
\end{cases}
\tag{3.35}
$$

3.3.2 实施案例

以下以一静磁场问题为例来说明 CGM 的具体实施过程，该问题的求解区域及粗、细两套网格构成如图 3.5 所示。

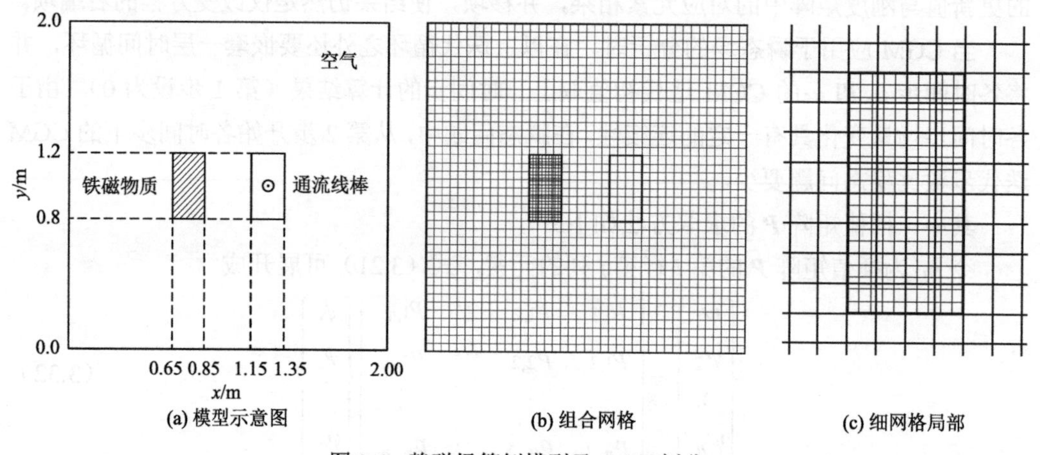

图 3.5　静磁场算例模型及 CGM 剖分

空气与通流线棒的磁导率为 μ_0，铁磁物质的磁导率为 $1000\mu_0$，通流线棒中的电流密度为 1.0×10^6 A/m^2。本例的 CGM 用细网格离散铁磁物质区域，用粗网格离散整体区域，区域外边界的边界条件为 $A_z=0$。

迭代第 1 步时，假设 $\boldsymbol{R}_\text{c}$ 和 $\boldsymbol{R}_\text{f}$ 均为 $\boldsymbol{0}$，在给定边界条件下对粗网格求解 a 场，得到 A_z 在粗网格上的初始解，如图 3.6 所示。

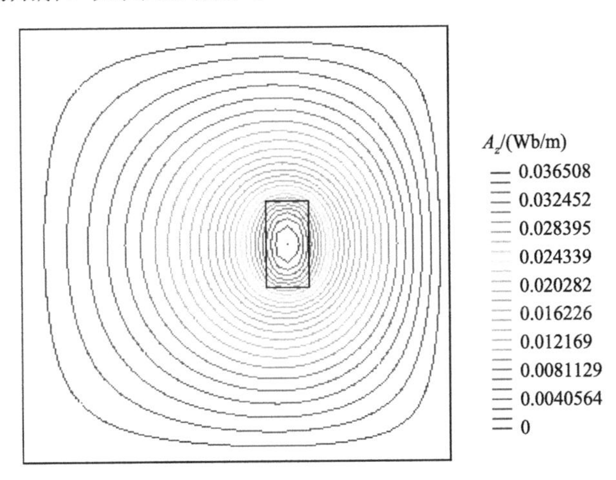

图 3.6　迭代第 1 步时粗网格的 A_z 计算结果

根据粗网格计算结果，通过 $\boldsymbol{P}^\text{T}$ 矩阵将其映射到细网格边界上，形成细网格的 Dirichlet 边界条件，如图 3.7 所示，其中细网格边界节点 37、36、35 的值由粗网格单元 334 的四个节点计算结果插值得到，细网格边界节点 34、33、12 的值由粗网格单元 333 的各节点计算结果插值得到，等等。

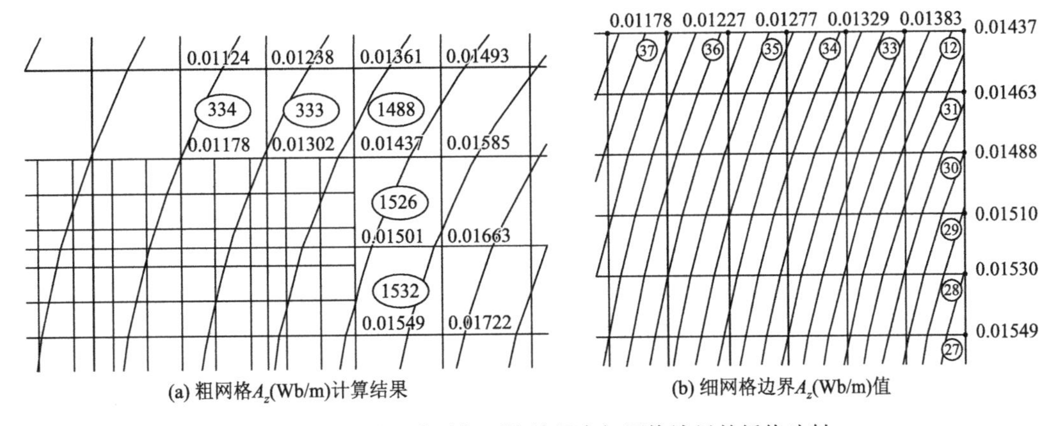

图 3.7　迭代第 1 步时粗网格结果向细网格边界的插值映射

用上述插值得到的边界条件，求解细网格上的两个 Dirichlet 边值问题，即求解 b 场和 c 场，结果如图 3.8 所示。

由图 3.8 可见，由于材料的均一性及边值条件相同，两场求解结果一致。但由于材料参数不同（b 场为空气，c 场为铁磁物质），根据式（3.26）及式（3.27）得到的两场

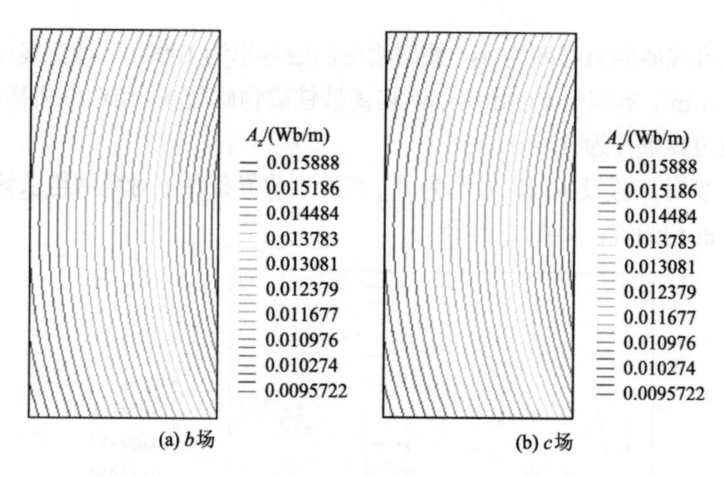

(a) b场　　(b) c场

图 3.8　迭代第 1 步时细网格上的结果

$\boldsymbol{R}_\mathrm{c}$和$\boldsymbol{R}_\mathrm{f}$结果不同，其差值通过前乘$\boldsymbol{P}$矩阵映射到粗网格中，将其作为粗网格的修正项，如图 3.9 所示。

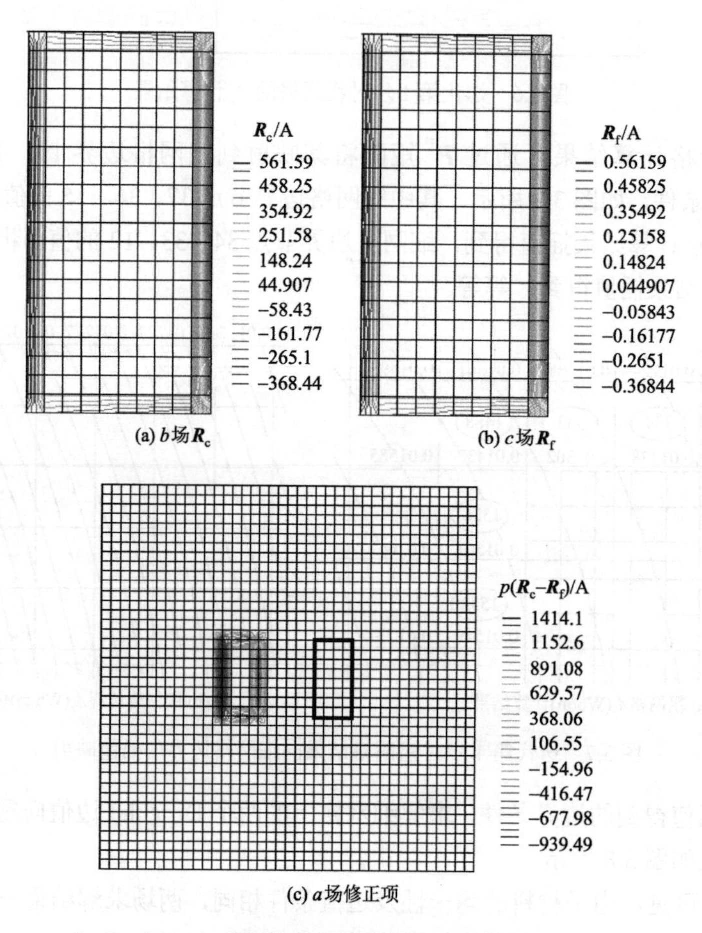

(a) b场$\boldsymbol{R}_\mathrm{c}$　　(b) c场$\boldsymbol{R}_\mathrm{f}$

(c) a场修正项

图 3.9　细网格计算结果对粗网格的修正

加入修正项后重新求解 a 场，得到迭代第 2 步时的粗网格计算结果，如图 3.10 所示。

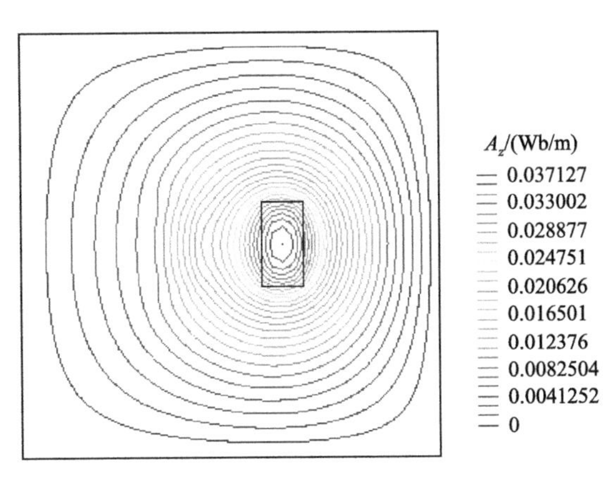

图 3.10　迭代第 2 步时粗网格的 A_z 计算结果

取如下非线性迭代相对误差 ε_{r}：

$$\varepsilon_{\mathrm{r}}=\sqrt{\sum_{i=1}^{n_{\mathrm{c}}}[A_{zi}^{(k)}-A_{zi}^{(k-1)}]^2\Big/\sum_{i=1}^{n_{\mathrm{c}}}[A_{zi}^{(k)}]^2} \tag{3.36}$$

式中：$A_{zi}^{(k)}$ 和 $A_{zi}^{(k-1)}$ 分别为第 i 个节点第 k 迭代步及第 k–1 迭代步 a 场的 A_z 计算结果；n_{c} 为粗网格的节点数。本例各迭代步的相对误差 ε_{r} 如表 3.1 所示。

表 3.1　各迭代步相对误差 ε_{r}

迭代步	1	2	3	4	5	6	7	8	9	10	11	12
ε_{r}/%	100	3.74	2.38	1.58	1.06	0.72	0.49	0.34	0.23	0.16	0.11	0.08

以 0.1%作为非线性迭代的控制误差，共迭代 12 步收敛，图 3.11 为迭代第 5 步、第 12 步时的粗网格的 A_z 计算结果。

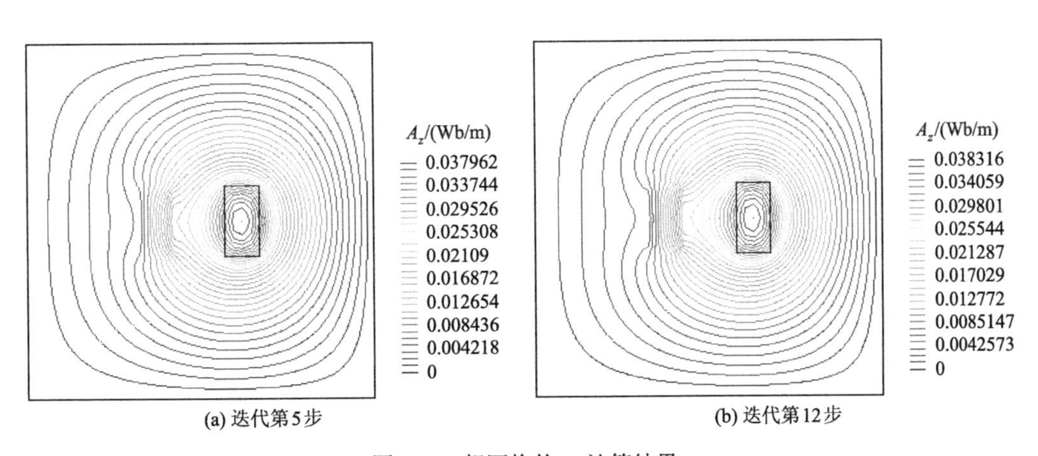

图 3.11　粗网格的 A_z 计算结果

作为参照，对该问题采用一套网格的常规有限元法（以下简称常规有限元法）进行计算，结果如图 3.12 所示。取铁磁材料表面一周作为观察路径，常规有限元法与 CGM 的计算结果对比如图 3.13 所示。

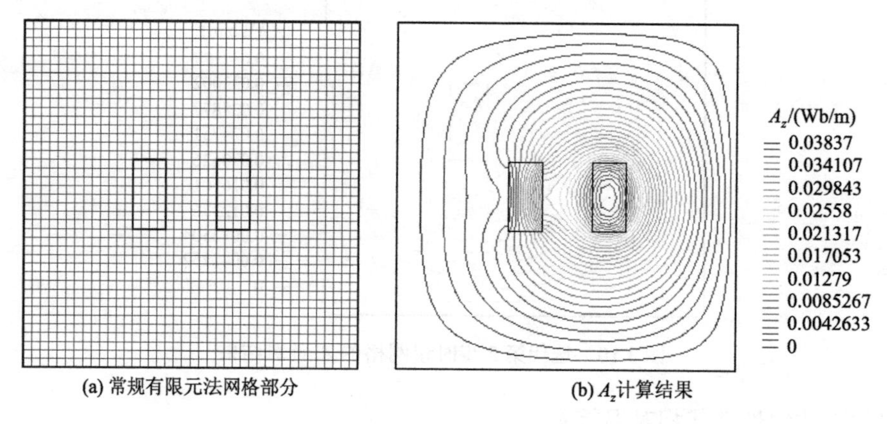

(a) 常规有限元法网格部分　　(b) A_z计算结果

图 3.12　一套网格的常规有限元法网格剖分及 A_z 计算结果

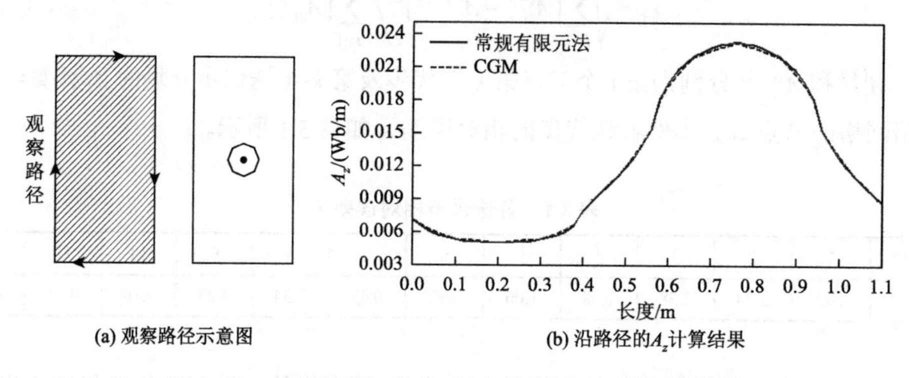

(a) 观察路径示意图　　(b) 沿路径的A_z计算结果

图 3.13　CGM 与常规有限元法沿路径的 A_z 计算结果比较

定义如图 3.13（a）所示观察路径结果的相对误差

$$\varepsilon_{\mathrm{p}} = \sqrt{\sum_{i=1}^{n_{\mathrm{p}}}(u_{1i} - u_{2i})^2 \Big/ \sum_{i=1}^{n_{\mathrm{p}}} u_{1i}^2} \tag{3.37}$$

式中：n_{p} 为采样点数；u_{1i} 和 u_{2i} 分别为常规有限元法和 CGM 在第 i 点的计算结果，本例中 ε_{p} 为 1.11%。

由以上计算结果可见，CGM 与常规有限元法计算结果基本吻合。需要指出的是，上例为粗、细网格匹配的特例，当粗、细网格材料不同，且细网格的边界不落在或部分不落在粗网格的单元边上时，会引入由插值引起的非协调误差。为说明这一问题，重新对粗网格区域进行剖分，使细网格边界不落在粗网格单元边上，如图 3.14 所示。

迭代收敛后，CGM 沿铁磁物质表面一周的 A_z 计算结果与作为参照值的常规有限元法计算结果如图 3.15 所示。

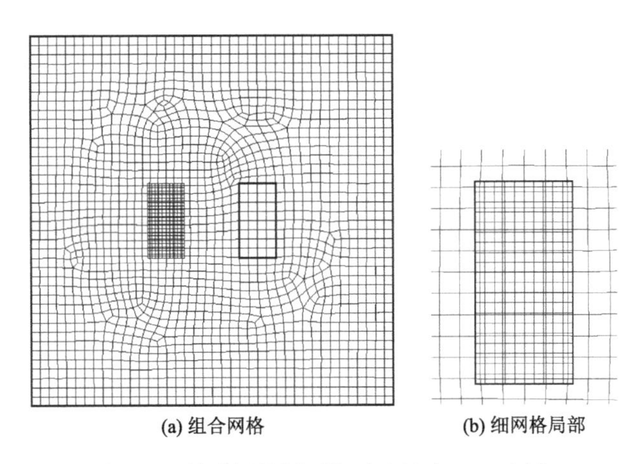

图 3.14　静磁场算例网格不匹配时 CGM 剖分

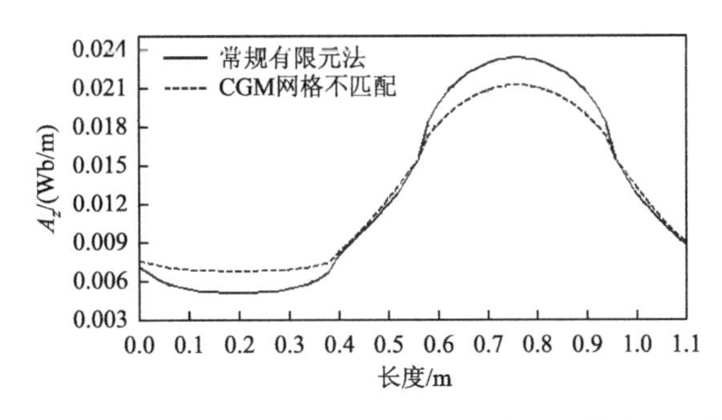

图 3.15　网格不匹配时两方法沿路径的 A_z 计算结果比较

由图 3.15 可见，网格不匹配将导致较大的误差，ε_p 达到了 9.68%。其原因在于当材料不同且网格不匹配时，粗网格的一个单元跨过了材料突变的边界，而实际场量在该边界附近变化剧烈。当粗网格与细网格具有相同材料时，则无此误差，图 3.16 为将原铁磁物质区域的材料改为空气，但仍保持粗、细网格不匹配时，路径上 A_z 计算结果与参考值的比较。

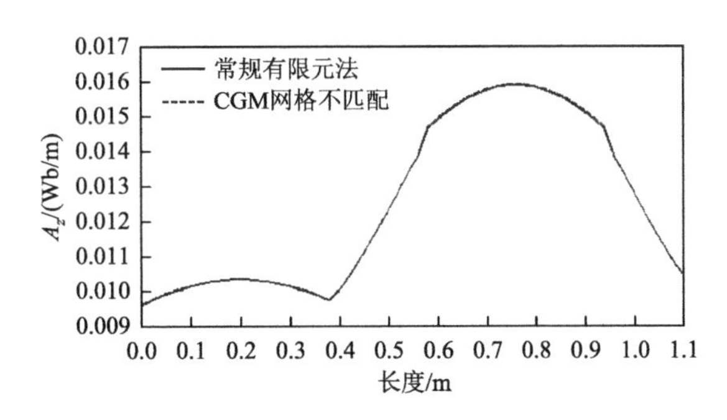

图 3.16　粗、细网格不匹配但材料相同时沿路径的 A_z 计算结果比较

许多工程问题中所关心的局部区域与周围介质的材料是不同的，如果要求网格匹

配，又会限制 CGM 的应用范围，如当细网格为裂缝区域，或细网格为不规则的运动物体区域时，要求的网格匹配可能无法实现或由于剖分开销太大而失去 CGM 的优势。

为此采取如下对策：增大原细网格区域，包围一层与粗网格相同材料的网格，如在本例中铁磁物质网格外包一层空气网格。为考察所包空气层厚对结果的影响，构造六套细网格，每一套网格比前一套网格增加一层单元，各套网格如图 3.17 所示。

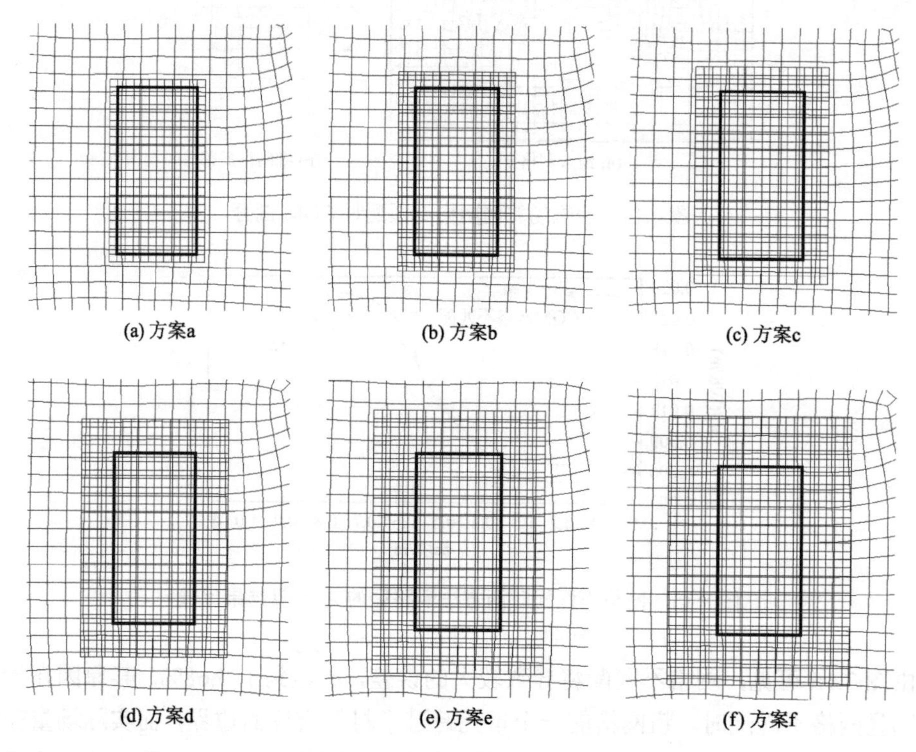

图 3.17　增加外包空气层的各套细网格剖分

方案 a～f 依次增加一层空气单元

取非线性迭代控制误差为 0.1%，各方案的迭代步数依次为 9、8、7、7、6、6。各套网格计算收敛后，在路径上 A_z 与参考值的平均相对误差 ε_p 如图 3.18 所示。

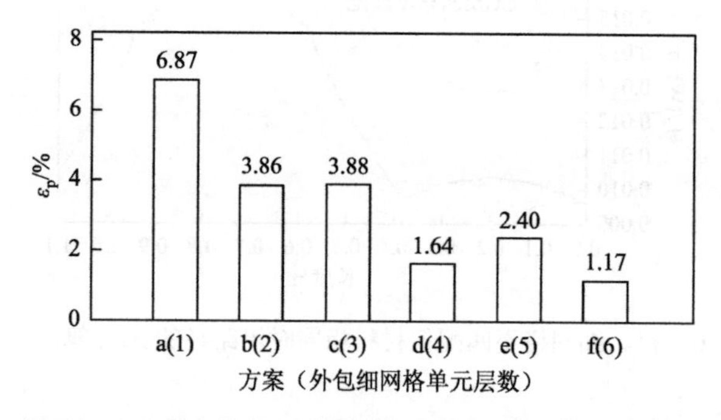

图 3.18　各套网格 A_z 计算结果在路径上的平均相对误差

可见随着外包空气网格层的加厚，误差有逐渐减小的趋势，当加至 4～6 层网格后，相对误差已降至 2%左右。由于插值本身的精度关系，误差的大小还与所加空气层外边界与粗网格的单元边接近程度有关。如图 3.17（b）、（d）、（f）所示，由于其边界靠近粗网格单元边，误差显著降低。图 3.19 为常规有限元法、无空气层非匹配网格 CGM 和加空气层非匹配网格 CGM（部分方案 d）计算结果的比较，可见采取上述措施后计算结果有显著改善。

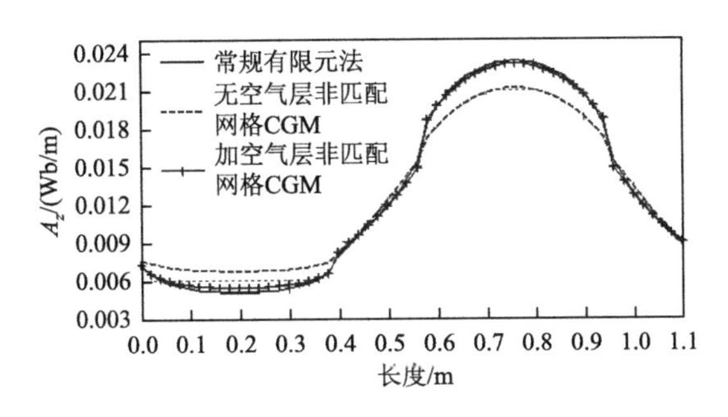

图 3.19　各方法沿铁磁材料表面一周 A_z 计算结果比较

CGM 利用两套网格分别离散静止和运动部分，减小了区域离散中单元和节点的拓扑关系限制，可使分析者克服常规有限元法在某些情况下带来的不便。下面以两种运动系统为例，通过对比传统方法来说明 CGM 处理运动问题的灵活性，所考虑的两种运动系统的简化模型如图 3.20 所示。

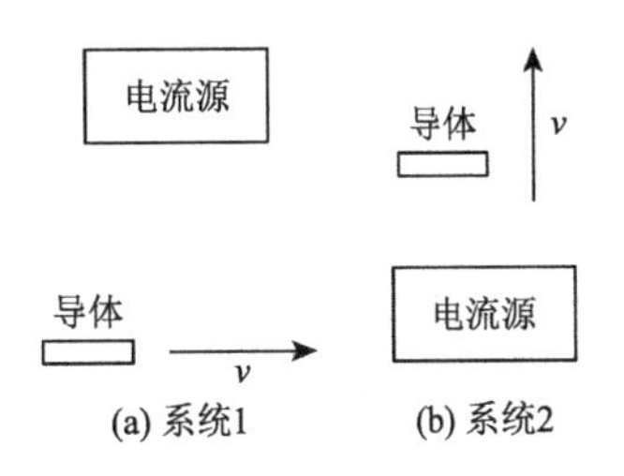

图 3.20　两种运动系统的简化模型示意图

对于第 1 种运动系统，传统的处理方式有运动带法或滑动边界法。在滑动边界法中，首先通过划出一条滑动边界，将区域分成运动部分和静止部分，对该边界两侧的区域分别剖分，并在滑动边界上形成重合的节点对，分别属于静止和运动的部分，如图 3.21 所示。

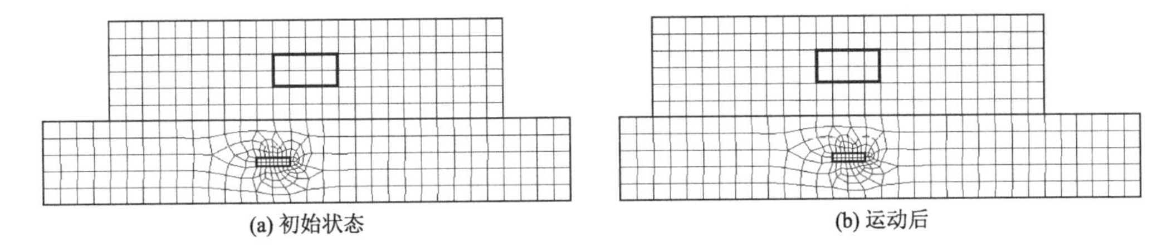

图 3.21　滑动边界法处理运动系统 1 的示意图

当模拟运动时，需要将运动部分的网格整体移动位置，并修改滑动边界上节点对的耦合关系。易见当导体运动范围较大时，运动部分左侧可能出现过多空缺的位置，虽然可采用以右侧移出的网格填补左侧移进空缺的技巧[4]，但这无疑增加了程序的复杂性。另外，当运动为非匀速时，滑动边界两侧的节点可能不再对齐，此时还需要引入 Lagrange 乘子或线性插值来处理。

对于第 2 种运动系统，由于不能划分出一条贯穿区域且在运动方向上光滑的分界线，滑动边界法已不再适用，此时常规处理方法只能是在每一时间步重新剖分运动体周围空气的网格。通常在包含运动体的周围空气区域画出一个运动的范围，在该范围外剖分不变，而范围内的网格需要根据运动部件的运动位置重新生成，如图 3.22 所示。由于运动范围内的网格重剖后，各节点位置和数目都发生了改变，需要采取插值方式来得到瞬态问题中上一时刻的值，增加了处理的麻烦。

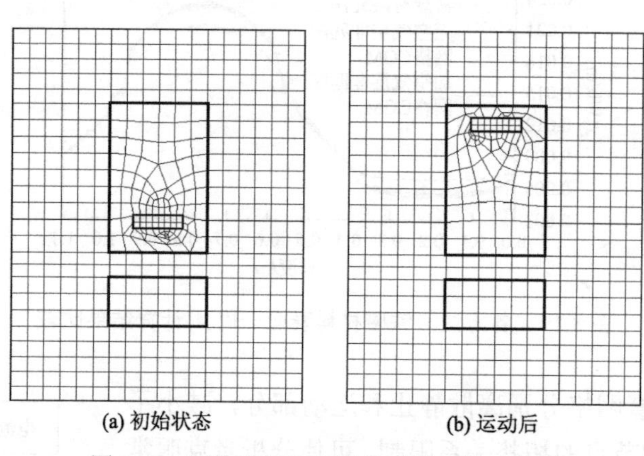
(a) 初始状态　　(b) 运动后

图 3.22　网格重剖处理运动系统 2 的示意图

CGM 在分析这两类问题时，由于不再需要满足运动部分与静止部分网格的直接联系，处理起来要方便得多。对于上述两类运动系统，均只需要根据运动体的位置改变细网格的节点坐标即可，如图 3.23 所示。

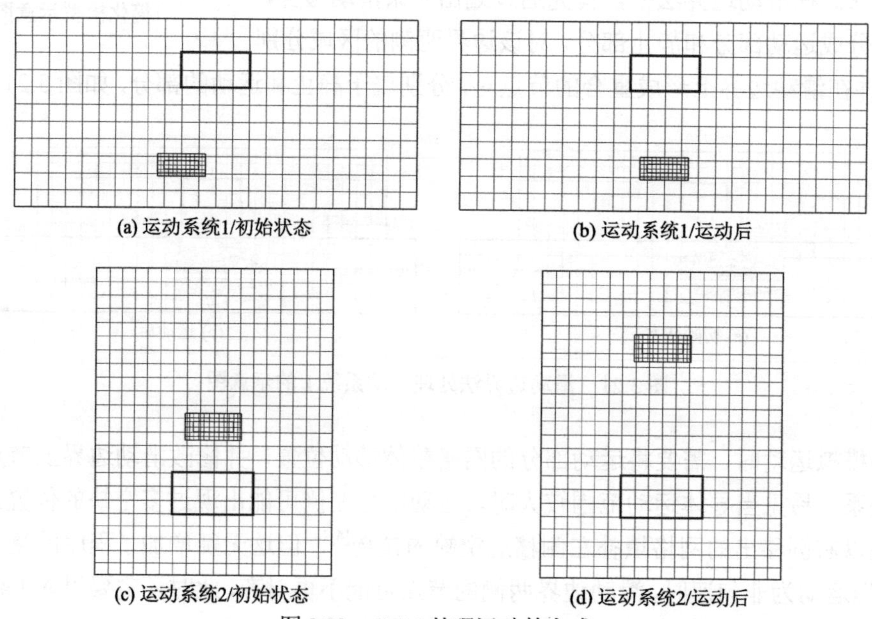
(a) 运动系统1/初始状态　　(b) 运动系统1/运动后

(c) 运动系统2/初始状态　　(d) 运动系统2/运动后

图 3.23　CGM 处理运动的方式

除以上两种运动系统的模型外，CGM 对于任意运动及运动范围较大的问题仍有很好的适应性。另外，还可以看到，本例中由于导体尺寸相对于周围空气及线圈来说较小，常规方法离散时需要采用非结构化网格（在二维中为三角形或不规则的四边形单元），因为若采用结构化网格，剖分量将急剧增大。为了保证较好的网格质量，导体中较密的网格与远处较稀疏的网格之间需要有过渡的网格变化，这样增加了网格数量。CGM 由于采用两套网格，对关心区域的大尺寸物体（线圈和空气）采用较粗的网格，对关心区域的小尺寸物体（导体及所包的一层空气）采用细网格。对于各部件尺寸悬殊的系统，这种剖分策略仍可以保证结构化网格并减小总体网格数。

3.4　CGM 应用实例

TEAM 28 为电磁悬浮装置的动态特性计算，由德国学者 H. Karl 等提出并给出了测量结果[5]。该模型为两个激励线圈和其上导电圆盘铝板构成的电磁悬浮装置，属于电磁-机械耦合场问题。根据场域的对称性，该问题可简化为轴对称问题，并采用运动坐标系描述，$\boldsymbol{v}\times\boldsymbol{B}$ 项不出现在控制方程中。控制方程在 ρz 极坐标系下，根据式（1.59）简化为

$$-\frac{\partial}{\partial z}\left[\frac{1}{\mu\rho}\frac{\partial(\rho A_{\varphi})}{\partial z}\right]-\frac{\partial}{\partial\rho}\left[\frac{1}{\mu\rho}\frac{\partial(\rho A_{\varphi})}{\partial\rho}\right]+\frac{\sigma}{\rho}\frac{\partial(\rho A_{\varphi})}{\partial t}=J_{s\varphi} \tag{3.38}$$

装置的几何尺寸如图 3.24 所示。

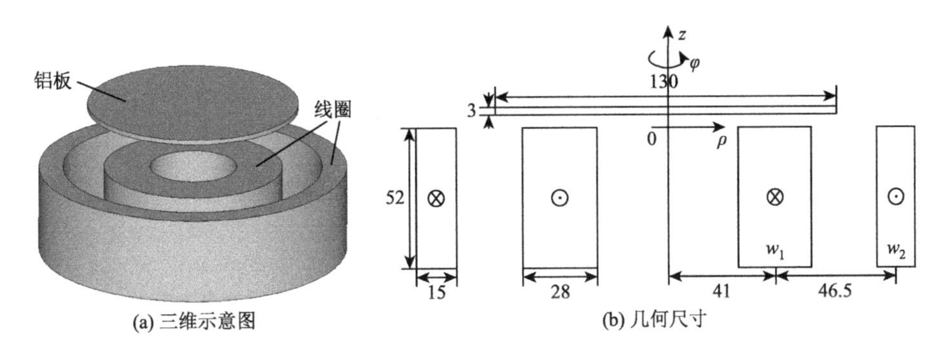

(a) 三维示意图　　(b) 几何尺寸

图 3.24　TEAM 28 模型几何尺寸（单位：mm）

各部分的材料参数如表 3.2 所示，其中 w_1 为内层线圈的匝数，w_2 为外层线圈的匝数。

表 3.2　TEAM 28 模型各材料参数

材料号	名称	μ/(H/m)	σ/(S/m)	$J_{s\varphi}$/(A/m^2)
1	内线圈	1.2566×10^{-6}	0.0	$w_1\times i(t)/S_1$

续表

材料号	名称	μ/(H/m)	σ/(S/m)	$J_{s\varphi}$/(A/m^2)
2	外线圈	1.2566×10^{-6}	0.0	$w_2\times i(t)/S_2$
3	铝板	1.2566×10^{-6}	3.4×10^{7}	0.0
4	空气	1.2566×10^{-6}	0.0	0.0

铝板的质量为 0.107 kg，内层线圈的匝数 $w_1 = 960$，截面积 $S_1 = 1.456\times10^{-3}$ m^2，外层线圈的匝数 $w_2 = 576$，截面积 $S_2 = 7.8\times10^{-4}$ m^2。所有部分同轴放置。定义悬浮高度 z 为载流线圈上表面与铝板下表面之间的垂直距离。当 $t\leqslant0$ 时，$z = 3.8$ mm。当 $t\geqslant0$ 时，线圈电流为

$$i(t) = I\sin(2\pi f_0 t) \tag{3.39}$$

式中：I 为 20 A；f_0 为 50 Hz。

根据对称性，取求解域的 1/2 进行分析。在进行细网格的网格剖分时，为减小非协调误差，在导体区域的周围加一层空气。图 3.25 分别显示了该问题的粗网格和细网格的有限元剖分。离散网格及方程组的相关参数如表 3.3 所示。

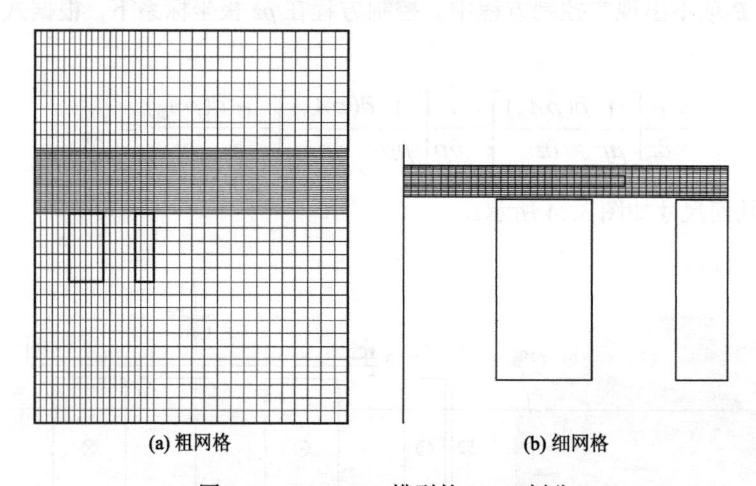

(a) 粗网格　　(b) 细网格

图 3.25　TEAM 28 模型的 CGM 剖分

表 3.3　TEAM 28 模型的离散网格及方程组的相关参数

参数	单元数	节点数	方程数
粗网格	1925	2016	1836
细网格	675	736	616

铝板所受的电磁合力可直接对洛伦兹力密度积分或根据虚功法计算。每一时间步由合力（电磁力和重力）及铝板质量 m 计算得到加速度 a 后，铝板的速度和位置用如下格式计算：

$$v_{n+1} = v_n + a\Delta t \tag{3.40}$$

$$z_{n+1} = z_n + \Delta t(v_n + v_{n+1})/2 \tag{3.41}$$

式中：v_n、v_{n+1} 分别为本时间步和下一时间步的速度，m/s；z_n、z_{n+1} 分别为本时间步和下一时间步铝板下表面的高度，m；Δt 分别为时间步长，s。

为保证精度，需要控制时间步长。由于本例中电流源恒频正弦变化，时间步长取定值，其值的选择可通过逐步减小时间步长进行多次测试，直到两种时间步长下计算结果差别不大时选定。本例时间步长取为 0.2 ms，共计算 8500 时间步。设第 1 时间步的速度初值为 0 m/s，在每一时间步粗、细网格的迭代收敛后，依次计算所关心的细网格的导出量磁通密度、涡流密度及洛伦兹力密度。得到加速度 $\boldsymbol{a}$ 后，根据式（3.40）和式（3.41），计算下一时刻的速度和位移，由于运动部分的细网格相对粗网格独立生成，当细网格位置变动时，周围空气的粗网格不需要重新剖分，只需根据位移修改细网格前处理文件中的所有节点坐标，即可进入下一时间步的计算。此时由于粗、细网格相对位置已发生变化，需要在每一时间步重新形成 $\boldsymbol{P}$ 矩阵。

图 3.26～图 3.29 为源电流第 1 周期（以 T_0 表示一周期时间）内各典型时间步的场量计算结果，其中感应涡流 $J_{e\phi}$ 及洛伦兹力密度 $\boldsymbol{f}$ 仅存在于铝板内。在第 10 时间步（$T_0/10$）时，源电流为正，幅值增加；磁通密度增大；感应涡流主要为$-\varphi$ 方向（图中为指向纸外），由感应涡流产生的磁场与源电流磁场方向相反；铝板受到向上的排斥力。

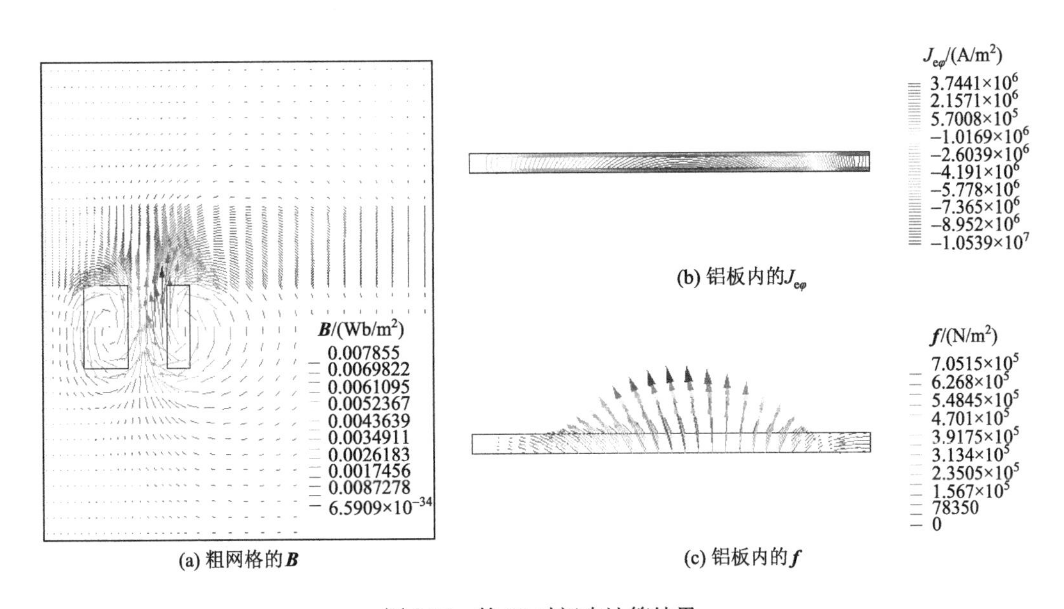

(a) 粗网格的 $\boldsymbol{B}$　(b) 铝板内的 $J_{e\varphi}$　(c) 铝板内的 $\boldsymbol{f}$

图 3.26　第 10 时间步计算结果

在第 40 时间步（$2T_0/5$）时，源电流为正，幅值减小；磁通密度减小；感应涡流大部分为 $+\varphi$ 方向，由感应涡流产生的磁场对源电流产生的磁场有助增作用；铝板受到向下的吸引力。

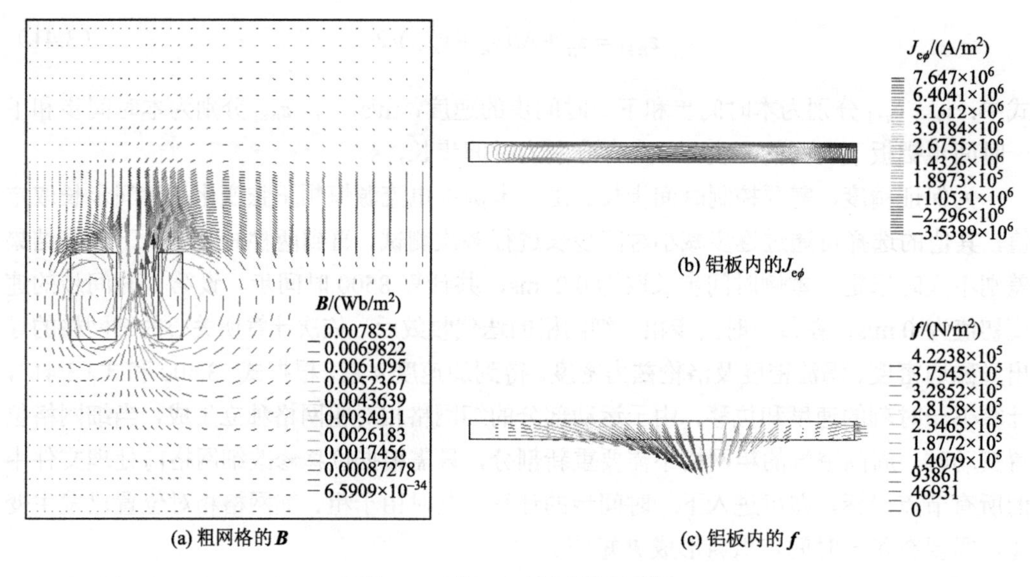

(a) 粗网格的 **B** (b) 铝板内的$J_{e\phi}$ (c) 铝板内的 ***f***

图 3.27 第 40 时间步计算结果

在第 60 时间步（$3T_0/5$）时，源电流为负，幅值增加；磁通密度增加；感应涡流大部分仍为 $+\varphi$ 方向，感应涡流磁场与源电流磁场方向相反；铝板受到向上的排斥力。

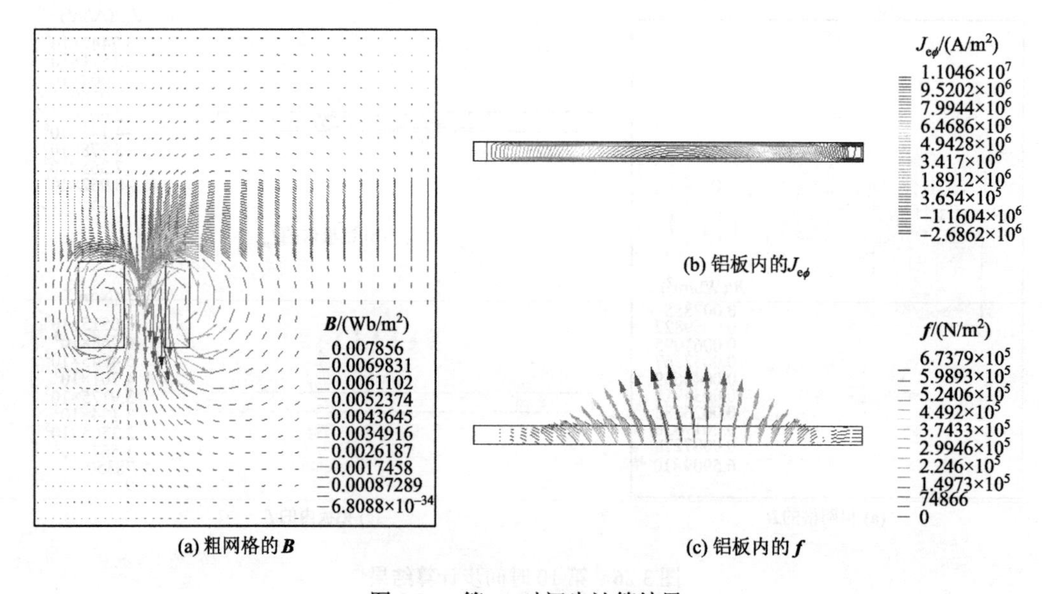

(a) 粗网格的 **B** (b) 铝板内的$J_{e\phi}$ (c) 铝板内的 ***f***

图 3.28 第 60 时间步计算结果

在第 90 时间步（$9T_0/10$）时，源电流为负，幅值减小；磁通密度减小；感应涡流主要为$-\varphi$ 方向，由感应涡流产生的磁场对源电流产生的磁场有助增作用；铝板受到向下的吸引力。

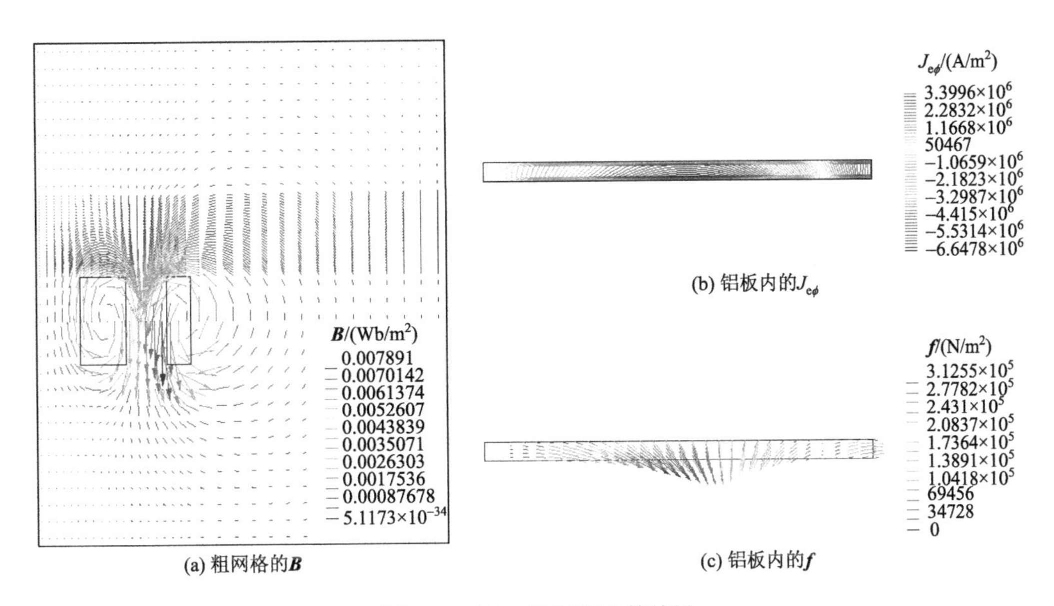

图 3.29 第 90 时间步计算结果

图 3.30 为前 200 时间步（$2T_0$）单匝线圈源电流及铝板总涡流（涡流密度的积分）、电磁合力（以 + z 为参考方向）的曲线，各量均为归算值，缩放因子 I_{sm} 为 20 A，I_{em} 为 500 A，F_m 为 2 N。其中源电流方向的变化代表着由源电流产生的磁场方向的变化，感应涡流方向与源电流磁场方向共同决定了电磁合力的方向。由图 3.30 可见，当感应涡流与源电流异号时，电磁合力为正，当感应涡流与源电流同号时，电磁合力为负。源电流变化的一个周期包含着电磁合力变化的两个周期，在电磁合力变化的一个周期内，方向为 + z 的曲线段幅值和持续时间均大于方向为–z 的曲线段。

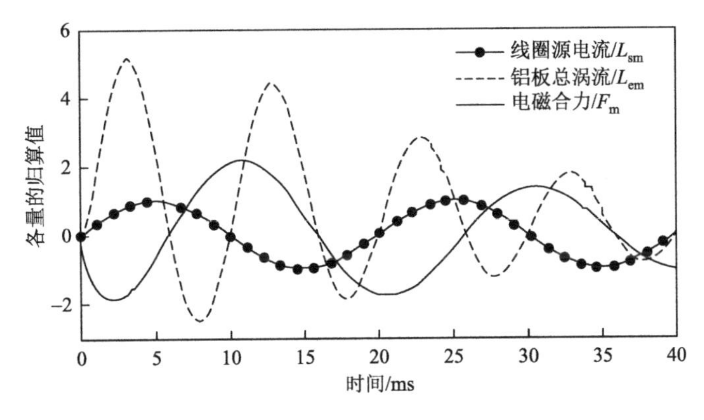

图 3.30 前 200 时间步单匝线圈源电流及铝板总涡流、电磁合力曲线

图 3.31（a）为铝板所受的合力曲线，即电磁合力与重力之和，其中重力约为电磁合力第 1 个波峰值的 10%。铝板在合力的作用下产生向上的运动速度，如图 3.31（b）所示。

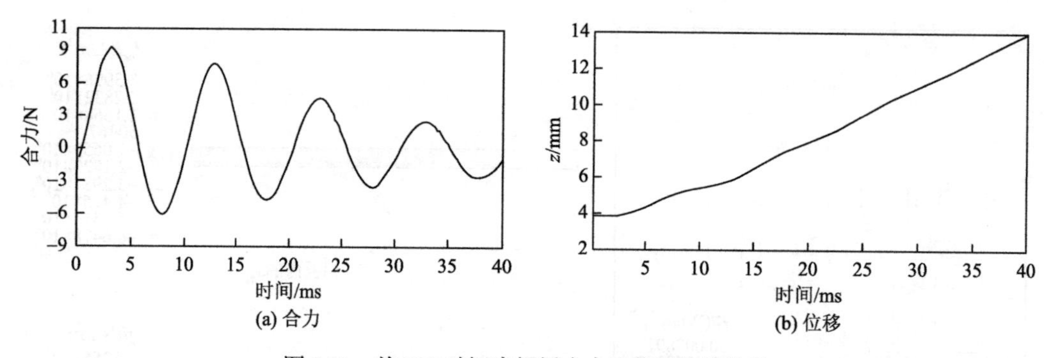

图 3.31　前 200 时间步铝板合力和位移计算结果

图 3.32 为前 1000 时间步（$10T_0$）铝板的合力及位移计算结果。从图 3.32 中可见，铝板在合力作用下向上悬浮，远离线圈后，电磁合力减小，重力逐渐占优势，铝板开始下降，而在下降的过程中电磁合力的峰值又重新增大。

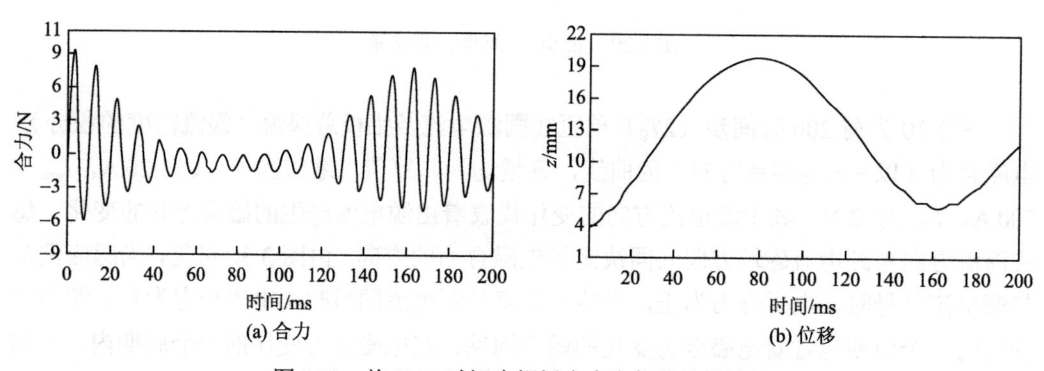

图 3.32　前 1000 时间步铝板合力和位移计算结果

在计算 8500 时间步（$85T_0$）后，根据结果可知铝板在合力作用下产生减幅的上下振动，最后悬浮在 $z = 11$ mm 左右的位置。最终得到的合力随时间变化的 CGM 计算结果如图 3.33 所示，铝板位置随时间变化的 CGM 计算及测量结果如图 3.34 所示。

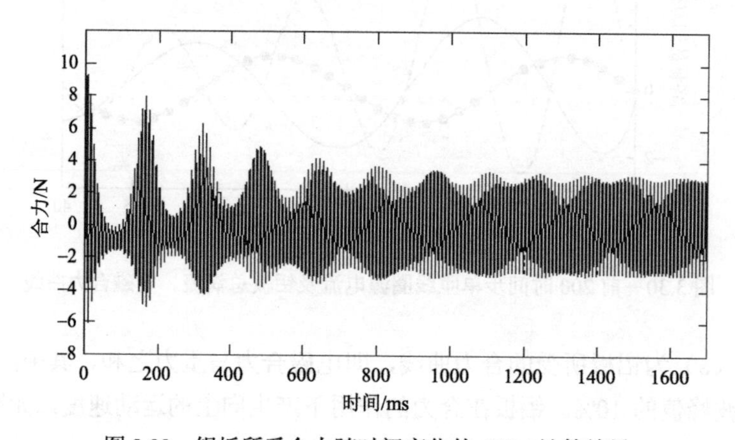

图 3.33　铝板所受合力随时间变化的 CGM 计算结果

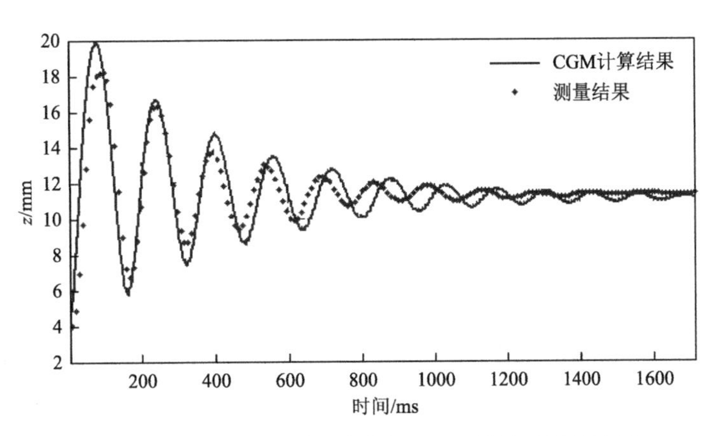

图 3.34　铝板位置随时间变化的 CGM 计算及测量结果

从以上应用实例可见，CGM 可采取多套重叠的有限元网格对区域进行离散，减小了区域离散中网格拓扑关系的限制，可使分析者克服传统一套网格方法在某些情况下带来的不便。

在考虑运动的瞬态涡流场计算中，通过用细网格对运动部分剖分，用粗网格对空气和激励源等静止部分剖分，避免了常规有限元法的网格在每一时间步需要重新剖分的麻烦，在每一时间步下只需根据运动部分的位置修改细网格各节点的坐标即可。由于粗、细网格的相对位置在运动过程中不断改变，插值矩阵要在每一时间步重新形成。

参 考 文 献

[1] 林振宝，石济民，林岗，等. 快速自适应局部网加密方法在气藏数值模拟中的应用[J]. 天然气工业，1994，14（3）：33-35.

[2] 吕涛，石济民，林振宝. 区域分解算法[M]. 北京：科学出版社，1992.

[3] 王德生. 组合网格法和非结构化网格自动生成[D]. 北京：中国科学院数学与系统科学研究所，2001.

[4] 李建芳. 全隐快速自适应组合网格方法油藏数值模拟器的研究[D]. 北京：中国石油勘探开发科学研究院，2002.

[5] KARL H，FETZER J，KURZ S，et al. Description of TEAM workshop problem 28：an electrody namic levitaton device[OL]. Available：http：//www.compumag.org/wp/ team/problem 28.

第 4 章

有限元-边界元耦合法

电磁场数值方法分为两大类，即微分方程法和积分方程法，有限元法和边界元法（boundary element method，BEM）分别是这两类方法中的典型代表。为更好地解决某类工程电磁问题，研究者常常采用耦合方法以同时利用两种方法的优点。在运动导体涡流场计算中，有限元-边界元耦合法（finite element and boundary element coupling method，FE-BECM）对场域的不同区域采用不同的数值方法离散，用有限元法离散导体区域或者非线性材料区域，用边界元法离散无限大空气区域，解决了传统有限元法处理运动问题时存在的网格约束问题。

本章首先对有限元法和边界元法各自的特点进行说明，接着对边界元法的基本原理、离散过程、奇异积分和接近奇异积分的解析方法、离散单元的叠加进行介绍，然后对 FE-BECM 的实现步骤进行说明，最后给出 FE-BECM 的运动导体涡流场算例，验证了该方法处理运动问题的有效性。

4.1　FEM 与 BEM 比较

FEM 被认为是电磁场数值计算领域最有效、应用最普遍的方法[1]，其二维、三维解法已经有了长足发展，包括对稳态问题、时变场问题、非线性问题等[2]。功能齐全的有限元商业软件经过了几十年的商业检验，基本代表了当前大型计算机辅助工程（computer aided engineering，CAE）软件的技术水平[3]。BEM 曾经被认为是最有可能对有限元优势地位形成威胁的方法[4]，其可将三维问题转化为二维面积分问题，二维问题转化为一维线积分问题，使离散建模和剖分大大简化，在处理开域问题时不需要对无穷大边界进行特殊处理。这些年学术界对 BEM 的研究较多，但多数问题处于理论研究阶段。

由于单一方法不可避免地存在种种缺陷，构造耦合方法将两种或者多种数值方法结合起来，可达到取长补短、更好解决工程问题的目的。例如，在高压直流离子流的计算中，使用模拟电荷法求解泊松方程，用子域配置的加权余量法求解电流连续性方程[5]；在对流扩散方程中，用 FEM 离散方程扩散项，用有限体积法离散方程的对流项[6]。

FEM 求解对象是区域内的微分方程，因此需对整个场域进行离散即剖分整个求解区域，可通过调整单元的剖分密度和单元插值函数等来提高数值计算精度。FEM 突出的优点是可参数化编程，形成的方程组系数矩阵具有正定、稀疏等特点，易于存储与求解，收敛性好[7]。因为不同介质分界面上的边界条件自动满足第二、第三类边界条件，不必单独处理，所以 FEM 适应于求解多种介质共存的复杂问题，且可有效处理复杂几何结构，也可方便地处理包含非线性材料的问题。

FEM 的主要缺点是对于形状和分布复杂的三维电磁计算问题，由于其变量多和剖分要求细，往往因计算机内存不够而受限制，特别是采用 FEM 处理开域问题时，最为简单的做法是人工截断边界，这会引起一定的误差，为减小误差，不得不人为将计算区域取得很大，其建模及求解比较困难，通常需要专门的边界条件处理方法，如渐进边界条件等。

BEM 首先将区域内的微分方程转换成边界上的积分方程，然后将边界分割成有限大小的边界单元，把边界积分方程离散成以边界单元节点为未知量的代数方程组。BEM 具有计算过程简单、通用性强的特点，适用于开域场，适用于复杂几何形状，可实现对求解问题的降维，计算量不大等[7]。与 FEM 相比，BEM 具有如下优点。

（1）问题的维数降低。BEM 将给定场域的边值问题通过包围该场域边界上的边界积分方程来表示，使三维问题可利用边界表面积分转化为二维问题，二维问题通过边界线积分转化为一维问题。

（2）一阶导数的求解精度更高。对于 FEM 来说，当未知量求得之后，要计算其一阶导数，需经过一次微分计算，从而精度降低。BEM 求解后，边界上的一阶导数直接可从方程结果中获得，而区域内任一点的一阶导数只需将边界上广义场源的作用叠加即可得到。

（3）适合处理开域问题。FEM 只能在有限区域上进行计算，处理开域问题的方法有人工截断边界、远场单元或渐进边界条件等方法；而边界元方程中对无穷远边界的积分为 0，只要对有限边界进行离散，不需对无穷远边界特别处理。

与 FEM 相比，BEM 的不足之处如下。

（1）形成的方程为非对称的满阵。有限元方程组中每一自由度所对应的方程矩阵的行大部分为零元素，只有与其有联系的节点自由度对应的那些列才为非零元素。而由于边界元离散方程的特性，其每一节点自由度所对应的矩阵行与所有节点都有联系，所形成的方程矩阵为满阵。

（2）存在奇异积分的问题。由于 BEM 基本解的特性，在某些单元上计算矩阵元素时，会出现被积函数分母无穷大的奇异积分，此时需要做特殊处理（如采用解析积分或选择不同的 Gauss 积分点数和位置），增加了编程的难度，也使精度受到影响。

（3）不易处理多种介质共存的情形。FEM 在不同材料边界面上，其边界条件可以自动满足而不需另外处理，BEM 则需采取子域的方式处理分片均匀的介质。

（4）不易处理非线性问题。FEM 处理非线性问题的技术已经很成熟，而 BEM 在应用之前，必须要找到一个基本解。事实上很多微分方程的基本解目前还是未知的，从而限制了边界元的应用范围。

FEM 与 BEM 是电磁场数值计算领域的两类主要方法，它们各具优势，但也分别存在自身的弱项。表 4.1 列出了从不同方面对两类方法的比较。

表 4.1 FEM 与 BEM 的比较

对比项目	FEM	BEM
导出原理	变分原理	格林（Green）第二恒等式
	加权余量法（权函数为形函数）	加权余量法（权函数为基本解）
离散方程维数	与原边值问题维数相同	将给定场域的边值问题用边界积分方程来表示，使三维问题可利用边界表面积分化为二维问题，二维问题通过边界线积分化为一维问题
开域问题的处理	只能在有限区域上进行计算，采用截断边界或无穷远单元，将引入误差及增大处理的复杂度	不需对无穷远边界特别处理
非线性问题的处理	技术已经很成熟	由于需要先确定方程基本解，对非线性问题不易处理
多种介质共存处理	不同介质交界面通常作为自然边界自动满足，不需特殊处理	需采取子域的方式处理分片均匀的介质
奇异问题	在奇异区周围需要很大的剖分量	只需边界离散，使单元节点数减少
方程矩阵	大型稀疏阵，带宽窄，大多为对称阵	维数降低，但矩阵为满阵、非对称

续表

对比项目	FEM	BEM
数值积分	常规 Gauss 积分	存在被积函数分母为零的奇异积分，此时需要做特殊处理（如采用解析积分、退化单元或选择不同的 Gauss 积分点数和位置），增加了编程的难度，也使精度受到影响
自由度导数的计算	节点元需经过一次微分计算，从而降低了精度，但棱边元可克服	边界上的一阶导数直接可从方程结果中获得，区域内任一点的一阶导数只需将边界上广义场源的作用叠加即可得到，对于自由度变化剧烈的问题精度较高
商业软件	功能齐全，大多经过了几十年实践检验，基本代表当前大型工程 CAE 软件的技术水平	可用工程应用软件较少，落后于 BEM 数值方法的发展水平

4.2　BEM 的基本原理及离散过程

BEM 可分为直接法与间接法两类：间接法用单层位势或双层位势的积分来表示求解区域中的未知函数，但这些位势通常不能与真实的物理量建立联系；而直接法可从 Green 第二恒等式出发进行推导[8]，采用对边界上未知函数及其法向导数进行积分的方法来表示求解区域的未知函数，有更加明确的物理意义。

4.2.1　BEM 的基本原理

在 BEM 中，称满足方程

$$\pounds[u^*(\boldsymbol{r}',\boldsymbol{r})] = -\delta(\boldsymbol{r}',\boldsymbol{r}) \tag{4.1}$$

的解 $u^*(\boldsymbol{r}',\boldsymbol{r})$ 为式（2.1）的基本解。其中，$\boldsymbol{r}$ 为原点到场点的距离矢量，$\boldsymbol{r}'$ 为原点到源点的距离矢量，$\delta(\boldsymbol{r}',\boldsymbol{r})$ 为 Dirac delta 函数，满足：

$$\begin{cases}\delta(\boldsymbol{r}',\boldsymbol{r}) = 0, & \boldsymbol{r} \neq \boldsymbol{r}' \\ \delta(\boldsymbol{r}',\boldsymbol{r}) = \infty, & \boldsymbol{r} = \boldsymbol{r}' \\ \int_{\Omega} u(\boldsymbol{r})\delta(\boldsymbol{r}',\boldsymbol{r})\mathrm{d}\Omega(\boldsymbol{r}) = u(\boldsymbol{r}') \end{cases} \tag{4.2}$$

式（2.11）的基本解为

$$u^*(\boldsymbol{r}',\boldsymbol{r}) = \frac{1}{2\pi}\ln\frac{1}{|\boldsymbol{r}'-\boldsymbol{r}|} \tag{4.3}$$

在 BEM 中，加权函数 w 取为基本解 $u^*(\boldsymbol{r}',\boldsymbol{r})$，如图 4.1 所示。

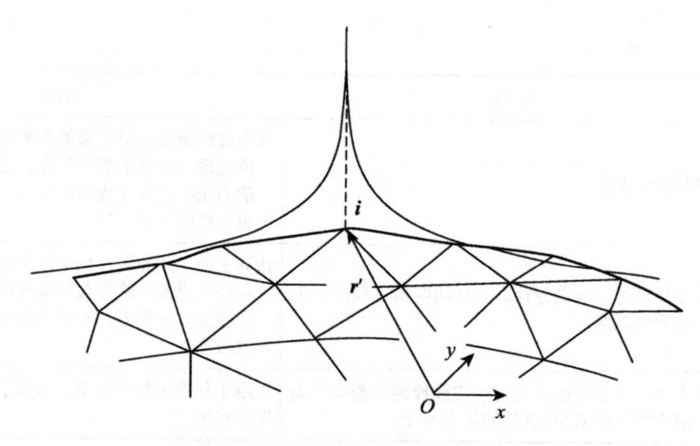

图 4.1 BEM 的加权函数示意图

将基本解作为权函数代入式（2.18），得

$$\begin{aligned}&\int_{\Omega}\left[\nabla^2 u(\boldsymbol{r})+f(\boldsymbol{r})\right]u^*(\boldsymbol{r}',\boldsymbol{r})\mathrm{d}\Omega(\boldsymbol{r})\\&=\int_{\Gamma_2}[q(\boldsymbol{r})-\overline{q}(\boldsymbol{r})]u^*(\boldsymbol{r}',\boldsymbol{r})\mathrm{d}\Gamma(\boldsymbol{r})-\int_{\Gamma_1}[u(\boldsymbol{r})-\overline{u}(\boldsymbol{r})]q^*(\boldsymbol{r}',\boldsymbol{r})\mathrm{d}\Gamma(\boldsymbol{r})\end{aligned}\tag{4.4}$$

式中：$q(\boldsymbol{r})$为$\partial u(\boldsymbol{r})/\partial n$；$q^*(\boldsymbol{r}',\boldsymbol{r})$为$\partial u^*(\boldsymbol{r}',\boldsymbol{r})/\partial n$。对左端进行两次分部积分，得

$$\begin{aligned}&\int_{\Omega}\nabla^2 u^*(\boldsymbol{r}',\boldsymbol{r})u(\boldsymbol{r})\mathrm{d}\Omega(\boldsymbol{r})+\int_{\Omega}f(\boldsymbol{r})u^*(\boldsymbol{r}',\boldsymbol{r})\mathrm{d}\Omega(\boldsymbol{r})\\&=\int_{\Gamma_1}\overline{u}(\boldsymbol{r})q^*(\boldsymbol{r}',\boldsymbol{r})\mathrm{d}\Gamma(\boldsymbol{r})+\int_{\Gamma_2}u(\boldsymbol{r})q^*(\boldsymbol{r}',\boldsymbol{r})\mathrm{d}\Gamma(\boldsymbol{r})\\&\quad-\left[\int_{\Gamma_1}q(\boldsymbol{r})u^*(\boldsymbol{r}',\boldsymbol{r})\mathrm{d}\Gamma(\boldsymbol{r})+\int_{\Gamma_2}\overline{q}(\boldsymbol{r})u^*(\boldsymbol{r}',\boldsymbol{r})\mathrm{d}\Gamma(\boldsymbol{r})\right]\end{aligned}\tag{4.5}$$

式（4.5）可采用更简洁的表达形式，即

$$\begin{aligned}&\int_{\Omega}\nabla^2 u^*(\boldsymbol{r}',\boldsymbol{r})u(\boldsymbol{r})\mathrm{d}\Omega(\boldsymbol{r})+\int_{\Omega}f(\boldsymbol{r})u^*(\boldsymbol{r}',\boldsymbol{r})\mathrm{d}\Omega(\boldsymbol{r})\\&=\int_{\Gamma}u(\boldsymbol{r})q^*(\boldsymbol{r}',\boldsymbol{r})\mathrm{d}\Gamma(\boldsymbol{r})-\int_{\Gamma}q(\boldsymbol{r})u^*(\boldsymbol{r}',\boldsymbol{r})\mathrm{d}\Gamma(\boldsymbol{r})\end{aligned}\tag{4.6}$$

式中：$u(\boldsymbol{r})$在 Γ_1 上等于$\overline{u}(\boldsymbol{r})$；$q(\boldsymbol{r})$在 Γ_2 上等于$\overline{q}(\boldsymbol{r})$。

当$\boldsymbol{r}'$在 Ω 域内时，式（4.6）边界积分变量 $\boldsymbol{r}$ 与 $\boldsymbol{r}'$不重合，根据 Dirac delta 函数的性质式（4.2），式（4.6）可化为

$$\begin{aligned}&u(\boldsymbol{r}')-\int_{\Omega}f(\boldsymbol{r})u^*(\boldsymbol{r}',\boldsymbol{r})\mathrm{d}\Omega(\boldsymbol{r})\\&=\int_{\Gamma}q(\boldsymbol{r})u^*(\boldsymbol{r}',\boldsymbol{r})\mathrm{d}\Gamma(\boldsymbol{r})-\int_{\Gamma}u(\boldsymbol{r})q^*(\boldsymbol{r}',\boldsymbol{r})\mathrm{d}\Gamma(\boldsymbol{r})\end{aligned}\tag{4.7}$$

由式（4.7）可见，只要边界上的 $u(\boldsymbol{r})$和 $q(\boldsymbol{r})$确定，即可计算 Ω 域内任意一点的 $u(\boldsymbol{r}')$。为此，要将 $\boldsymbol{r}'$置于各边界节点，形成一组方程来求解边界上的 $u(\boldsymbol{r})$和 $q(\boldsymbol{r})$。但由于边界积分中被积函数有分母$|\boldsymbol{r}-\boldsymbol{r}'|$为 0 的点，故存在奇异积分，边界元奇异积分可采用极限分析法来处理[9]。

以位于边界 Γ 上的节点 i 为圆心，构造半径为 ε 的微小凸圆弧，如图 4.2 所示。

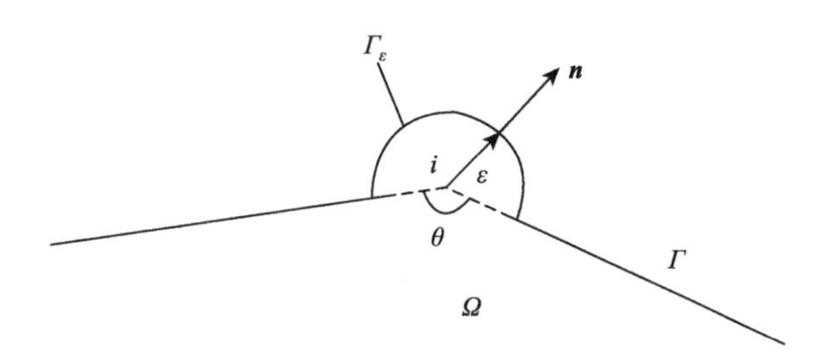

图 4.2　边界源点 i 的极限分析法示意图

此时，源点 i 埋入域内。将式（4.6）中的积分边界 Γ 分成 Γ_ε 与 $\Gamma-\Gamma_\varepsilon$ 两部分，再令 $\varepsilon\to 0$，得

$$\begin{aligned}&u(\boldsymbol{r}')-\int_\Omega f(\boldsymbol{r})u^*(\boldsymbol{r}',\boldsymbol{r})\mathrm{d}\Omega(\boldsymbol{r})\\&=\lim_{\varepsilon\to 0}\int_{\Gamma-\Gamma_\varepsilon}q(\boldsymbol{r})u^*(\boldsymbol{r}',\boldsymbol{r})\mathrm{d}\Gamma(\boldsymbol{r})-\lim_{\varepsilon\to 0}\int_{\Gamma-\Gamma_\varepsilon}u(\boldsymbol{r})q^*(\boldsymbol{r}',\boldsymbol{r})\mathrm{d}\Gamma(\boldsymbol{r})\\&\quad+\lim_{\varepsilon\to 0}\int_{\Gamma_\varepsilon}q(\boldsymbol{r})u^*(\boldsymbol{r}',\boldsymbol{r})\mathrm{d}\Gamma(\boldsymbol{r})-\lim_{\varepsilon\to 0}\int_{\Gamma_\varepsilon}u(\boldsymbol{r})q^*(\boldsymbol{r}',\boldsymbol{r})\mathrm{d}\Gamma(\boldsymbol{r})\end{aligned}\tag{4.8}$$

由于 $\Gamma-\Gamma_\varepsilon$ 不包括奇异点，则

$$\begin{aligned}&u(\boldsymbol{r}')-\int_\Omega f(\boldsymbol{r})u^*(\boldsymbol{r}',\boldsymbol{r})\mathrm{d}\Omega(\boldsymbol{r})\\&=\int_\Gamma q(\boldsymbol{r})u^*(\boldsymbol{r}',\boldsymbol{r})\mathrm{d}\Gamma(\boldsymbol{r})-\int_\Gamma u(\boldsymbol{r})q^*(\boldsymbol{r}',\boldsymbol{r})\mathrm{d}\Gamma(\boldsymbol{r})\\&\quad+\lim_{\varepsilon\to 0}\int_{\Gamma_\varepsilon}q(\boldsymbol{r})u^*(\boldsymbol{r}',\boldsymbol{r})\mathrm{d}\Gamma(\boldsymbol{r})-\lim_{\varepsilon\to 0}\int_{\Gamma_\varepsilon}u(\boldsymbol{r})q^*(\boldsymbol{r}',\boldsymbol{r})\mathrm{d}\Gamma(\boldsymbol{r})\end{aligned}\tag{4.9}$$

由于 $\lim\limits_{\varepsilon\to 0}u(\boldsymbol{r})=u(\boldsymbol{r}')$， $\lim\limits_{\varepsilon\to 0}q(\boldsymbol{r})=q(\boldsymbol{r}')$，并将式（4.3）代入式（4.9），式（4.9）后两项可化为

$$\begin{aligned}&\lim_{\varepsilon\to 0}\left[q(\boldsymbol{r}')\frac{1}{2\pi}\ln\frac{1}{\varepsilon}\int_{\Gamma_\varepsilon}\mathrm{d}\Gamma(\boldsymbol{r})+u(\boldsymbol{r}')\frac{1}{2\pi\varepsilon}\int_{\Gamma_\varepsilon}\mathrm{d}\Gamma(\boldsymbol{r})\right]\\&=\lim_{\varepsilon\to 0}\left[q(\boldsymbol{r}')\frac{2\pi-\theta(\boldsymbol{r}')}{2\pi}\varepsilon\ln\frac{1}{\varepsilon}+u(\boldsymbol{r}')\frac{2\pi-\theta(\boldsymbol{r}')}{2\pi}\right]\\&=u(\boldsymbol{r}')\left[1-\frac{\theta(\boldsymbol{r}')}{2\pi}\right]\end{aligned}\tag{4.10}$$

式中：$\theta(\boldsymbol{r}')$ 为 $\boldsymbol{r}'$ 两侧边界在 Ω 域内所张的角度。将式（4.10）代入式（4.9），得

$$\begin{aligned}&c(\boldsymbol{r}')u(\boldsymbol{r}')-\int_\Omega f(\boldsymbol{r})u^*(\boldsymbol{r}',\boldsymbol{r})\mathrm{d}\Omega(\boldsymbol{r})\\&=\int_\Gamma q(\boldsymbol{r})u^*(\boldsymbol{r}',\boldsymbol{r})\mathrm{d}\Gamma(\boldsymbol{r})-\int_\Gamma u(\boldsymbol{r})q^*(\boldsymbol{r}',\boldsymbol{r})\mathrm{d}\Gamma(\boldsymbol{r})\end{aligned}\tag{4.11}$$

式中：$c(\boldsymbol{r}')=\theta(\boldsymbol{r}')/(2\pi)$。BEM 将边界剖分后形成 n 个离散的节点，在每个节点上分别应用式（4.11），即得到 n 组方程，用于求解每个边界节点上未知的 $u(\boldsymbol{r})$ 和 $q(\boldsymbol{r})$。

在 BEM 中，权函数采用基本解，而精确解的试探函数 $u(\boldsymbol{r})$ 和 $q(\boldsymbol{r})$ 一般采用与 FEM 相同的构造方法，如二维 BEM 中将直线单元形函数作为基函数，三维 BEM 中将三角形或四边形单元形函数作为基函数。

4.2.2 二维 BEM 的方程组形成

二维 BEM 方程组推导以如图 4.3 所示的源点及场点为例。其中，$\boldsymbol{R}$ 为源点到场点的距离矢量，R 为矢量 $\boldsymbol{R}$ 的大小；$\boldsymbol{n}$ 为场点所处边界单元的外法向单位矢量。

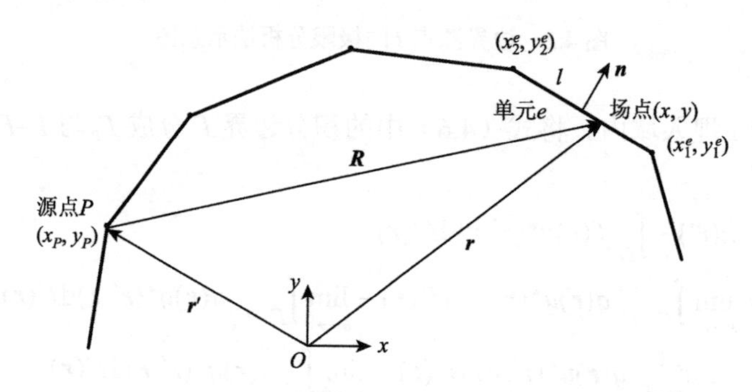

图 4.3 二维 BEM 方程组推导示意图

拉普拉斯（Laplace）方程的 BEM 离散公式和基本解为

$$c(\boldsymbol{r}')u(\boldsymbol{r}') + \int_{\Gamma} u(\boldsymbol{r})q^*(\boldsymbol{r}',\boldsymbol{r})\mathrm{d}\Gamma = \int_{\Gamma} q(\boldsymbol{r})u^*(\boldsymbol{r}',\boldsymbol{r})\mathrm{d}\Gamma \tag{4.12}$$

$$u^*(\boldsymbol{r}',\boldsymbol{r}) = \frac{-1}{2\pi}\ln|\boldsymbol{r}',\boldsymbol{r}| = \frac{-1}{2\pi}\ln R \tag{4.13}$$

基本解在外法向上的偏导数为

$$q^*(\boldsymbol{r}',\boldsymbol{r}) = \frac{\partial u^*(\boldsymbol{r}',\boldsymbol{r})}{\partial n} = \frac{\partial}{\partial n}\left(\frac{-1}{2\pi}\ln R\right) = \frac{-1}{2\pi}\nabla \ln R \cdot \boldsymbol{n} = \frac{-\boldsymbol{R}\cdot\boldsymbol{n}}{2\pi R^2} \tag{4.14}$$

采用线性单元，在单元 e 内，$u^e(\boldsymbol{r})$及 $q^e(\boldsymbol{r})$可表示为

$$u^e(\boldsymbol{r}) = \sum_{j=1}^{2} N_j^e U_j^e = \frac{1}{2}(1-\xi)U_1^e + \frac{1}{2}(1+\xi)U_2^e \tag{4.15}$$

$$q^e(\boldsymbol{r}) = \sum_{j=1}^{2} N_j^e Q_j^e = \frac{1}{2}(1-\xi)Q_1^e + \frac{1}{2}(1+\xi)Q_2^e \tag{4.16}$$

式中：U_j^e 和 Q_j^e 表示 u 和 q 在第 e 个单元的第 j 个节点上的值；ξ 为单元的局部坐标。式（4.12）左边的积分项可表示为

$$\int_{\Gamma} u(\boldsymbol{r})q^*(\boldsymbol{r}',\boldsymbol{r})\mathrm{d}\Gamma = \sum_{e=1}^{m}\int_{\Gamma^e} u^e(\boldsymbol{r})q^*(\boldsymbol{r}',\boldsymbol{r})\mathrm{d}\Gamma = \sum_{e=1}^{m}\sum_{j=1}^{2} H_{i,j}^e U_j^e \tag{4.17}$$

式中：m 为单元的个数，且

$$H_{i,1}^e = \int_{\Gamma^e} \frac{1}{2}(1-\xi)\frac{-\boldsymbol{R}\cdot\boldsymbol{n}}{2\pi R^2}\mathrm{d}\Gamma = \frac{-L_e}{8\pi}\int_{-1}^{1}(1-\xi)\frac{\boldsymbol{R}\cdot\boldsymbol{n}}{R^2}\mathrm{d}\xi \tag{4.18}$$

$$H_{i,2}^e = \int_{\Gamma^e} \frac{1}{2}(1+\xi)\frac{-\boldsymbol{R}\cdot\boldsymbol{n}}{2\pi R^2}\mathrm{d}\Gamma = \frac{-L_e}{8\pi}\int_{-1}^{1}(1+\xi)\frac{\boldsymbol{R}\cdot\boldsymbol{n}}{R^2}\mathrm{d}\xi \tag{4.19}$$

其中

$$\boldsymbol{R}=(x-x_P)\boldsymbol{x}+(y-y_P)\boldsymbol{y} \tag{4.20}$$

$$\boldsymbol{n}=\frac{\boldsymbol{l}\times\boldsymbol{z}}{L_e}=\frac{(y_2^e-y_1^e)\boldsymbol{x}+(x_1^e-x_2^e)\boldsymbol{y}}{L_e} \tag{4.21}$$

$$\boldsymbol{l}=(x_2^e-x_1^e)\boldsymbol{x}+(y_2^e-y_1^e)\boldsymbol{y} \tag{4.22}$$

$$L_e=|\boldsymbol{l}| \tag{4.23}$$

式（4.12）右边的积分项可表示为

$$\int_\Gamma q(\boldsymbol{r})u^*(\boldsymbol{r}',\boldsymbol{r})\mathrm{d}\Gamma=\sum_{e=1}^{m}\int_{\Gamma^e}q^e(\boldsymbol{r})u^*(\boldsymbol{r}',\boldsymbol{r})\mathrm{d}\Gamma=\sum_{e=1}^{m}\sum_{j=1}^{2}G_{i,j}^eQ_j^e \tag{4.24}$$

其中

$$G_{i,1}^e=\int_{\Gamma^e}\frac{1}{2}(1-\xi)\frac{-1}{2\pi}\ln R\mathrm{d}\Gamma=\frac{-L_e}{8\pi}\int_{-1}^{1}(1-\xi)\ln R\mathrm{d}\xi \tag{4.25}$$

$$G_{i,2}^e=\int_{\Gamma^e}\frac{1}{2}(1+\xi)\frac{-1}{2\pi}\ln R\mathrm{d}\Gamma=\frac{-L_e}{8\pi}\int_{-1}^{1}(1+\xi)\ln R\mathrm{d}\xi \tag{4.26}$$

4.2.3　三维 BEM 的方程组形成

三维 BEM 方程组推导以如图 4.4 所示的源点及场点为例。

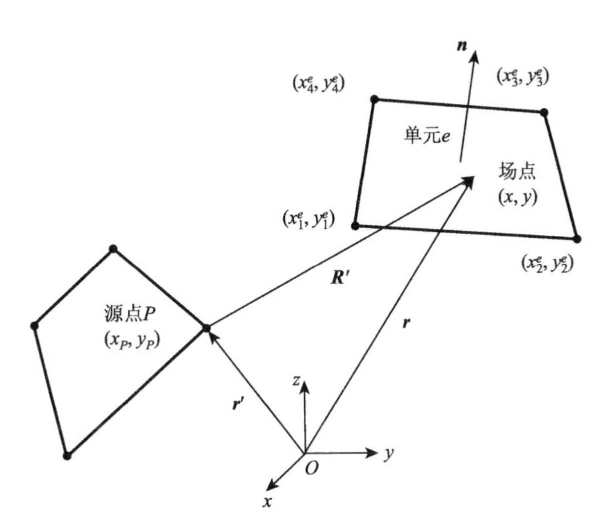

图 4.4　三维 BEM 方程组推导示意图

三维 Laplace 方程的 BEM 离散公式和基本解分别为式（4.27）和式（4.28）。

$$c(\boldsymbol{r}')u(\boldsymbol{r}')+\int_\Gamma u(\boldsymbol{r})q^*(\boldsymbol{r}',\boldsymbol{r})\mathrm{d}\Gamma=\int_\Gamma q(\boldsymbol{r})u^*(\boldsymbol{r}',\boldsymbol{r})\mathrm{d}\Gamma \tag{4.27}$$

$$u^*(\boldsymbol{r}',\boldsymbol{r})=\frac{1}{4\pi|\boldsymbol{r}'-\boldsymbol{r}|}=\frac{1}{4\pi R'} \tag{4.28}$$

$$q^*(\boldsymbol{r}',\boldsymbol{r})=\frac{\partial u^*(\boldsymbol{r}',\boldsymbol{r})}{\partial n}=\frac{\partial}{\partial n}\left(\frac{1}{4\pi R'}\right)=\frac{1}{4\pi}\nabla\left(\frac{1}{R'}\right)\cdot\boldsymbol{n}=\frac{-\boldsymbol{R}'\cdot\boldsymbol{n}}{4\pi R'^3} \tag{4.29}$$

其中

$$\boldsymbol{R}'=(x-x_P)\boldsymbol{x}+(y-y_P)\boldsymbol{y}+(z-z_P)\boldsymbol{z} \tag{4.30}$$

$$\boldsymbol{n}=\frac{\partial\boldsymbol{r}}{\partial\xi}\times\frac{\partial\boldsymbol{r}}{\partial\eta}\bigg/\left|\frac{\partial\boldsymbol{r}}{\partial\xi}\times\frac{\partial\boldsymbol{r}}{\partial\eta}\right| \tag{4.31}$$

考虑四节点线性四边形单元，在单元 e 内，$u^e(\boldsymbol{r})$及 $q^e(\boldsymbol{r})$可表示为

$$u^e(\boldsymbol{r})=\sum_{j=1}^{4}N_j^eU_j^e,\quad q^e(\boldsymbol{r})=\sum_{j=1}^{4}N_j^eQ_j^e \tag{4.32}$$

$$\begin{cases}N_1^e=\dfrac{1}{4}(1-\xi)(1-\eta)\\ N_2^e=\dfrac{1}{4}(1+\xi)(1-\eta)\\ N_3^e=\dfrac{1}{4}(1+\xi)(1+\eta)\\ N_4^e=\dfrac{1}{4}(1-\xi)(1+\eta)\end{cases} \tag{4.33}$$

式中：ξ、η为单元的局部坐标。式（4.27）左边的积分项为

$$\int_\Gamma u(\boldsymbol{r})q^*(\boldsymbol{r}',\boldsymbol{r})\mathrm{d}\Gamma=\sum_{e=1}^{M}\int_{\Gamma^e}u(\boldsymbol{r})q^*(\boldsymbol{r}',\boldsymbol{r})d\Gamma=\sum_{e=1}^{M}\sum_{j=1}^{4}H_{i,j}^eU_j^e \tag{4.34}$$

$$H_{i,j}^e=\int_{\Gamma^e}N_j^e\frac{-\boldsymbol{R}'\cdot\boldsymbol{n}}{4\pi R'^3}\mathrm{d}\Gamma=\frac{-1}{4\pi}\int_{-1}^{1}\int_{-1}^{1}N_j^e\frac{\boldsymbol{R}'\cdot\boldsymbol{n}}{R'^3}J(\xi,\eta)\mathrm{d}\xi\mathrm{d}\eta \tag{4.35}$$

式（4.27）右边的积分项为

$$\int_\Gamma q(\boldsymbol{r})u^*(\boldsymbol{r}',\boldsymbol{r})\mathrm{d}\Gamma=\sum_{e=1}^{M}\int_{\Gamma^e}q^e(\boldsymbol{r})u^*(\boldsymbol{r}',\boldsymbol{r})\mathrm{d}\Gamma=\sum_{e=1}^{M}\sum_{j=1}^{4}Q_j^eG_{i,j}^e \tag{4.36}$$

$$G_{i,j}^e=\int_{\Gamma^e}N_j^e\frac{1}{4\pi R'}\mathrm{d}\Gamma=\frac{1}{4\pi}\int_{-1}^{1}\int_{-1}^{1}N_j^e\frac{1}{R'}J(\xi,\eta)\mathrm{d}\xi\mathrm{d}\eta \tag{4.37}$$

式中：$J(\xi,\eta)$为雅可比（Jacobi）行列式，为

$$J(\xi,\eta)=\left|\frac{\partial\boldsymbol{r}}{\partial\xi}\times\frac{\partial\boldsymbol{r}}{\partial\eta}\right| \tag{4.38}$$

$$\frac{\partial\boldsymbol{r}}{\partial\xi}=\frac{\partial x}{\partial\xi}\boldsymbol{x}+\frac{\partial y}{\partial\xi}\boldsymbol{y}+\frac{\partial z}{\partial\xi}\boldsymbol{z}=\sum_{j=1}^{4}\frac{\partial N_j^e}{\partial\xi}x_j\boldsymbol{x}+\sum_{j=1}^{4}\frac{\partial N_j^e}{\partial\xi}y_j\boldsymbol{y}+\sum_{j=1}^{4}\frac{\partial N_j^e}{\partial\xi}z_j\boldsymbol{z} \tag{4.39}$$

$$\frac{\partial\boldsymbol{r}}{\partial\eta}=\frac{\partial x}{\partial\eta}\boldsymbol{x}+\frac{\partial y}{\partial\eta}\boldsymbol{y}+\frac{\partial z}{\partial\eta}\boldsymbol{z}=\sum_{j=1}^{4}\frac{\partial N_j^e}{\partial\eta}x_j\boldsymbol{x}+\sum_{j=1}^{4}\frac{\partial N_j^e}{\partial\eta}y_j\boldsymbol{y}+\sum_{j=1}^{4}\frac{\partial N_j^e}{\partial\eta}z_j\boldsymbol{z} \tag{4.40}$$

4.2.4　边界元奇异积分和接近奇异积分的解析计算

BEM 积分式中存在奇异核，导致了 BEM 奇异积分和接近奇异积分的出现，常规数值积分法在处理奇异积分和接近奇异积分时往往会引入较大误差[10-12]。因此，要提高 BEM 的计算精度必须对 BEM 奇异积分和接近奇异积分进行特殊处理[13]。

对于奇异积分，常用的处理方法有单元细分法[14]、退化单元法[15]、半解析积分法[16-18]等。单元细分法将积分单元划分为若干子单元，将原本在奇异单元上进行的积分转化到各个子单元上进行，如图 4.5 所示。单元细分法虽然解决了奇异积分问题，但是增加了计算量和编程复杂度，且不能处理接近奇异积分问题。

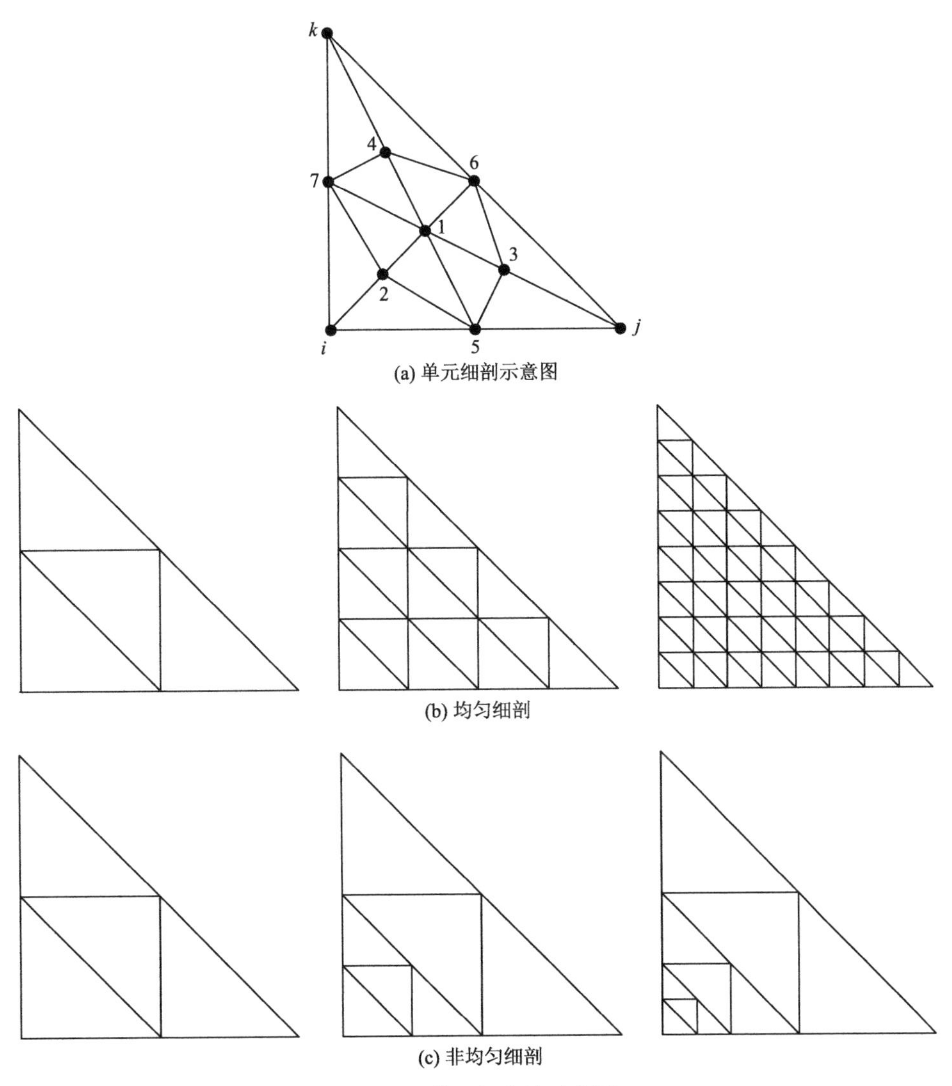

(a) 单元细剖示意图

(b) 均匀细剖

(c) 非均匀细剖

图 4.5　单元细分法示意图

退化单元法将四边形单元退化为三角形单元，通过将四边形单元上的积分转化到三角形单元积分，消去了奇异核，如图 4.6 所示。退化单元法只适用于四边形单元，这限制了 BEM 单元的选择，也加大了前处理剖分的难度，且不能处理接近奇异积分问题。

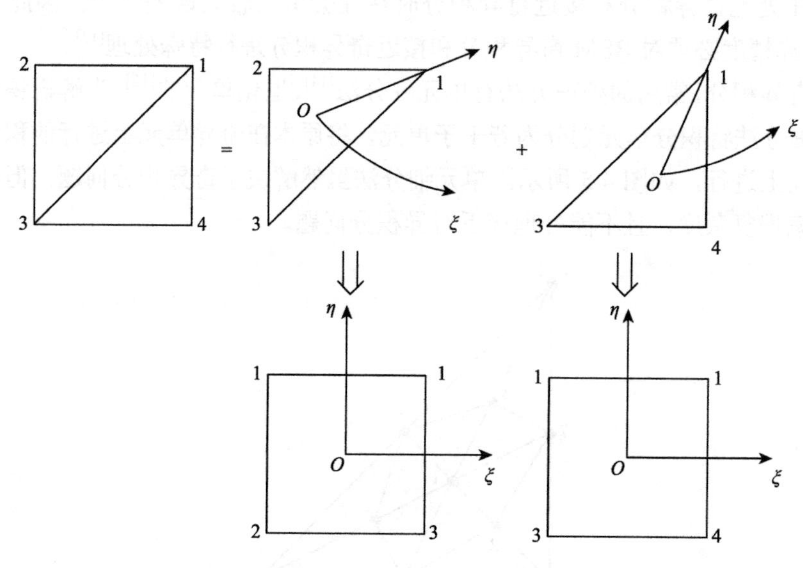

图 4.6　退化单元法示意图

半解析积分法将积分核分解为非奇异部分和奇异部分，对于非奇异部分使用常规数值积分，对于奇异部分使用解析积分，这种方法使程序复杂度大增。对于接近奇异积分牛忠荣等提出了正则化方法[19-22]，针对三维问题该方法的处理思路是：将单元上的面积分在局部极坐标系 ρ-θ 下表示，利用一些初等函数积分公式，获得对变量 ρ 单层积分的解析表达式。在处理 BEM 积分的奇异性问题方面还有坐标变换法[23]、变量替换法[13]、线性插值解析积分法[10]等。

4.2.5　单元叠加

与 FEM 程序实现过程不同的是，BEM 先按节点循环，每一节点 i 再按单元循环计算 $H_{i,j}^e$ 和 $G_{i,j}^e$，并通过单元节点联系数组 en(e, j)得到单元 e 第 j 个节点的全局节点号，将 $H_{i,j}^e$ 和 $G_{i,j}^e$ 分别叠加到 $\boldsymbol{H}$ 矩阵和 $\boldsymbol{G}$ 矩阵的第 i 行第 en(e, j)列上，形成一组代数方程：

$$\boldsymbol{HU} = \boldsymbol{GQ} \tag{4.41}$$

根据各节点的未知量类别重新排列，得到最终的方程组：

$$\boldsymbol{AX} = \boldsymbol{F} \tag{4.42}$$

事实上，在叠加时，可以根据各节点的规格号（对于节点 i，以–1 表示 u_i 已知，q_i 未知；以 1 表示 q_i 已知，u_i 未知）通过移项直接形成式（4.42）。

4.3　FE-BECM 的实施

考虑如图 4.7 所示的求解区域，全局求解区域为 $\Omega=\Omega_{\mathrm{FEM}_1}\cup\Omega_{\mathrm{FEM}_2}\cup\Omega_{\mathrm{BEM}}$，有限元边界为 $\Gamma_{\mathrm{FEM}}=\Gamma_{\mathrm{FEM}_1}\cup\Gamma_{\mathrm{FEM}_2}$，边界单元位于边界面 $\Gamma_{\mathrm{BEM}}=\Gamma_{\mathrm{BEM}_1}\cup\Gamma_{\mathrm{BEM}_2}$，$\Gamma_\infty$为无穷远边界。

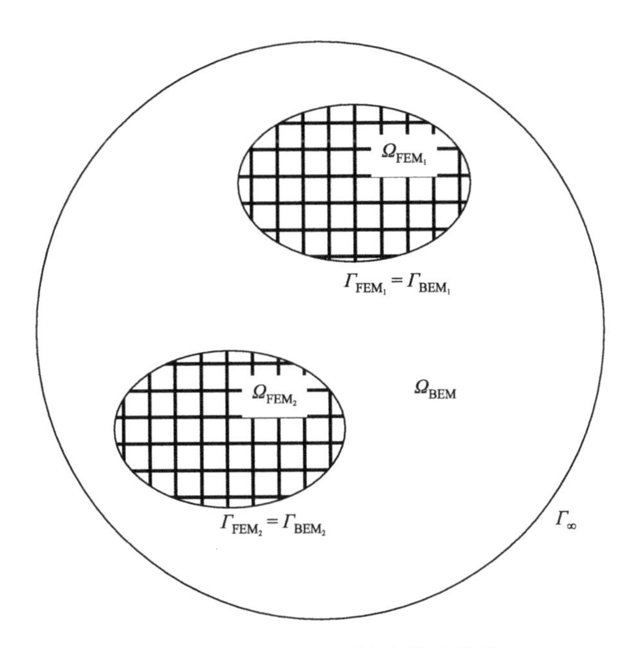

图 4.7　FE-BECM 区域离散示意图

从图 4.7 中可以看出，下标含有 FEM 的区域使用有限单元剖分，边界单元位于相互孤立的有限元区域的表面。

在所示的有限元场域示意图中，与传统涡流场区域的最大不同在于，FE-BECM 中有限元的边界为有限元区域和边界元区域的交界面。为了建立区域 Ω_{FEM} 中的有限元方程，需要在边界 Γ_{FEM} 上引进磁矢量位 $\boldsymbol{A}$ 沿边界外法向的偏导数 $\boldsymbol{Q}_{\mathrm{FEM}}$。根据加权余量法，有限元区域方程的弱积分形式为

$$
\begin{aligned}
&\int_{\Omega_{\mathrm{FEM}}}\frac{1}{\mu}(\nabla\times N_i)\cdot(\nabla\times\boldsymbol{A})\mathrm{d}\Omega-\int_{\Gamma_{\mathrm{FEM}}}\boldsymbol{Q}_{\mathrm{FEM}}\cdot N_i\mathrm{d}\Gamma\\
&+\int_{\Omega_{\mathrm{FEM}}}\sigma\left(\nabla\phi+\frac{\partial\boldsymbol{A}}{\partial t}\right)\cdot N_i\mathrm{d}\Omega\\
&=\int_{\Omega_{\mathrm{FEM}}}\boldsymbol{J}\cdot N_i\mathrm{d}\Omega
\end{aligned}
\tag{4.43}
$$

$$\int_{\Omega_{\mathrm{FEM}}} \sigma\left(\nabla\phi+\frac{\partial \boldsymbol{A}}{\partial t}\right)\cdot\nabla N_i \mathrm{d}\Omega=0 \tag{4.44}$$

式中：Γ_{FEM}位于有限元区域和边界元离散区域的交界面，也是边界单元所在Γ_{BEM}边界。式（4.43）和式（4.44）形成的矩阵方程为

$$\boldsymbol{K}\boldsymbol{U}_{\mathrm{FEM}}+\boldsymbol{M}\dot{\boldsymbol{U}}_{\mathrm{FEM}}=\boldsymbol{N}_1\boldsymbol{Q}_{\mathrm{FEM}}+\boldsymbol{F} \tag{4.45}$$

式中：$\boldsymbol{K}$为刚度矩阵；$\boldsymbol{U}_{\mathrm{FEM}}$为解向量，$\boldsymbol{U}_{\mathrm{FEM}}=\{\boldsymbol{A}_{\mathrm{FEM}},\psi_{\mathrm{FEM}}\}$（$\psi$为时间积分电位）；$\dot{\boldsymbol{U}}_{\mathrm{FEM}}$为解向量对时间的偏导数；$\boldsymbol{M}$为质量矩阵；$\boldsymbol{N}_1$为有限元边界上的交界面矩阵，第$(i,j)$个元素为$\int_{\Gamma_{\mathrm{FEM}}} N_i^e N_j^e \mathrm{d}\Gamma$；$\boldsymbol{F}$为源项积分得到的载荷向量。

对瞬态场采用时步有限元分析方法，根据欧拉向后差分格式[2]，式（4.45）的时步有限元计算格式为

$$(\boldsymbol{M}+\Delta t\boldsymbol{K})\boldsymbol{U}_{\mathrm{FEM}}^{n+1}=\boldsymbol{M}\boldsymbol{U}_{\mathrm{FEM}}^{n}+\Delta t\bar{\boldsymbol{F}}+\Delta t\boldsymbol{N}_1\boldsymbol{Q}_{\mathrm{FEM}}^{n+1} \tag{4.46}$$

对于边界元离散的无限大自由空间区域，其积分方程形式为

$$c(\boldsymbol{r}')u(\boldsymbol{r}')+\int_{\Gamma_{\mathrm{BEM}}} u(\boldsymbol{r})q^*(\boldsymbol{r}',\boldsymbol{r})\mathrm{d}\Gamma=\int_{\Gamma_{\mathrm{BEM}}} q(\boldsymbol{r})u^*(\boldsymbol{r},\boldsymbol{r}')\mathrm{d}\Gamma \tag{4.47}$$

通过前述边界元离散过程，最后可得到式（4.47）的矩阵形式为

$$\boldsymbol{H}\boldsymbol{U}_{\mathrm{BEM}}=\boldsymbol{G}\boldsymbol{Q}_{\mathrm{BEM}} \tag{4.48}$$

式中：边界元方程的解向量$\boldsymbol{U}_{\mathrm{BEM}}=\boldsymbol{A}_{\mathrm{BEM}}$，$\boldsymbol{Q}_{\mathrm{BEM}}$为$\boldsymbol{U}_{\mathrm{BEM}}$中各节点元素在所在单元的外法线的方向导数。

在有限元区域和边界元区域的交界面Γ_{FEM}（或者Γ_{BEM}）上，交界面条件为

$$\boldsymbol{A}_{\mathrm{FEM}}=\boldsymbol{A}_{\mathrm{BEM}} \tag{4.49}$$

$$\boldsymbol{Q}_{\mathrm{FEM}}=-\boldsymbol{Q}_{\mathrm{BEM}} \tag{4.50}$$

式（4.50）中存在负号的原因是：公共边界上有限元区域的外法线方向和边界元区域的外法线方向相反。在式（4.48）两端均乘以$\boldsymbol{G}^{-1}$、$\boldsymbol{N}_1$和Δt，得

$$\Delta t(\boldsymbol{N}_0\boldsymbol{G}^{-1}\boldsymbol{H})\boldsymbol{U}_{\mathrm{BEM}}=\Delta t\boldsymbol{N}_1\boldsymbol{Q}_{\mathrm{BEM}} \tag{4.51}$$

式中：$\boldsymbol{N}_1$的意义与式（4.45）中$\boldsymbol{N}_1$的意义相同，将式（4.46）和式（4.51）合并，可以得到FE-BECM的等效有限元矩阵形式：

$$[\boldsymbol{M}+\Delta t\boldsymbol{K}+\Delta t(\boldsymbol{N}_1\boldsymbol{G}^{-1}\boldsymbol{H})]\boldsymbol{U}_{\mathrm{FEM}}^{n+1}=\boldsymbol{M}\boldsymbol{U}_{\mathrm{FEM}}^{n}+\Delta t\bar{\boldsymbol{F}} \tag{4.52}$$

采用等效有限元算法来实现FEM与BEM的耦合，具体过程如下。

（1）依次用有限单元与边界单元对求解区域的不同部分进行网格剖分，两组单元共用一套节点编号。

（2）形成有限元部分的方程，形成有限元的 $\boldsymbol{K}$ 矩阵和右端项 $\boldsymbol{F}$，$\boldsymbol{N}_1$ 矩阵不需计算，在叠加边界元矩阵时自动根据条件式（4.50）抵消。

（3）形成边界元部分的方程，即形成边界元矩阵 $\boldsymbol{H}$ 和 $\boldsymbol{G}$。

（4）形成式（4.51）中的 $\boldsymbol{N}_1$ 矩阵。

（5）对 $\boldsymbol{G}$ 矩阵求逆，并计算 $\boldsymbol{N}_1\boldsymbol{G}^{-1}\boldsymbol{H}$，存放在矩阵 $\boldsymbol{K}'$ 中。

（6）进行矩阵叠加，由于本书程序存储有限元 $\boldsymbol{K}$ 矩阵时为压缩存储，即只存非零量的行、列号及值，为保留 $\boldsymbol{K}$ 矩阵的稀疏存储格式，判断 $\boldsymbol{K}$ 矩阵中元素在 $\boldsymbol{K}'$ 矩阵中是否有对应的项，有则将 $\boldsymbol{K}$ 矩阵相应元素叠加到 $\boldsymbol{K}'$ 矩阵中，原 $\boldsymbol{K}$ 矩阵中元素置 0，输出时 $\boldsymbol{K}$ 矩阵和 $\boldsymbol{K}'$ 矩阵合起来才是方程的整体矩阵。

（7）求解总体方程，得到各节点未知位函数的结果，之后可通过式（4.51）求得边界元的 $\boldsymbol{Q}_{\mathrm{BEM}}$。

4.4　FE-BECM 应用实例

4.4.1　FE-BECM 应用算例 1（Eulerian 坐标系描述）

1. 问题描述

考虑如图 4.8 所示的采用 Eulerian 坐标系描述的二维运动涡流场算例，其中通流线棒通入直流电流，无 A_z 的时间导数项，两侧的铁磁材料沿 x 方向水平运动。

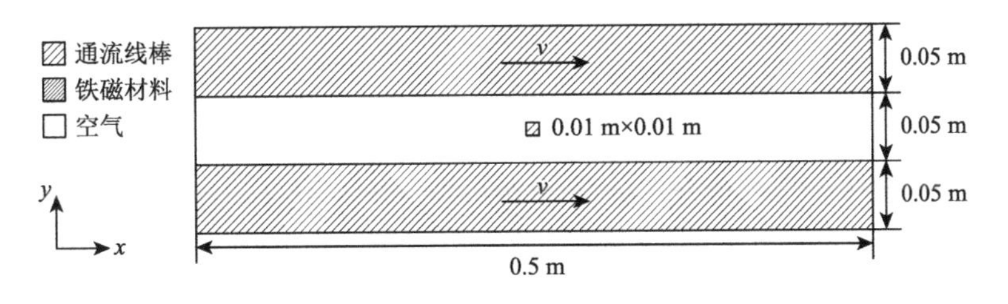

图 4.8　应用算例 1 的几何模型

该问题的控制方程根据式（1.56）简化为

$$-\nabla\cdot\left(\frac{1}{\mu}\nabla A_z\right)+\sigma v_x\frac{\partial A_z}{\partial x}+\sigma v_y\frac{\partial A_z}{\partial y}=J_{\mathrm{sz}} \tag{4.53}$$

各部分的材料参数如表 4.2 所示。

表 4.2　应用算例 1 的材料参数

材料号	名称	μ/(H/m)	σ/(S/m)	J_{sz}/(A/m^2)
1	通流线棒	1.2566×10^{-6}	0.0	1.0×10^{6}
2	铁磁材料	1.2566×10^{-4}	2.4×10^{6}	0.0
3	空气	1.2566×10^{-6}	0.0	0.0

2. 区域离散

分别采用 FEM 和 FE-BECM 计算，后者在空气区域的边界上用两节点线性边界单元剖分，其余部分用有限元单元剖分。由于空气的速度为 0，在边界元区域可根据 Laplace 方程来考虑。FEM 和 FE-BECM 的网格剖分如图 4.9、图 4.10 所示。

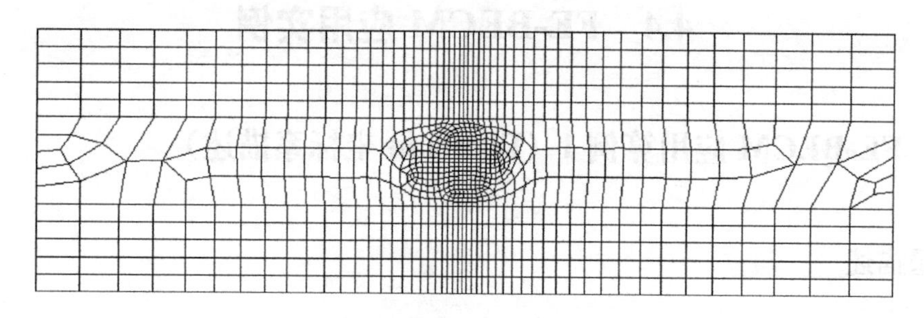

图 4.9　应用算例 1 的 FEM 剖分

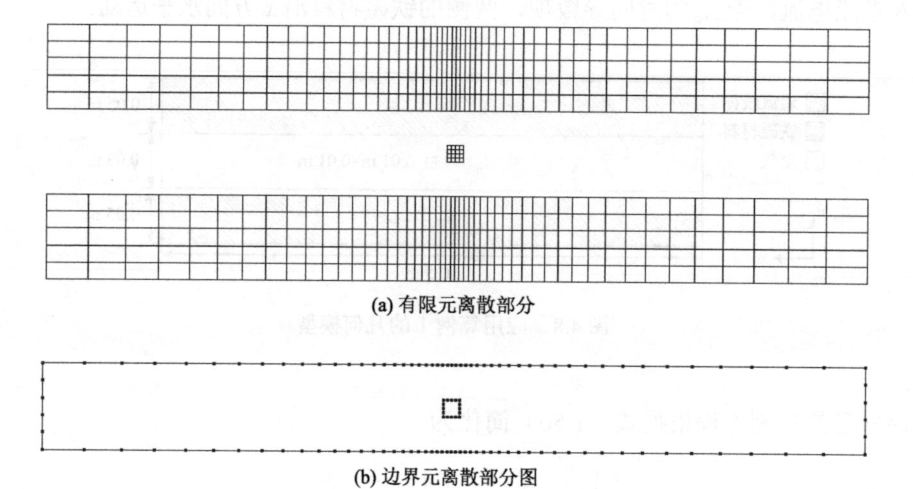

(a) 有限元离散部分

(b) 边界元离散部分图

图 4.10　应用算例 1 的 FE-BECM 剖分

3. 计算结果及讨论

图 4.11 和图 4.12 分别为铁磁材料速度为 0 及 1 m/s 时的磁力线计算结果，后者由于速度项的存在而在铁磁材料中感应出涡流，涡流磁场与源电流磁场叠加后使磁力线有朝速度方向被“拖动”的效果。

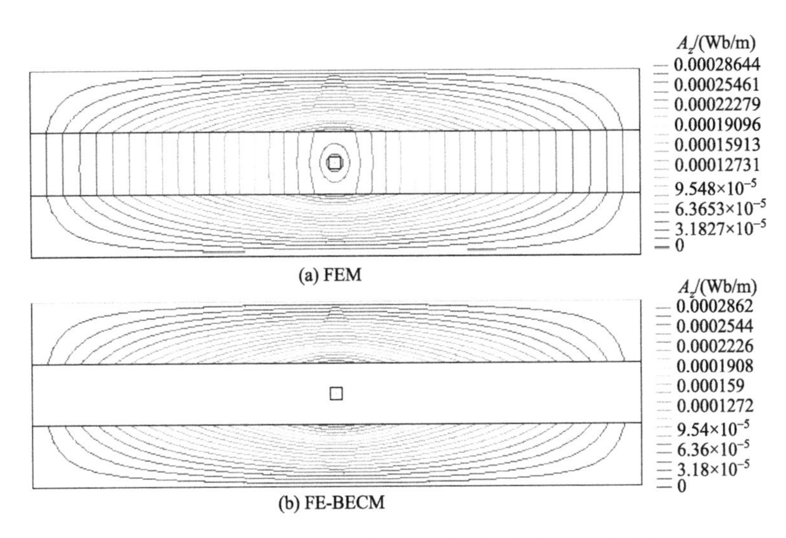

图 4.11　应用算例 1 速度为 0 时两种方法 A_z 计算结果

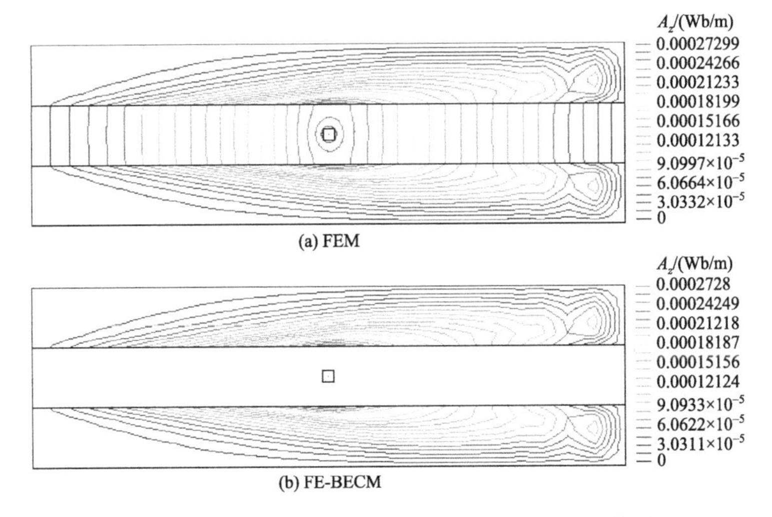

图 4.12　应用算例 1 速度为 1 m/s 时两种方法 A_z 计算结果

以模型下边界中心为坐标原点，取铁磁材料中 $y = 0.11$ m 处的一条水平线路径，两种方法的 A_z 计算结果比较如图 4.13 所示，路径上的 A_z 平均相对误差 ε_p 在两种速度下分别为 0.17%和 0.18%。

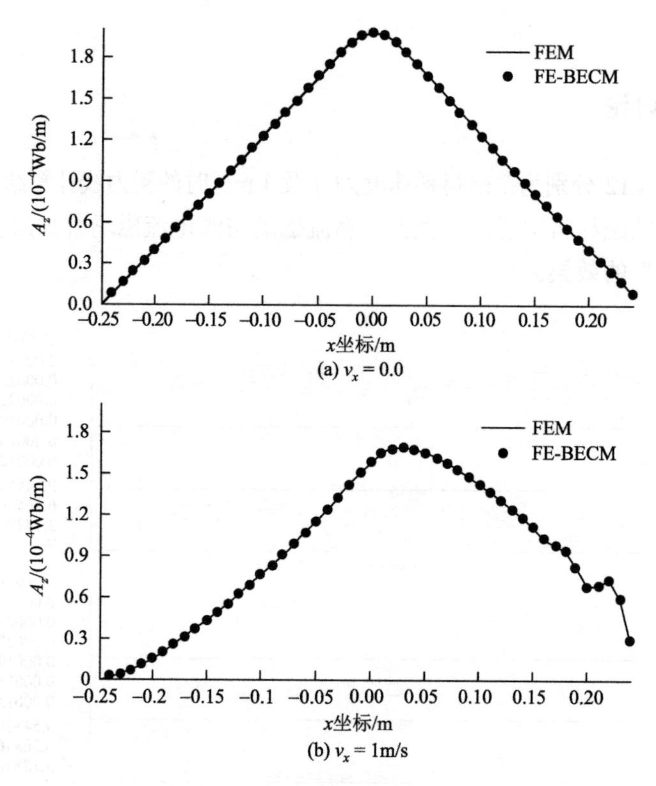

图 4.13　两种方法在 $y = 0.11$ m 处路径上 A_z 的计算结果

表 4.3 列出了两种方法的离散网格及方程组的相关参数。

表 4.3　应用算例 1 中两种方法的离散网格及方程组的相关参数

<table>
<tr><th>参数</th><th colspan="2">单元数</th><th>节点数</th><th>方程数</th><th>非零元个数</th></tr>
<tr><td>FEM</td><td colspan="2">940</td><td>1006</td><td>876</td><td>7510</td></tr>
<tr><td rowspan="2">FE-BECM</td><td>FEM</td><td>BEM</td><td rowspan="2">645</td><td rowspan="2">515</td><td rowspan="2">16589</td></tr>
<tr><td>516</td><td>126</td></tr>
</table>

图 4.14 为 FEM 矩阵和 FE-BECM 矩阵的非零元素位置示意图。

表 4.4 列出了两种方法在 $v_x = 1$ m/s 时的矩阵形成时间及方程组求解时间（均用稀疏矩阵直接法求解器求解）。

从图 4.13 可见，两种方法的计算结果基本吻合。FEM 对全部求解区域进行剖分，所形成的方程组矩阵为大型稀疏矩阵。而本例中 FE-BECM 对空气内部不剖分，在求解区域尺寸较小的源电流区周围，这种方式减少了许多细网格向粗网格过渡所需的剖分量，使节点总数和方程数大大减小。

但是在 FE-BECM 的方程组矩阵中，行和列同时对应边界元节点的元素均为非零，矩阵非零元素个数远比 FEM 的多。从最终的效果来看，本例 FE-BECM 的矩阵形成时

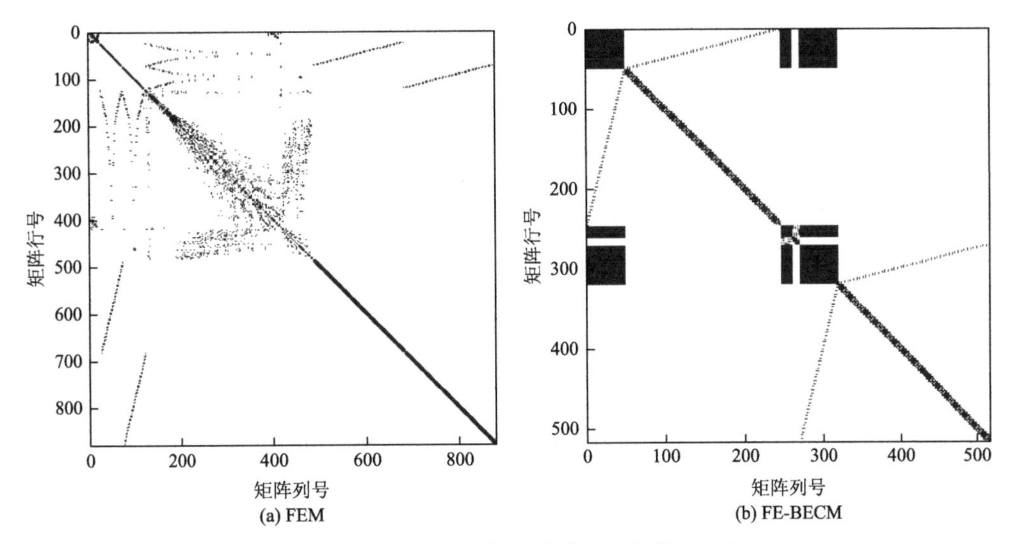

图 4.14　两种方法矩阵的非零元素位置示意图

表 4.4　应用算例 1 两种方法的分析时间比较　　（单位：s）

方法	矩阵形成	方程组求解	合计
FEM	0.33	0.39	0.72
FE-BECM	0.66	0.45	1.11

间和代数方程组求解时间都要大于 FEM，其优势并未充分显示。

4.4.2　FE-BECM 应用算例 2（Lagrangian 坐标系描述）

1. 问题描述

考虑二维平面场的瞬态运动涡流场问题，求解域包括通流线棒、运动导体及周围无穷大空气，模型的几何尺寸如图 4.15 所示。其中导体匀速朝 $+x$ 方向运动，通流线棒中通有 $+z$ 方向的直流电流。

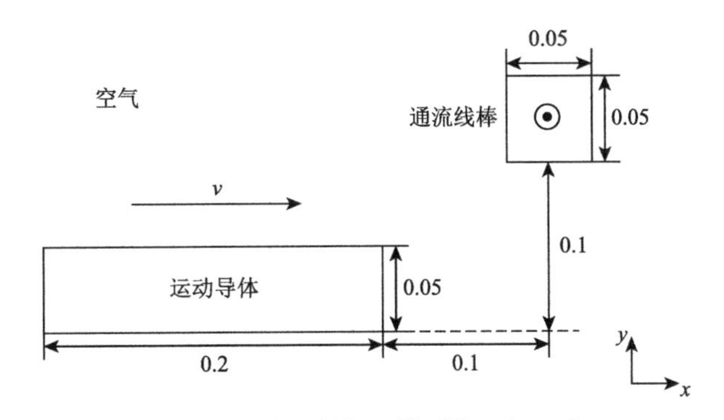

图 4.15　应用算例 2 模型的几何尺寸

采用 Lagrangian 坐标系描述，控制方程为

$$-\nabla\cdot\left(\frac{1}{\mu}\nabla A_z\right)+\sigma\frac{\partial A_z}{\partial t}=J_{sz} \tag{4.54}$$

各部分的材料参数如表 4.5 所示。

表 4.5　应用算例 2 各材料参数

材料号	名称	μ/(H/m)	σ/(S/m)	J_{sz}'/(A/m^2)
1	通流线棒	1.2566×10^{-6}	0.0	1.0×10^{6}
2	运动导体	1.2566×10^{-6}	1.0×10^{6}	0.0
3	空气	1.2566×10^{-6}	0.0	0.0

2. 区域及时间离散

分别采用 FE-BECM 和 CGM 对该算例进行计算。在 FE-BECM 中，采用有限元单元离散通流线棒及运动导体区域，采用边界元单元离散无穷大空气区域。在 CGM 中，对导体及周围一层空气区域采用细网格离散，整体区域采用粗网格离散。两种方法的离散网格如图 4.16～图 4.18 所示。

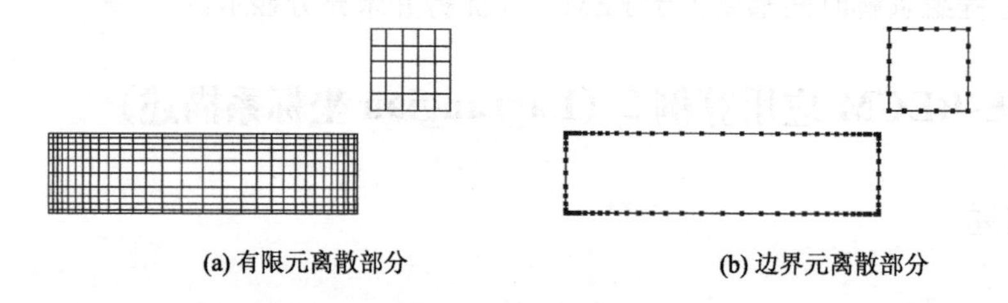

(a) 有限元离散部分　　(b) 边界元离散部分

图 4.16　应用算例 2 的 FE-BECM 网格剖分

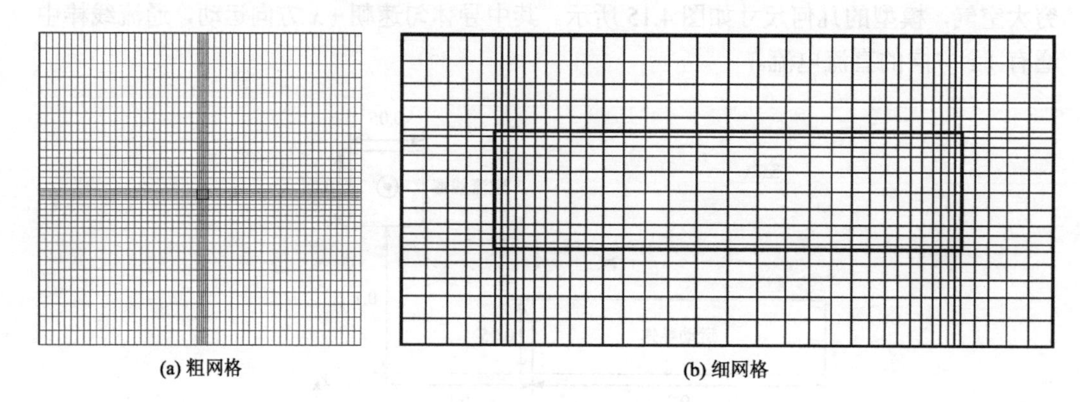

(a) 粗网格　　(b) 细网格

图 4.17　应用算例 2 的 CGM 网格剖分

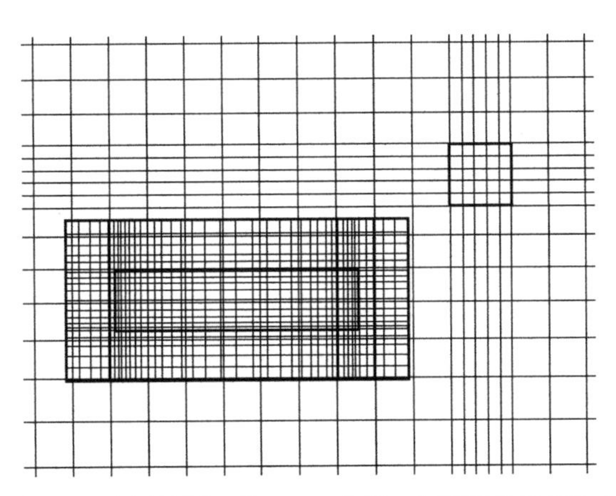

图 4.18　应用算例 2 的 CGM 中粗、细网格的局部放大

时间离散采取欧拉向后差分格式，时间步长取为 0.1 ms，每一时间步导体向 $+x$ 方向平移 0.02 m。

3. 计算结果及讨论

对第 1、第 8、第 20 时间步下两种方法的计算结果进行对比，考察磁通密度、感应涡流密度的分布图，并取一条贯穿运动导体的水平中线作为观测路径，对比路径上各点的场量计算结果。

（1）各时间步磁通密度计算结果对比如图 4.19～图 4.21 所示。

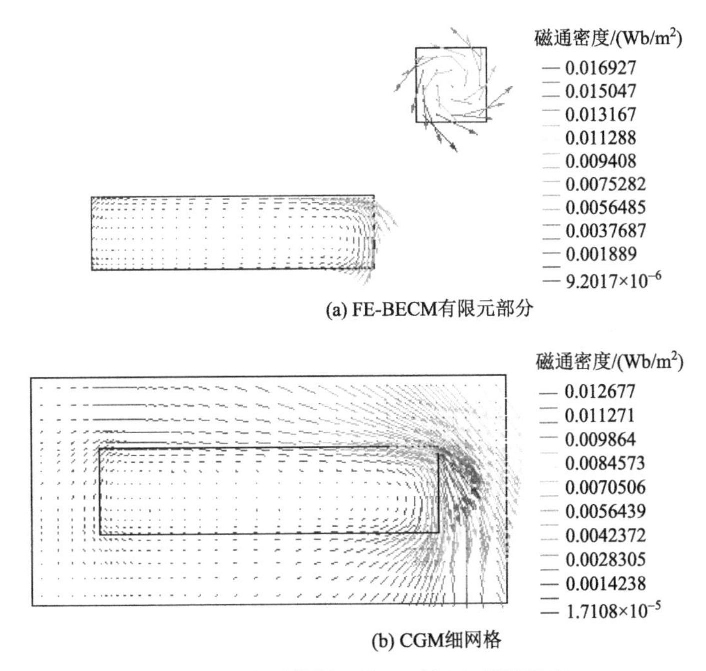

(a) FE-BECM有限元部分

(b) CGM细网格

图 4.19　应用算例 2 第 1 时间步磁通密度

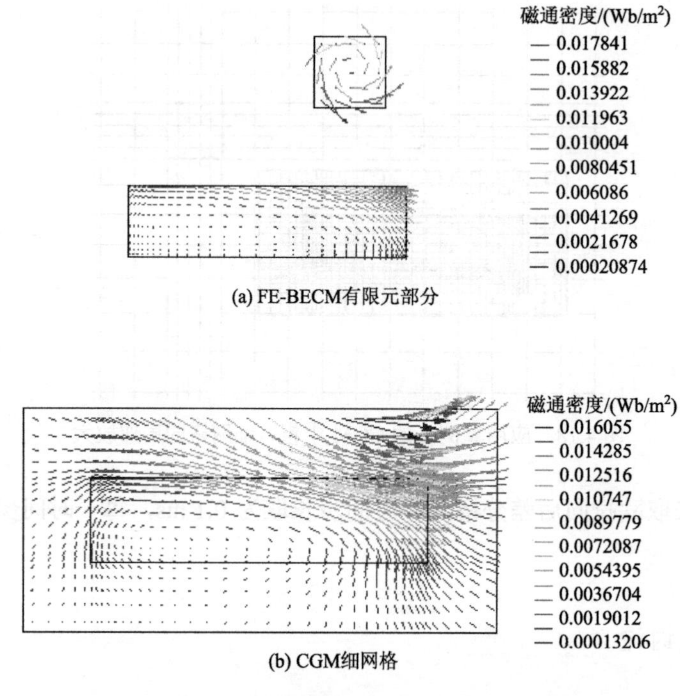

(a) FE-BECM有限元部分

(b) CGM细网格

图 4.20　应用算例 2 第 8 时间步磁通密度

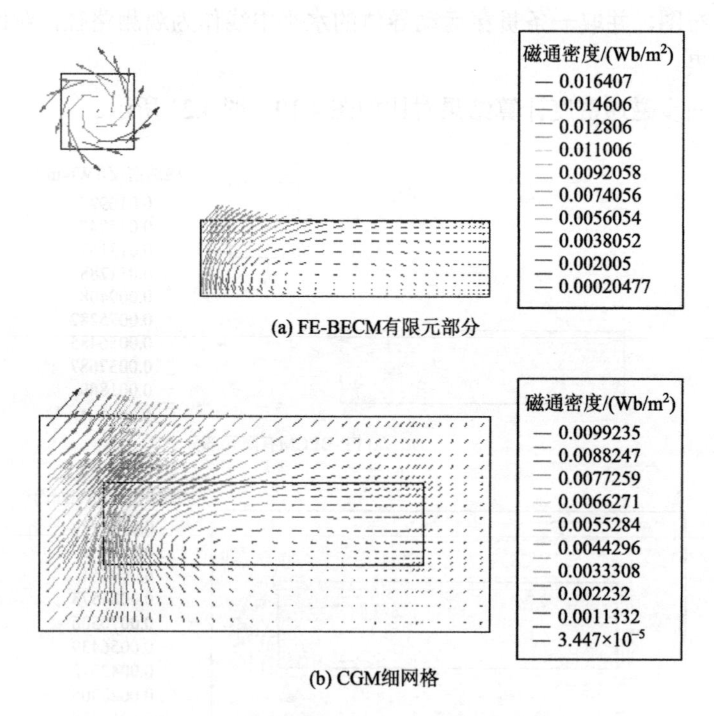

(a) FE-BECM有限元部分

(b) CGM细网格

图 4.21　应用算例 2 第 20 时间步磁通密度

（2）各时间步导体中感应涡流密度计算结果对比如图 4.22～图 4.24 所示。

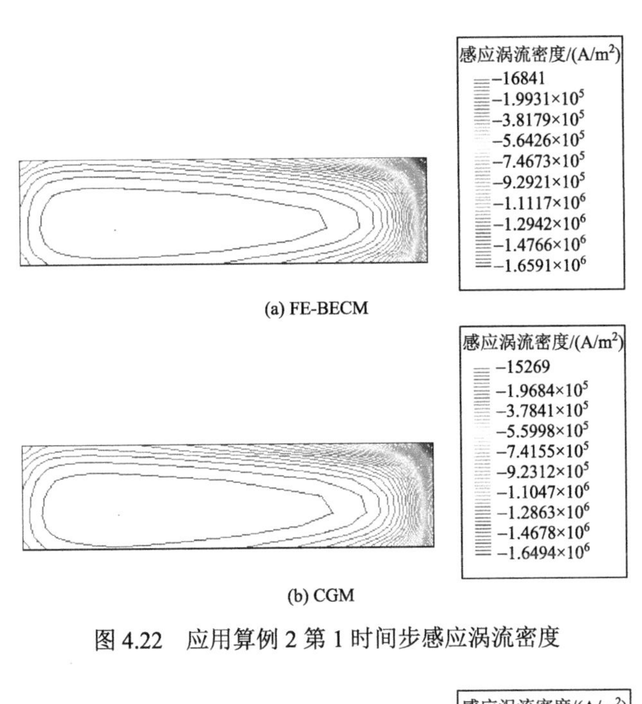

图 4.22　应用算例 2 第 1 时间步感应涡流密度

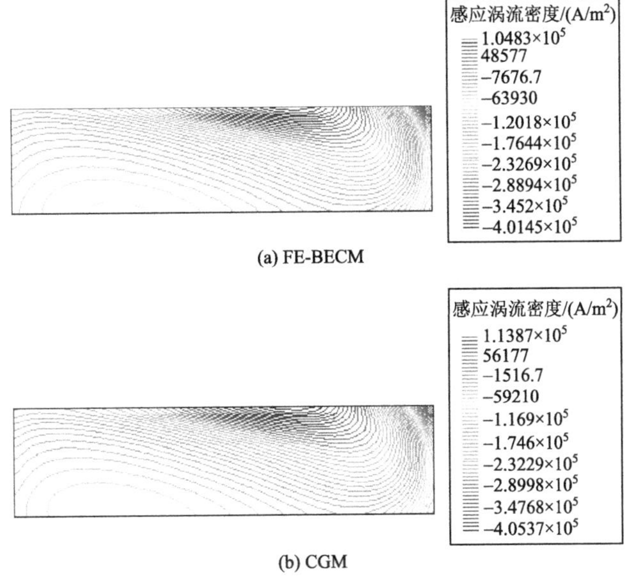

图 4.23　应用算例 2 第 8 时间步感应涡流密度

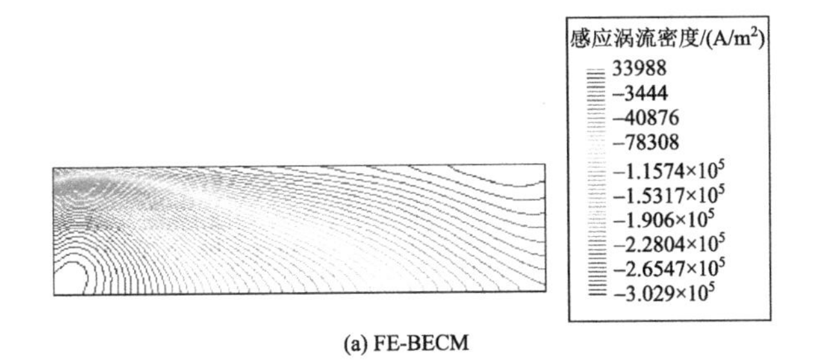

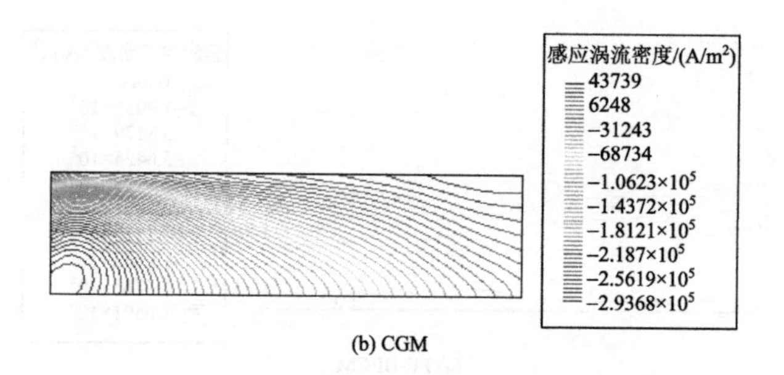

(b) CGM

图 4.24 应用算例 2 第 20 时间步感应涡流密度

（3）各时间步路径上的场量计算结果对比如图 4.25～图 4.27 所示。

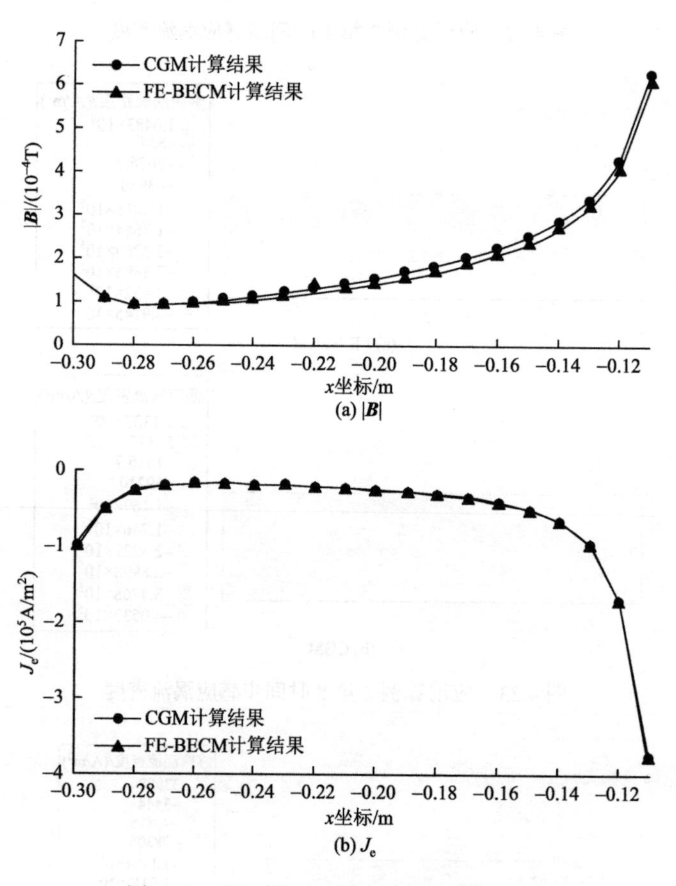

(a) $|\boldsymbol{B}|$

(b) J_e

图 4.25 应用算例 2 第 1 时间步路径场量

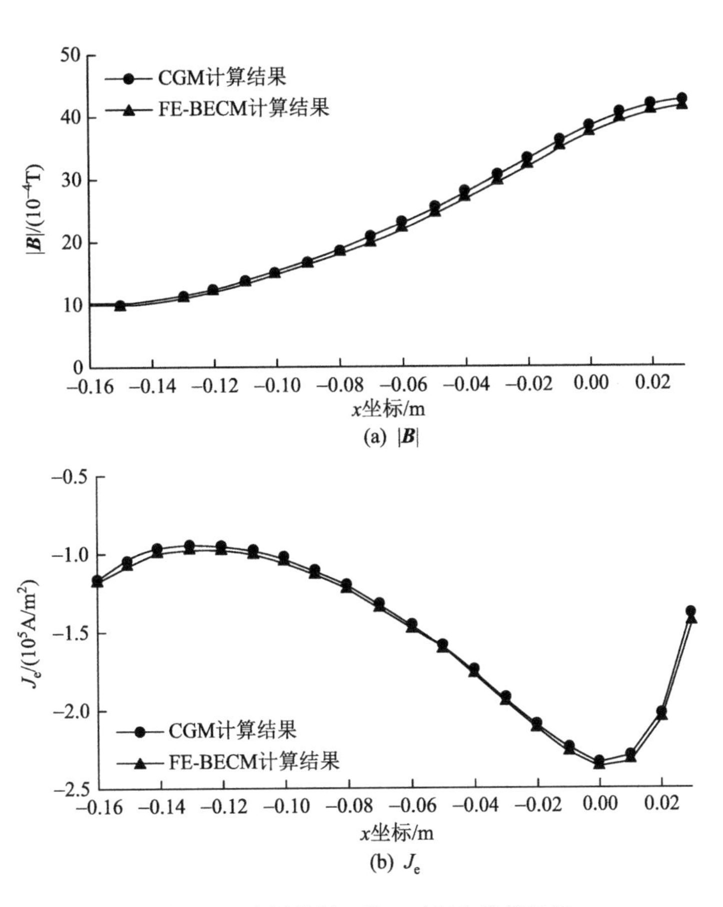

图 4.26　应用算例 2 第 8 时间步路径场量

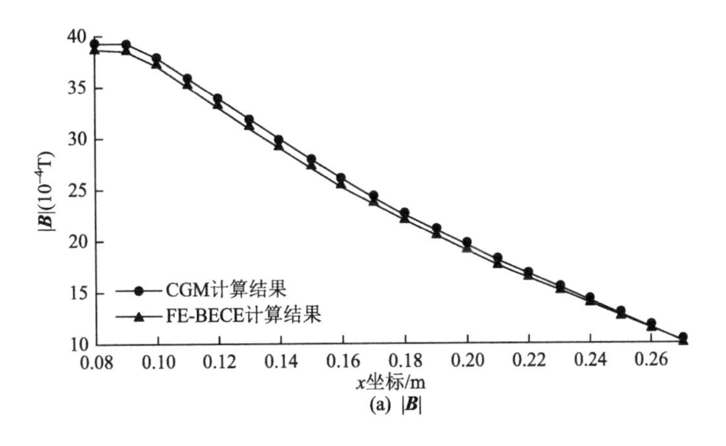

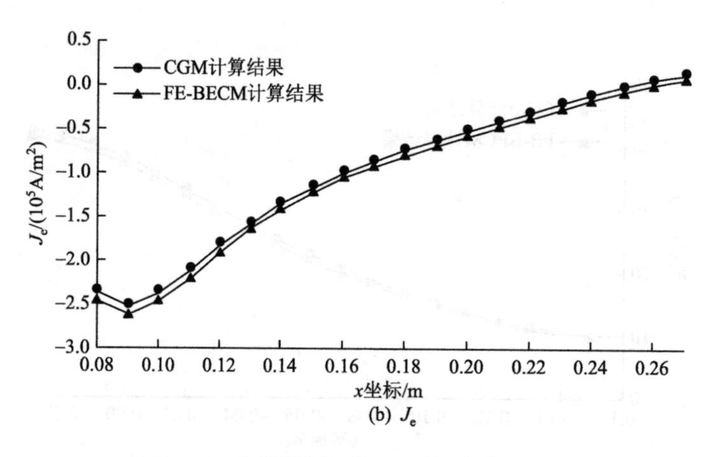

(b) J_e

图 4.27　应用算例 2 第 20 时间步路径场量

表 4.6 为某些时间步下两种方法计算结果在路径上的平均相对误差 ε_p。

表 4.6　两种方法在路径上的平均相对误差 ε_p　（单位：%）

时间步	1	3	5	7	9	11	13	15	17
A_z	2.05	2.14	2.16	2.15	2.23	2.13	2.16	2.17	2.19
$\|\boldsymbol{B}\|$	5.39	4.44	3.80	3.49	3.33	3.13	2.93	2.79	2.57
J_e	1.96	2.55	1.74	2.19	2.99	1.78	2.10	1.78	2.63

由表 4.6 可见，FE-BECM 及 CGM 的计算结果非常接近，验证了两种算法及程序处理该类运动问题的可靠性。与应用算例 1 不同的是，由于本例需要考虑无穷大求解区域，FE-BECM 的优势非常明显，两种方法的离散网格及方程组的相关参数如表 4.7 所示。

表 4.7　应用算例 2 中两种方法的离散网格及方程组的相关参数

<table>
<tr><th>方法</th><th colspan="2">单元数</th><th colspan="2">节点数</th><th colspan="2">方程数</th><th colspan="2">非零元个数</th></tr>
<tr><td rowspan="2">CGM</td><td>粗网格</td><td>细网格</td><td>粗网格</td><td>细网格</td><td>粗网格</td><td>细网格</td><td>粗网格</td><td>细网格</td></tr>
<tr><td>2035</td><td>800</td><td>2128</td><td>861</td><td>1944</td><td>741</td><td>16960</td><td>6325</td></tr>
<tr><td rowspan="2">FE-BECM</td><td>FEM</td><td>BEM</td><td rowspan="2" colspan="2">377</td><td rowspan="2" colspan="2">377</td><td rowspan="2" colspan="2">12761</td></tr>
<tr><td>325</td><td>100</td></tr>
</table>

相对于 CGM 的有限元离散网格，FE-BECM 网格的单元和节点数量大幅减小，故其方程形成与求解时间均小于 CGM 的有限元方程形成与求解时间，加上 CGM 需要在每一时间步内进行迭代（本例平均为 9 步，虽然刚度矩阵在每一时间步仅形成一次，但方程组要在每一迭代步重新求解），使 FE-BECM 在总体求解时间上远小于 CGM 的总体求解时间。

但 FE-BECM 也存在一些不足之处，如其方程组矩阵稀疏性不如 CGM，且不能采用对称矩阵求解器进行求解。由于该耦合方法中角点和边点问题不易处理，在三维场计算中带来的误差较明显。另外，边界元的单元积分公式中包含分母为 R（场点与源点的距离）的被积函数，当空气区域的离散边界存在较多距离很近的边界节点时，计算精度不理想[24]，如旋转电机中狭窄的气隙；尤其是当气隙两侧静止与运动部分边界几乎重合时，则会出现奇异积分，如轨道炮的导轨与电枢。而 CGM 在应用过程中不存在这几类困难。

4.4.3　FE-BECM 在三维运动导体涡流场中的应用

1. 问题描述

电磁发射是以电磁能代替化学能发射物体的技术，在国防、交通运输及航天领域有着广泛的应用前景。线圈发射器是一种常见的电磁发射装置，由发射管和抛体两部分组成，若干个驱动线圈组成发射管，电枢（通常为金属套筒）及与之相连的载荷称为抛体[25]。其工作原理为：在驱动线圈中通以强脉冲电流，由其产生的变化磁场在电枢中感应出涡流，感应涡流与空间磁场作用产生洛伦兹力，推动抛体向外发射。

通过对线圈发射器动态特性的研究，可对某一给定系统参数下抛体的出口速度进行预测，进一步对抛体的最佳初始位置、驱动线圈激励脉冲电流的波形、多级线圈的激励触发时刻等参数进行优化设计。本节将 FE-BECM 应用于线圈发射器动态特性的计算，验证模型包括 1 级线圈和作为抛体的铝筒，其示意图及几何尺寸如图 4.28 所示[26]。

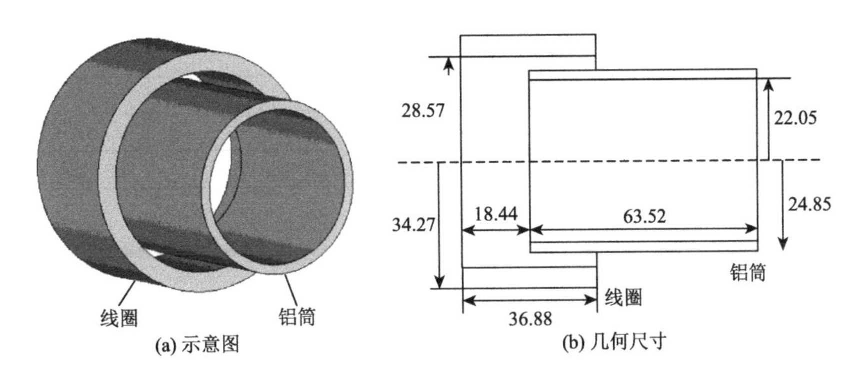

图 4.28　线圈发射器模型示意图及几何尺寸（单位：mm）

2. 区域及时间离散

各部分的材料参数如表 4.8 所示。

表 4.8　线圈发射器模型各材料参数

材料号	名称	μ/(H/m)	σ/(S/m)	J_s/(A/m^2)
1	线圈	1.2566×10^{-6}	0.0	$60\times i(t)/S_c$
2	铝筒	1.2566×10^{-6}	3×10^{7}	0.0
3	空气	1.2566×10^{-6}	0.0	0.0

注：$i(t)$为单匝导体的电流瞬时值；S_c为线圈截面积，为 2.102×10^{-4} m^2。

文献[26]中进行了两次试验，两次的电流激励依次称为电流激励 1 和电流激励 2，其幅值随时间变化情况见表 4.9、表 4.10 及图 4.29。

表 4.9　线圈发射器模型电流激励 1 的瞬时值

时间/s	0	0.00005	0.0001	0.00015	0.0002	0.00025	0.0003	0.00035
电流/A	117.0	463.2	733.0	980.6	1191.7	1369.4	1512.7	1627.1
时间/s	0.0004	0.00045	0.0005	0.00055	0.0006	0.00065	0.0007	0.00075
电流/A	1678.9	1714.9	1710.9	1678.5	1625.7	1546.7	1449.5	1323.8
时间/s	0.0008	0.00085	0.0009	0.00095	0.001	0.00105	0.0011	0.00115
电流/A	1199.6	1063.2	914.3	773.5	624.2	476.8	317.6	173.1
时间/s	0.0012							
电流/A	23.9							

表 4.10　线圈发射器模型电流激励 2 的瞬时值

时间/s	0	0.0001	0.0002	0.0003	0.0004	0.0005	0.0006	0.0007
电流/A	85.0	436.3	759.3	1027.7	1219.9	1361.5	1488.0	1561.2
时间/s	0.0008	0.0009	0.001	0.0011	0.0012	0.0013	0.0014	0.0015
电流/A	1597.8	1614.4	1614.4	1595.8	1558.3	1502.8	1443.7	1370.6
时间/s	0.0016	0.0017	0.0018	0.0019	0.002	0.0021	0.0022	0.0023
电流/A	1270.8	1175.6	1059.2	942.1	815.1	680.5	539.6	411.5
时间/s	0.0024	0.0025	0.0026					
电流/A	281.2	142.7	18.7					

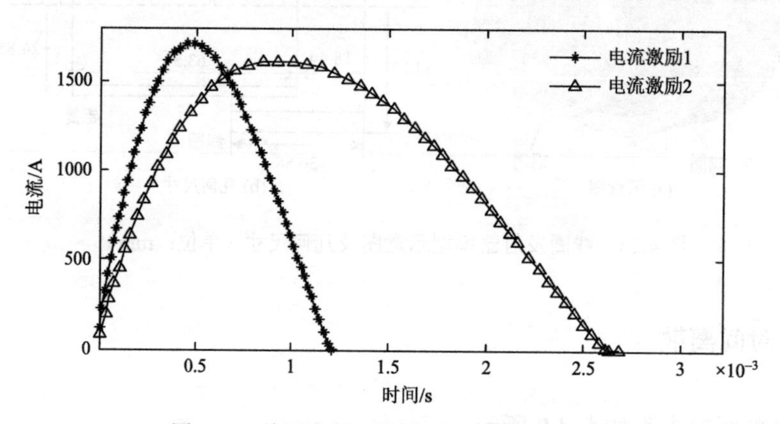

图 4.29　线圈发射器模型两种电流激励波形

英国巴斯大学的研究人员开发了有限元仿真软件 MEGA，建立了图 4.28 中模型的二维场仿真模型，该软件在处理线圈发射器这类水平运动问题时使用的是滑动网格法，该方法处理线圈发射器问题的过程如图 4.30 所示[26]。在滑动网格法中，运动区域和静止区域分别剖分，在两个区域的交界面上，节点不要求逐点匹配，在计算的每一时间步，运动区域的节点坐标改变，而所有网格形状都不变。在滑动网格法中，运动区域和静止区域节点自由度的连续性通过节点插值来实现。

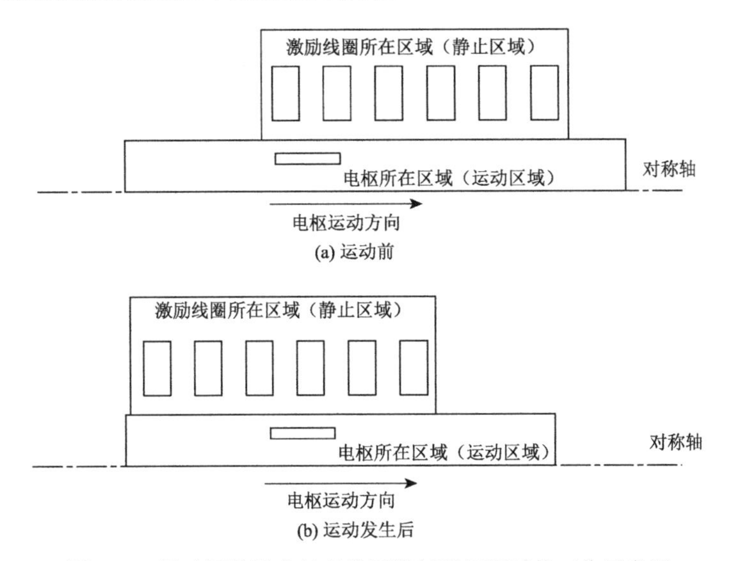

图 4.30　滑动网格法在处理线圈发射器问题时的工作示意图

针对该单级线圈炮模型，采用三维 CGM 进行模拟时取得了与试验结果有较好一致性的结果[27]。因此，在后面对 FE-BECM 的有效性进行验证时，可以将 CGM 的计算结果作为参考。

使用空气层分别对线圈和电枢部分进行包裹，边界单元只对两空气层的表面部分进行离散，其余部分（包括线圈、电枢和包裹它们的空气）使用有限元单元离散，边界元单元为四节点四边形单元，有限元单元为八节点六面体单元。单级线圈发射器的场域离散图如图 4.31 所示。

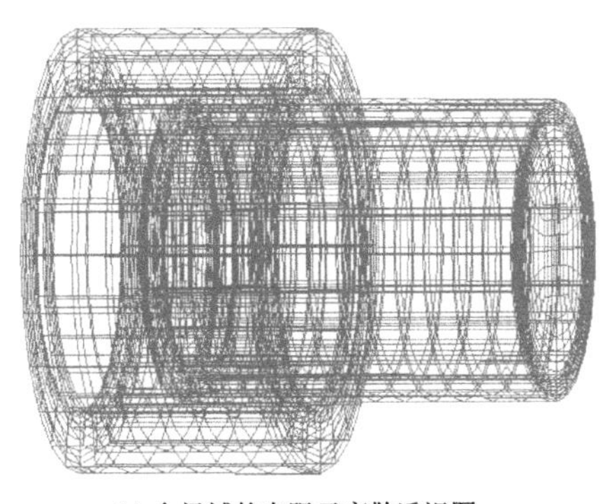

(a) 全场域的有限元离散透视图

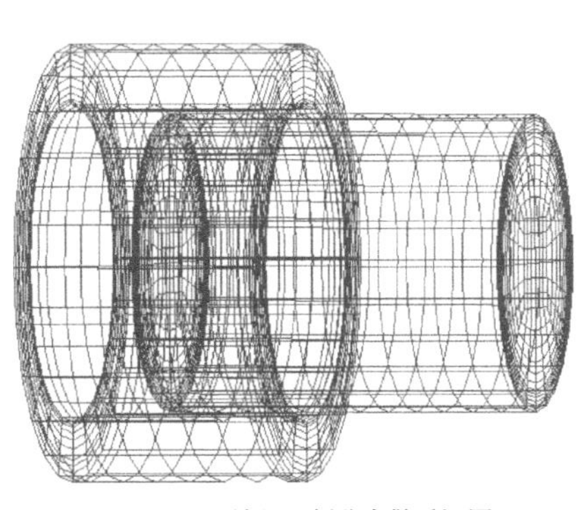

(b) 边界元剖分离散透视图

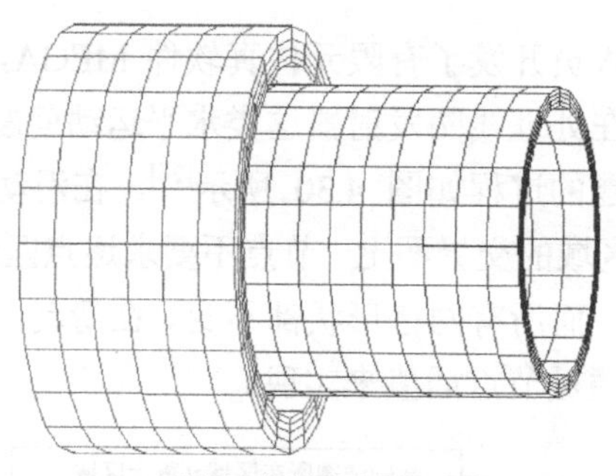

(c) 线圈和铝筒的有限元离散

图 4.31　单级线圈发射器的场域离散

网格剖分的相关参数如表 4.11 所示。

表 4.11　线圈发射器算例网格剖分参数

参数	单元数	节点数
有限元网格	7560	8609
边界元网格	1992	1994

注：时间步长取为 0.03 ms。

3. 计算结果及讨论

以第一种电流激励下的仿真结果为例得到不同时间点的场量分布图，如图 4.32、图 4.33 所示。

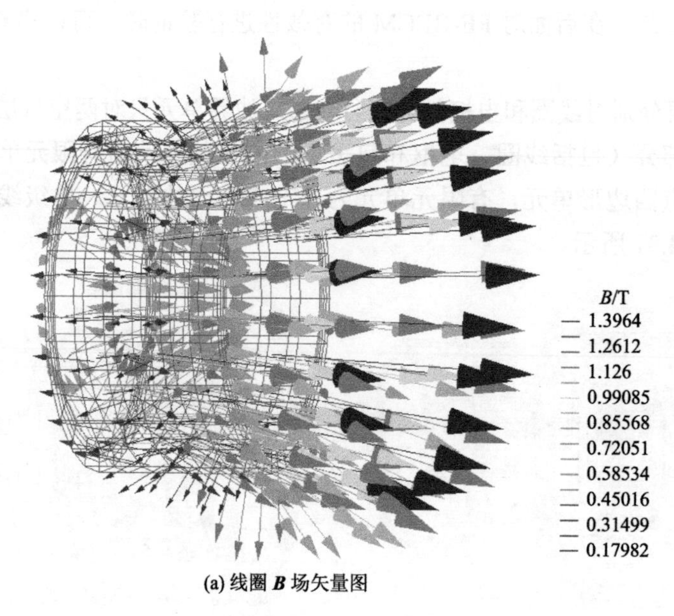

(a) 线圈 $\boldsymbol{B}$ 场矢量图

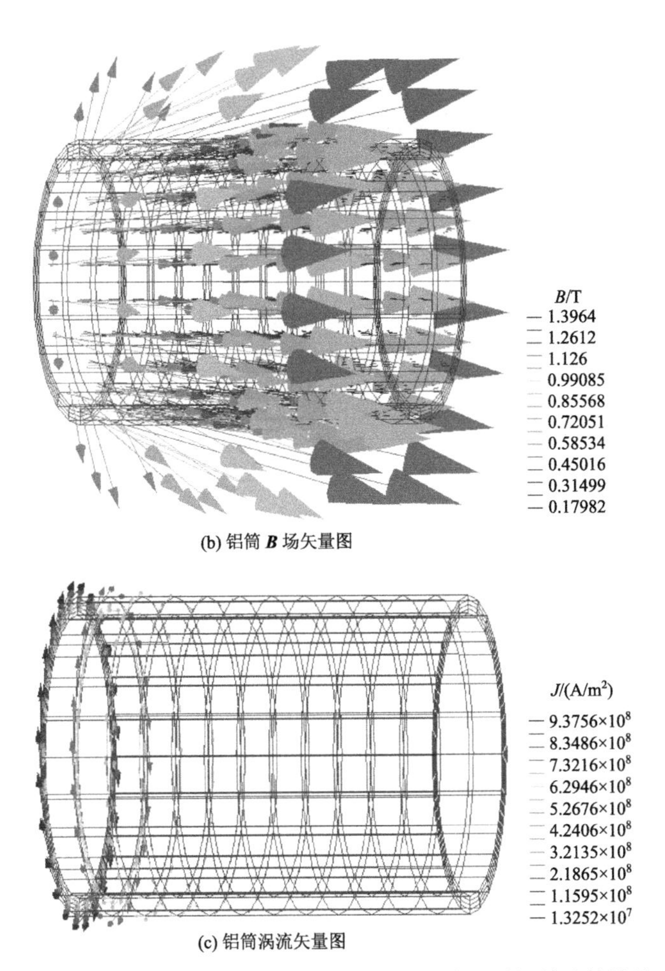

(b) 铝筒 $\boldsymbol{B}$ 场矢量图

(c) 铝筒涡流矢量图

图 4.32　线圈发射器算例 0.15 ms（第 5 时间步）时场量计算结果

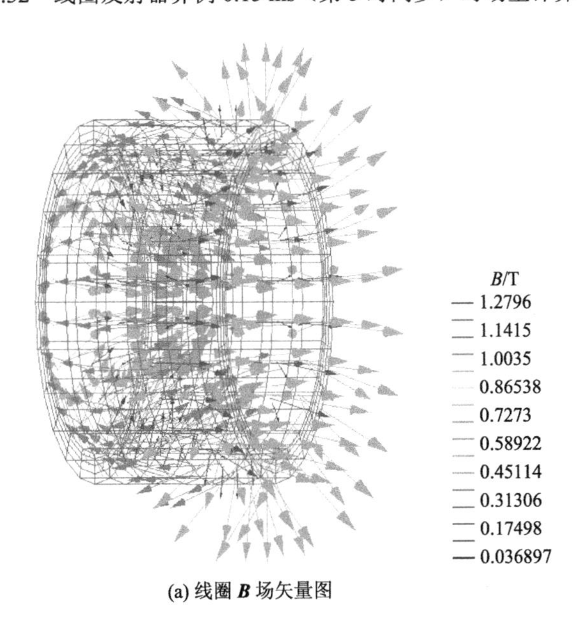

(a) 线圈 $\boldsymbol{B}$ 场矢量图

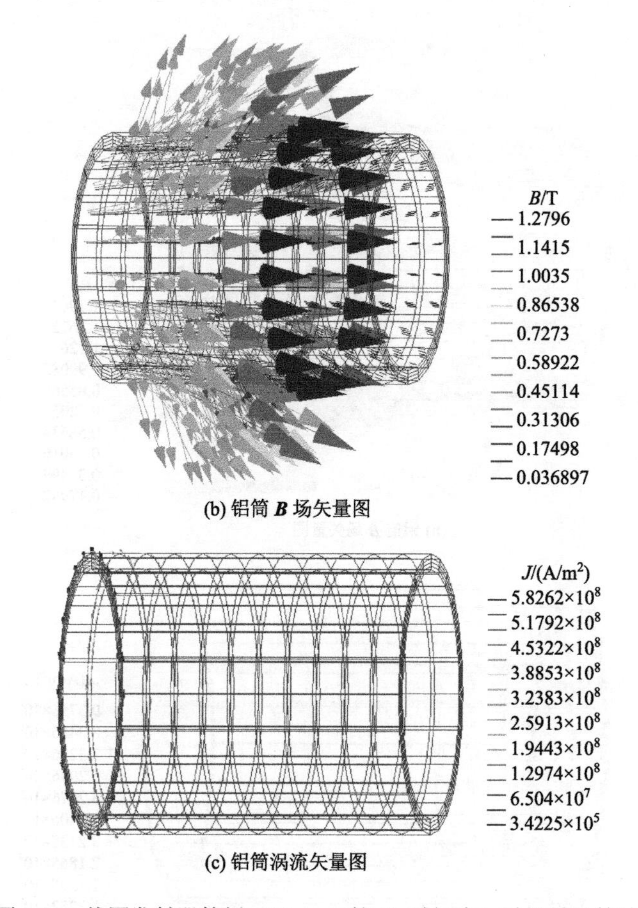

(b) 铝筒 **B** 场矢量图

(c) 铝筒涡流矢量图

图 4.33　线圈发射器算例 0.99 ms（第 33 时间步）时场量计算结果

从上面的场量分布情况可以看出，磁通密度的最大值出现在电枢尾部，随着电枢位置的迁移，线圈磁通密度的最大值出现位置也跟着迁移，形成磁行波。电枢上的感应涡流为周向电流，主要集中在电枢尾部金属的浅表层。由此可见电枢尾部是电磁能最集中的区域，即此处电磁力非常集中，为电磁能转换为机械能和热能的聚集处。

铝筒的 z 方向受力曲线如图 4.34 所示，由于其他两个方向的受力大约比 z 方向的受力小五个数量级，可以忽略不计。从图 4.34 中可知在发射的前半阶段电枢受到前向推力，在铝筒将要离开线圈的阶段电枢受到了向后的拉力，但是此阶段的反力无论是作用时间还是幅值都较小，对最终出口速度的影响不大。

最终计算得到的铝筒运动速度随时间变化的曲线如图 4.35 所示，其中给出了三维 CGM 计算结果、FE-BECM 计算结果、文献[26]的计算结果及测量结果。

电流激励 2 下的铝筒所受合力如图 4.36 所示，速度计算结果及与文献[26]数据的比较如图 4.37 所示。

从上面的比较可知，FE-BECM 的计算结果无论是与测量结果还是与 MAGE 软件和三维 CGM 的计算结果都很接近，完全可以满足工程分析的要求。与滑动网格法相比，

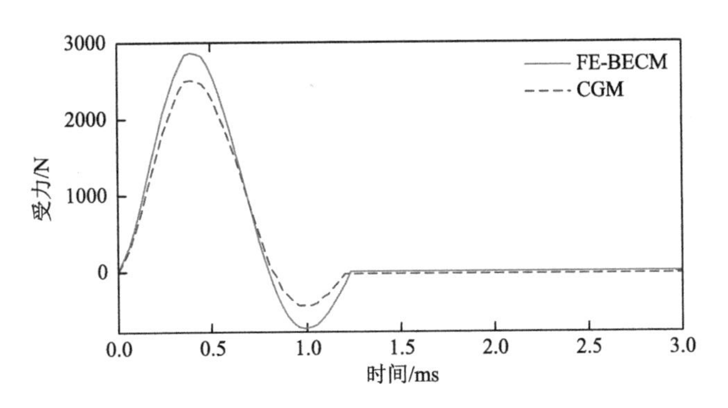

图 4.34　线圈发射器算例电流激励 1 下铝筒所受 z 方向合力计算结果

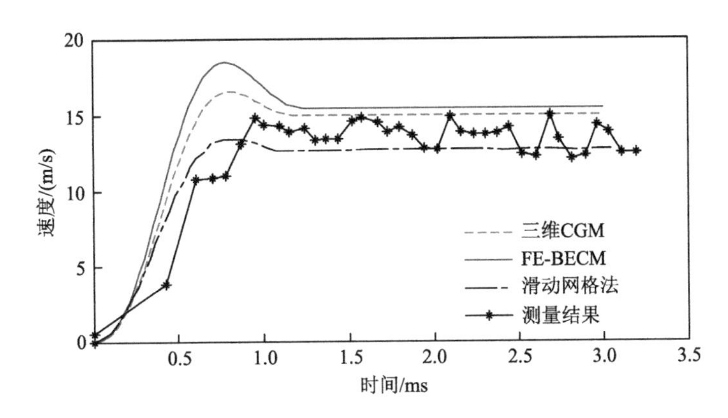

图 4.35　线圈发射器算例电流激励 1 下铝筒运动速度计算与测量结果

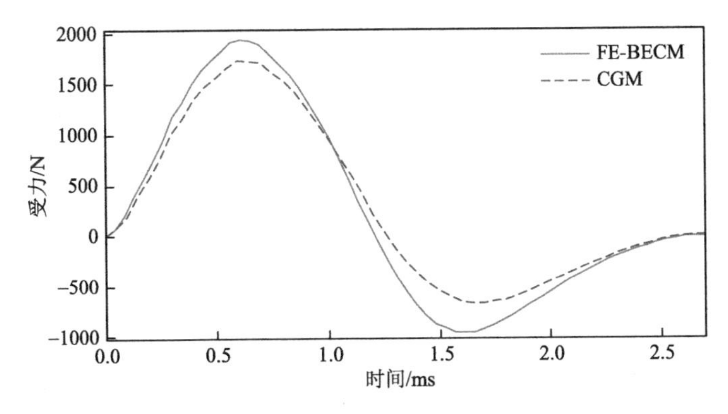

图 4.36　线圈发射器算例电流激励 2 下铝筒所受 z 方向合力计算结果

FE-BECM 不仅可以处理水平运动问题（即要求运动区域的运动方向平行于运动和静止区域的交界线或交界面），还可以处理任意运动问题。与三维 CGM 相比，FE-BECM 不需要在每一个时间步内进行反复的迭代求解，故 FE-BECM 的求解结构适合并行实现。

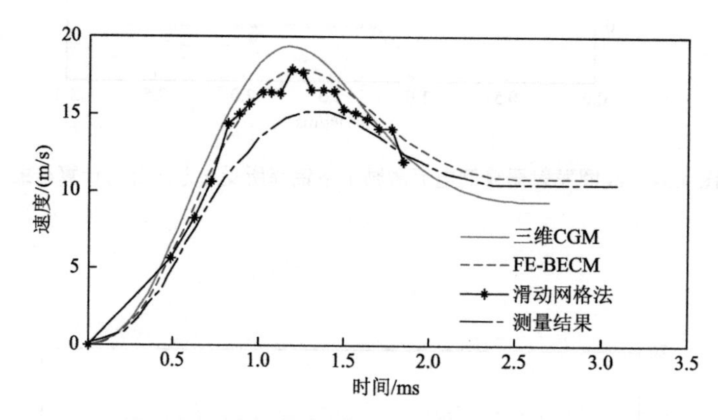

图 4.37　线圈发射器算例电流激励 2 下铝筒运动速度计算与测量结果

参 考 文 献

[1] 周克定. 工程电磁场数值计算的理论方法及应用[M]. 北京：高等教育出版社，1994.

[2] 谢德馨，杨仕友.工程电磁场数值分析与综合[M]. 北京：机械工业出版社，2009.

[3] 张宇. 运动涡流场数值计算方法研究及电磁场数值分析软件平台的研制[D]. 武汉：武汉大学，2007.

[4] TROWBRIDGE C W.Computing electromagnetic fields for research and industry：major achievements and future trends[J].IEEE transactions on magnetics，1996，32（3）：627-630.

[5] QIN B L，SHENG J N，YAN Z，et al.Accurate calculation of ion flow field under HVDC bipolar transmission lines[J].IEEE transactions on power delivery，1988，3（1）：368-376.

[6] 甘艳，阮江军，张宇.有限元与有限体积法相结合处理运动电磁问题[J]. 中国电机工程学报，2006，26（14）：145-151.

[7] 倪光正，杨仕友，钱秀英，等. 工程电磁场数值计算[M].北京：机械工业出版社，2004.

[8] HUNTER P，PULLAN A.FEM/BEM notes[M]. Auckland：The University of Auckland，2001.

[9] 申光宪，肖宏，陈一鸣. 边界元法[M]. 北京：机械工业出版社，1998.

[10] 李亚莎，王泽忠，卢斌先. 三维静电场线性插值边界元中的解析积分方法[J].计算物理，2007，

24（1）：59-64.

[11] 周焕林，王秀喜，牛忠荣. 位势问题边界元法中几乎奇异积分的完全解析算法[J].中国科学技术大学学报，2003，33（4）：431-437.

[12] PADHI G S，SHENOI R A，MOY S S J，et al.Analytic integration of kernel shape function product integrals in the boundary element method[J].Computers and structures，2001，79（14）：1325-1333.

[13] 张耀明，孙翠莲，谷岩. 边界积分方程中近奇异积分计算的一种变量替换法[J].力学学报，2008，40（2）：207-214.

[14] DAVEY K，HINDUJA S.Analytical integration of linear three-dimensional triangular elements in BEM[J].Applied mathematical modeling，1989，13（8）：450-461.

[15] 臧跃龙，嵇醒. 关于边界元法中奇异积分的处理[J]. 固体力学学报，1994，15（2）：161-165.

[16] NIU Z R，WENDLAND W L，WANG X X，et al.A semi-analytical algorithm for the evaluation of the nearly singular integrals in three-dimensional boundary element methods[J].Computer methods in applied mechanics and engineering，2005，194（9/10/11）：1057-1074.

[17] DAVEY K，ALONSO RASGADO M T.Semi-analytical integration of sub-parametric elements used in the BEM for three-dimensional elastodynamics[J].Computers and structures，1999，71（6）：595-615.

[18] MILROY J，HINDUJA S，DAVEY K.The 3-D thermoelastic boundary element method：smi-analytical intergration for subpapametric triangular elements[J].International journal for numerical methods in engineering，1998，41：1029-1055.

[19] 牛忠荣，王左辉，胡宗军，等. 二维边界元法中几乎奇异积分的解析法[J]. 工程力学，2004，21（6）：113-117.

[20] 牛忠荣，王秀喜，周焕林. 三维边界元法中几乎奇异积分的正则化算法[J]. 力学学报，2004，36（1）：49-56.

[21] 周焕林，牛忠荣，王秀喜. 三维位势问题边界元法中几乎奇异积分的正则化[J]. 计算物理，2005，22（6）：501-506.

[22] 周焕林，牛忠荣，王秀喜. 二维热弹性力学边界元法中几乎奇异积分的正则化[J].固体力学学报，2004，25（2）：144-148.

[23] 赵志高，黄其柏. Helmholtz 声学边界积分方程中奇异积分的计算[J]. 工程数学学报，2004，21（5）：779-784.

[24] RODGER D，LAI H C，LEONARD P J.Coupled elements for problems involving movement[J].IEEE

transactions on magnetics，1990，26（2）：548-550.

[25] 张朝伟，李治源，陈风波，等. 感应线圈炮的电枢受力分析[J].高电压技术，2005，31（12）：32-34.

[26] LEONARD P J，LAI H C，HAINSWORTH G，et al.Analysis of the performance of tubular pulsed coil induction launchers[J].IEEE transactions on magnetics，1993，29（1）：686-690.

[27] ZHANG Y，RUAN J J，GAN Y.Application of a composite grid method in the analysis of 3-D eddy current field involving movement[J].IEEE transactions on magnetics，2008，44（6）：1298-1301.

第 5 章

非重叠 Mortar 有限元法

与处理运动导体涡流场问题的传统方法相比，CGM 在程序通用性、解除网格约束等方面均有了较大的突破，但它存在迭代步数过多、算法为串行结构等不足。为了解决这些问题，本章将对一种新型区域分解方法——MFEM 进行探讨，其核心思想是构建 Mortar 离散空间 V_h 去逼近原问题解的连续空间 V，在交界面上的连续性条件通过弱积分形式满足，并作为对解空间的约束。

首先对 Poisson 方程的非重叠 Mortar 有限元法数学模型进行简要介绍，通过引入 Mortar 空间来逼近广义解空间，得到 Mortar 条件的矩阵形式，最后着重分析 $\boldsymbol{C}$ 矩阵、$\boldsymbol{D}$ 矩阵的计算方法，以及 $\boldsymbol{Q}$ 矩阵的特点。之后，对 MFEM 的方程组形成过程进行深入的分析，讨论在两个子域、一个交界面和多个子域、多个交界面情况下，由子域方程组构成总体方程组的过程。

5.1 Mortar 元法研究现状

1994 年，Bernardi 等[1]提出了一种新的非协调区域分解法：Mortar 元法（Mortar element method，MEM）。对于二维椭圆偏微分方程边值问题，他们用 MEM 实现了不同子域上的有限元与谱方法的耦合。泛函分析、变分原理及索伯列夫（Sobolev）空间理论为 MEM 提供了坚实的理论基础，在近十年中人们对这种方法进行了深入的研究，取得了许多有价值的成果。

根据方程在求解域内的不同性态，或者根据专业知识定性判断未知量在求解域内的变化情况，或者根据求解域几何形状所固有的特征，MEM 允许将求解域分解为多个子域，在各子域内以最适合子域特征的方式进行离散。在各个子域交界面上，MEM 建立加权积分形式的所谓“Mortar 条件”，使未知量在交界面上的传递条件在分布意义上满足，而不是传统离散方式所要求的逐点匹配。人们形象地将这种方法称为“Mortar”(黏合)。由于 MEM 能够有效地将各子域不同的离散方式、变分方程或者非匹配的网格在交界面上耦合，它具有广泛的适用性和极大的灵活性，非常有利于处理三种类型的非协调问题，即泛函非协调、几何非协调和重叠非协调[2]。MEM 可应用于多个领域[2]，如多孔介质中黏性不可压缩流体达西（Darcy）方程的谱单元离散、处理含有旋转导体的涡流场问题中的滑动面、提高有限元网格自适应剖分的效率等。

MEM 的核心思想是构建 Mortar 离散空间 V_h 去逼近原问题解的连续空间 V。在此基础上可采用不同的离散方法，如谱方法[3]、有限元法、有限体积法[4]等。有限元法是其中使用最广泛的离散方法，称为 MFEM。在各子域上，MFEM 通常采用标准的协调元进行离散，在子域交界面上的 Mortar 条件可通过两种方式来实现。

（1）第一种方式基于非协调有限元法。这种方式是将 Mortar 条件强加于 V_h 中，解空间的基函数在子域交界面上不连续，这样在全域上构成了非协调的有限元空间，即 $V_h \not\subset V$，也称为“约束”空间。这种方式能够得到正定、对称的系数矩阵，而且刚度矩阵是分块对角的，当采用迭代求解算法时，非常适合于并行计算。

（2）第二种方式基于杂交有限元法。在这种方式下，Mortar 条件不强加于 V_h 内，而是在交界面上引入 Lagrange 乘子作为新的未知量加入方程中，并建立新的方程来满足 Mortar 条件，构成鞍点变分问题。其解的存在唯一性依赖于变分方程中双线性型的强制性、连续性和 inf-sup 条件。

对于二阶椭圆方程的齐次 Dirichlet 边值问题，这两种方式存在一定的等价性[2]。后者得到非正定的系数矩阵，但通过对 Lagrange 乘子的处理可转化为正定矩阵，转化后的方程组与原鞍点问题具有等效性[5]。

MFEM 中另一重要特点是交界面上 Lagrange 乘子空间的构建。通常将非 Mortar 侧的函数空间在交界面上的迹空间作为 Lagrange 乘子空间。也有文献提出了对偶 Lagrange 乘子空间，使得到的关联矩阵为对角阵，以加快求逆速度[6]。

国内对 MFEM 的研究并不多见，且偏重于数学理论方面。有 MFEM 用于求解线性泊松-玻尔兹曼（Poisson-Boltzmann）方程的案例[7]，在带电粒子附近区域采用高密度的网格剖分，而在其余区域采用较稀疏的网格剖分，大大减小了计算规模。

根据子域网格间的位置关系不同，MFEM 也可分为非重叠型 MFEM（non-overlapping MFEM，NO-MFEM）和重叠型 MFEM（overlapping MFEM，O-MFEM）两种，本书主要讨论 NO-MFEM 的基本原理及程序实现，关于 O-MFEM 的论述可参看文献[8]～[11]。

5.2　NO-MFEM 的基本原理

5.2.1　数学模型

本节以 Poisson 方程边值问题为例，首先给出问题的变分方程，在几何协调型区域分解的情况下引入 Mortar 空间，逼近解的连续空间，在此基础上用有限元法对问题进行离散，构成 NO-MFEM 的基本框架，并提出了交界面上的 Mortar 条件。

Poisson 方程混合边值问题（问题 Q1）由以下方程描述：

$$\begin{cases} -\nabla\cdot(\beta\nabla u)=f & (\text{在 } \Omega \text{ 内}) \\ u=0 & (\text{在 } \Gamma_{\mathrm{D}} \text{ 上}) \\ \dfrac{\partial u}{\partial n}=0 & (\text{在 } \Gamma_{\mathrm{N}} \text{ 上}) \end{cases} \tag{5.1}$$

式中：Ω 为 $\boldsymbol{R}^n(n=2,3)$中的利普希茨（Lipschitz）有界开集；Γ_{D}为边界$\partial\Omega$ 的子集；$\Gamma_{\mathrm{N}}=\partial\Omega\backslash\Gamma_{\mathrm{D}}$；$f\in L^2(\Omega)$；$\beta>\beta_0>0$。其中，$L^2(\Omega)$空间是平方可积函数类，$\beta_0$表示加权余量法中权函数系数的最小值。引入函数空间

$$H^1(\Omega)=\{u\,|\,D^\alpha u\in L^2(\Omega),|\alpha|\leqslant 1\} \tag{5.2}$$

$$H_{0,\mathrm{D}}^1(\Omega)=\{u\in H^1(\Omega)\,|\,u|_{\Gamma_{\mathrm{D}}}=0\} \tag{5.3}$$

式中：D^α 表示 Ω 域上的偏微分算子。

与问题 Q1 等价的变分问题为问题 Q2，具体如下。

给定 $f\in L^2(\Omega)$，求 $u\in H_{0,\mathrm{D}}^1(\Omega)$，满足

$$\int_\Omega \beta\nabla u\cdot\nabla v\mathrm{d}\Omega=\int_\Omega fv\mathrm{d}\Omega \quad [\forall v\in H_{0,\mathrm{D}}^1(\Omega)] \tag{5.4}$$

定义双线性型为

$$a(u,v)=\int_\Omega \beta\nabla u\cdot\nabla v\mathrm{d}\Omega \tag{5.5}$$

在给定条件下，$a(u,v)$是椭圆的，根据拉克斯-米尔格拉姆（Lax-Milgram）定理[12]，问题 Q2 存在唯一解。

5.2.2 区域分解

传统的 Galerkin 有限元法引入有限维的离散函数空间去逼近无限维的连续函数空间，直接对式（5.4）进行离散。与之不同的是，MFEM 首先要将求解域划分为多个子域。子域划分方式可分为两种：几何协调分解和几何非协调分解[13]。若任意两个不同子域的交集为空集，或者为两个区域中的顶点，或者为整条边，或者为整个面，则称这种区域分解是几何协调的，否则是几何非协调的。这两种划分方式分别如图 5.1（a）、（b）所示。

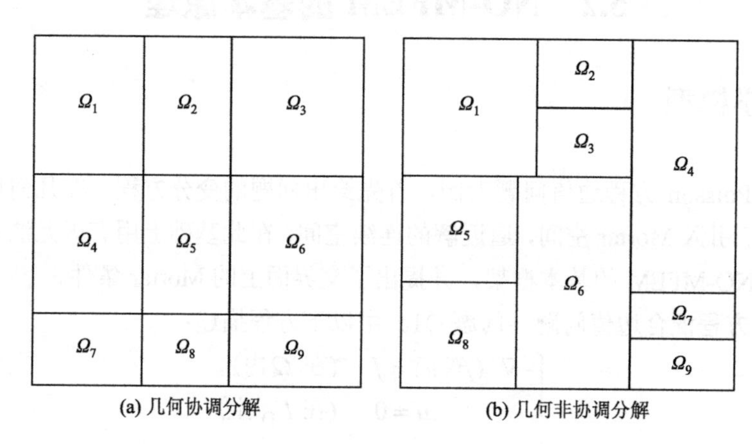

图 5.1 子域划分方式示意图

虽然几何非协调分解的分区形状更加自由，但其程序编制也较复杂。为了简便起见，本书只考虑区域几何协调分解的情况，关于几何非协调分解的讨论，可参看文献[14]。

将 Ω 分为不重叠的多个子域 Ω_k, $k=1,2,\cdots,K$，每个子域 Ω_k 为 $\boldsymbol{R}^n$ 中具有 Lipschitz 连续边界的连通域。这里暂不考虑较复杂的曲边情况，一般情况下 Ω_k 为多边形，且满足条件

$$\bar{\Omega}=\bigcup_{k=1}^{K}\bar{\Omega}_k \tag{5.6}$$

$$\begin{cases}\Omega_k\cap\Omega_l=\varnothing\\ \bar{\Omega}_k\cap\bar{\Omega}_l=\Gamma_{kl}\quad(k\neq l)\end{cases} \tag{5.7}$$

其中

$$\bar{\Omega}_k=\Omega_k\cup\partial\Omega_k \tag{5.8}$$

称 S_Γ 为区域分解的框架，它为内交界面的并集，即

$$S_\Gamma=\bigcup_{j=1}^{M}\bar{\Gamma}_j \tag{5.9}$$

式中：M 为内交界面的数目，如图 5.2（a）所示，$M=12$。

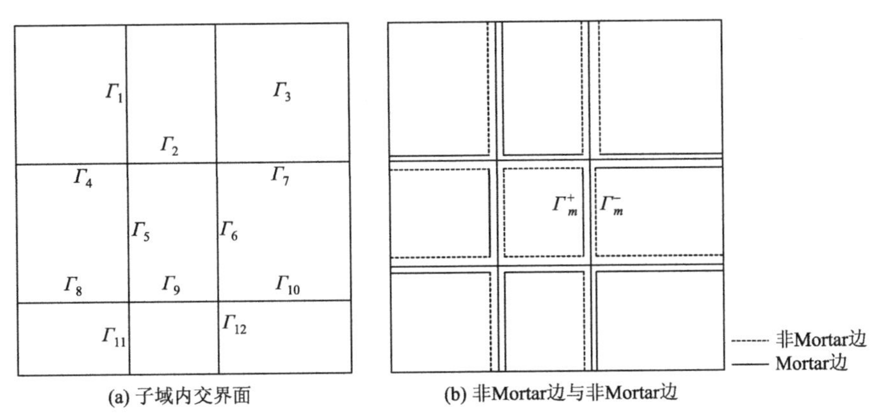

图 5.2　框架 S_Γ 的划分

将 S_Γ 划分为不重叠的非 Mortar 边集合，即

$$S_\Gamma = \bigcup_{m=1}^{M^-} \bar{\Gamma}_m^- \tag{5.10}$$

满足

$$\Gamma_m^- \cap \Gamma_{m'}^- = \varnothing \quad (1 \leqslant m < m' \leqslant M^-) \tag{5.11}$$

其中，每个 Γ_m^- 是某个子域的整条边或整个面，并将该子域表示为 Ω_m^-，称为 Γ_m 对应的非 Mortar 侧或从侧。对 S_Γ 的这种划分是任意的，当非 Mortar 边确定后，相应的 Mortar 边也随之确定，即

$$S_\Gamma = \bigcup_{m=1}^{M^+} \bar{\Gamma}_m^+ \tag{5.12}$$

满足

$$\Gamma_m^+ \cap \Gamma_{m'}^+ = \varnothing \quad (1 \leqslant m < m' \leqslant M^+) \tag{5.13}$$

其中，每个 Γ_m^+ 是某个子域的整条边或整个面，并将该子域表示为 Ω_m^+，称为 Γ_m 对应的 Mortar 侧或主侧。若 Γ_m^+ 与 Γ_m^- 完全重合，则 Ω_m^+ 与 Ω_m^- 必为不同的子域。对 S_Γ 的这种划分如图 5.2（b）所示。

一般将内交界面记为 Γ_{kl}，Ω_k 为非 Mortar 侧，Ω_l 为 Mortar 侧。引入空间

$$X_* = \{u \in L^2(\Omega) \mid u|_{\Omega_k} \in H^1(\Omega_k), k = 1,2,\cdots,K, u|_{\Gamma_\mathrm{D}} = 0\} \tag{5.14}$$

定义自然范数为

$$\|u\|_* = \left(\sum_{k=1}^{K} \|u\|_{1,\Omega_k}^2\right)^{1/2} \tag{5.15}$$

引入子空间

$$X_{00} = \{v \in X_* \mid [u]|_{\Gamma_{kl}} \in H_{00}^{1/2}(\Gamma_{kl}), \forall \Gamma_{kl} \subseteq S_\Gamma\} \tag{5.16}$$

式中：$[u]|_{\Gamma_{kl}}$ 为跃变 $\left(u|_{\Omega_k} - u|_{\Omega_l}\right)$ 在 Γ_{kl} 上的限制。用 $[H_{00}^{1/2}(\Gamma_{kl})]'$ 表示迹空间 $H_{00}^{1/2}(\Gamma_{kl})$ 的

对偶空间，那么 Mortar 空间

$$V=\{u\in X_{00}\mid \langle \mu,[u]\rangle_{0,\Gamma_{kl}}=0,\forall \mu\in[H_{00}^{1/2}(\Gamma_{kl})]',\Gamma_{kl}\subseteq S_{\Gamma}\} \tag{5.17}$$

与 $H_{0,\mathrm{D}}^{1}(\Omega)$ 等价[15]，其中 $\langle\cdot,\cdot\rangle$ 表示内积。那么问题 Q2 可写为等价的区域分解问题（问题 Q3）：

给定 $f\in L^2(\Omega)$，求 $u\in V$，满足

$$\sum_{k=1}^{K}\int_{\Omega_k}\beta\nabla u_k\cdot\nabla v_k\mathrm{d}\Omega=\sum_{k=1}^{K}\int_{\Omega_k}fv_k\mathrm{d}\Omega \quad (\forall v\in V) \tag{5.18}$$

5.2.3 有限元离散

在每个子域 Ω_k 进行独立的协调有限元离散，得到网格 $T_{k,h}$，$k=1,2,\cdots,K$。各子域间的网格非协调，也就是说，当 $k\neq l$ 时，$T_{k,h}$ 中在 Γ_{kl} 上的节点与 $T_{k,h}$ 在 Γ_{kl} 上的节点不匹配，如图 5.3 所示。

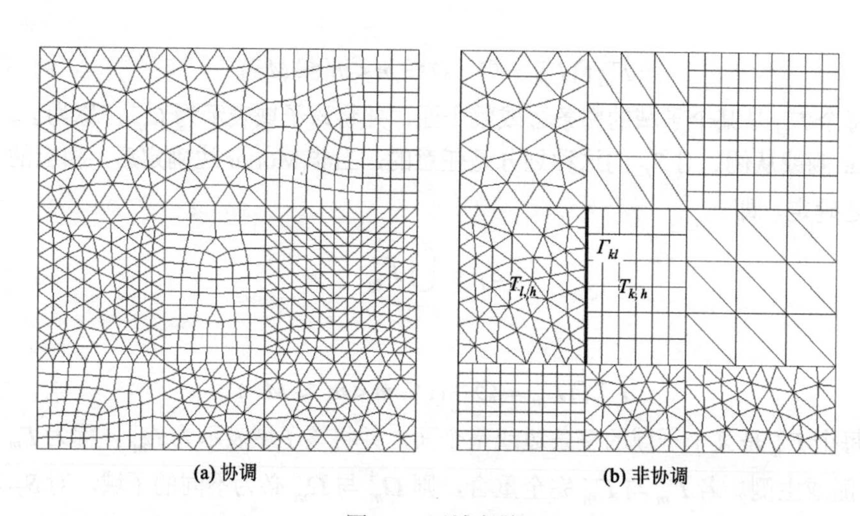

(a) 协调　　(b) 非协调

图 5.3　区域离散

在 $T_{k,h}$ 上定义相应的局部有限元空间，为

$$X_{k,h}=\left\{u_{k,h}\in H^1(\Omega_k)\mid u_{k,h}\big|_e\in P_1(e),\forall e\in T_{k,h},u_{k,h}\big|_{\Gamma_{\mathrm{D}}\cap\partial\Omega_k}=0\right\} \tag{5.19}$$

e 表示 $T_{k,h}$ 中的单元，$P_1(e)$为单元 e 上的一次多项式空间。故全域非协调有限元空间为

$$X_h=\prod_{k=1}^{K}X_{k,h}=\left\{u_h\in L^2(\Omega)\mid u_h\big|_{\Omega_k}=u_{k,h}\in X_{k,h}\right\} \tag{5.20}$$

令 $T_{k,h}$ 在 Γ_{kl} 上的网格为 $T_{k,\Gamma}$，在 $T_{k,\Gamma}$ 上定义

$$T_{kl,h}=\left\{w\in L^2(\Gamma_{kl})\mid \exists u_{k,h}\in X_{k,h},u_{k,h}\big|_{\Gamma_{kl}}=w\right\} \tag{5.21}$$

$T_{kl,h}$ 为 Γ_{kl} 上所有分段连续函数构成的空间。将局部 Lagrange 乘子空间 $M_{kl,h}$ 与 $T_{k,\Gamma}$ 关联，它具有以下性质[15]。

（1）$M_{kl,h} \subseteq T_{kl,h}$。

（2）$\dim M_{kl,h} = \dim[T_{kl,h} \cap H_0^1(\Gamma_{kl})]$。

（3）$M_{kl,h}$ 在 Γ_{kl} 上含有常数。

那么框架 S_Γ 上的 Lagrange 乘子空间 M_h 为

$$M_h = \prod\nolimits_{\Gamma_{kl} \subseteq S} M_{kl,h} \tag{5.22}$$

令

$$u_h = (u_{k,h})_k \tag{5.23}$$

$$m_h = (\mu_{kl})_{\Gamma_{kl} \subseteq S_\Gamma} \tag{5.24}$$

$$a(u_h, v_h) = \sum_{k=1}^{K} \int_{\Omega_k} \beta \nabla u_{k,h} \cdot \nabla v_{k,h} \mathrm{d}\Omega \tag{5.25}$$

$$b(u_h, m_h) = \sum\nolimits_{\Gamma_{kl} \subseteq S_\Gamma} \int_{\Gamma_{kl}} (u_{k,h} - u_{l,h}) \mu_{kl} \mathrm{d}\Gamma \tag{5.26}$$

那么，约束的非协调有限元空间（Mortar 有限元空间）定义为

$$V_h = \{u_h \in X_h \mid b(u_h, m_h) = 0, \forall m_h \in M_h\} \tag{5.27}$$

至此，与问题 Q3 等价的离散问题为问题 Q4，具体如下。

给定 $f \in L^2(\Omega)$，求 $u_h \in V_h$，满足

$$a(u_h, v_h) = \sum_{k=1}^{K} \int_{\Omega_k} f v_{k,h} \mathrm{d}\Omega \quad (\forall v_h \in V_h) \tag{5.28}$$

斯特朗（Strang）第二引理[15]给出了用问题 Q4 去近似问题 Q1 得到的解的误差界，即

$$\|u - u_h\|_{1,*} \leqslant c \left\{ \inf_{v_h \in V_h} \|u - v_h\|_{1,*} + \sup_{w_h \in V_h} \frac{\sum_{\Gamma_{kl} \subseteq S_\Gamma} \int_{\Gamma_{kl}} \beta \dfrac{\partial u}{\partial n} [w_{k,h}] \mathrm{d}\Gamma}{\|w_h\|_{1,*}} \right\} \tag{5.29}$$

式中：u、u_h 分别表示问题 Q2 和问题 Q4 的解。式（5.29）右端第一项表示离散误差，第二项为非协调误差。

综上所述，NO-MFEM 用问题 Q4 的解去逼近原问题 Q1 的解，不要求在子域交界面上满足逐点匹配条件，交界面上的连续性条件已隐含在加约束的非协调有限元空间中。各子域的网格剖分可独立进行，这使 NO-MFEM 具有很好的并行特性。

5.2.4 Mortar 条件

MFEM 的关键在于两点：其一是建立 Lagrange 乘子空间 M_h；其二是计算 Mortar 条件 $b(u_h, m_h) = 0$，即 $\forall \Gamma_{kl} \subseteq S_\Gamma, \forall \mu_{kl} \in M_{kl,h}$，有

$$\int_{\Gamma_{kl}} (u_{k,h} - u_{l,h}) \mu_{kl} \mathrm{d}\Gamma = 0 \quad (u_{k,h} \in X_{k,h},\ u_{l,h} \in X_{l,h}) \tag{5.30}$$

本书将非 Mortar 侧的有限元空间在 Γ_{kl} 上的迹空间作为 Lagrange 乘子空间，积分式（5.30）在非 Mortar 边上进行。将式（5.30）简记为

$$\int_{\Gamma_{nm}} (u - v) \mu \mathrm{d}\Gamma = 0 \tag{5.31}$$

式中：Γ_{nm} 表示非 Mortar 边，u 表示非 Mortar 边的未知函数；v 表示 Mortar 边的未知函数，μ 表示试探函数。将式（5.31）写为

$$\int_{\Gamma_{nm}} u \mu \mathrm{d}\Gamma = \int_{\Gamma_{nm}} v \mu \mathrm{d}\Gamma \tag{5.32}$$

对式（5.32）进行离散将得到矩阵形式的 Mortar 条件，即

$$\boldsymbol{C}\boldsymbol{u} = \boldsymbol{D}\boldsymbol{v} \tag{5.33}$$

将非 Mortar 边的节点自由度 $\boldsymbol{u}$ 作为从节点自由度，用 Mortar 边的节点自由度表示，即

$$\boldsymbol{u} = \boldsymbol{C}^{-1}\boldsymbol{D}\boldsymbol{v} = \boldsymbol{Q}\boldsymbol{v} \tag{5.34}$$

在 5.3 节中将详细讨论式（5.32）的离散及矩阵 $\boldsymbol{C}$、$\boldsymbol{D}$ 和 $\boldsymbol{Q}$ 的计算。

5.3 NO-MFEM 的实施

NO-MFEM 的程序实现过程包括六个主要步骤：前处理、计算 $\boldsymbol{C}$ 矩阵、计算 $\boldsymbol{D}$ 矩阵、计算 $\boldsymbol{Q}$ 矩阵、方程组的形成和方程组的求解。

5.3.1 前处理

由于 NO-MFEM 需要用到各交界面的主从节点、单元信息，其前处理过程与常规有限元法有所不同。采用一种好的、通用性强的前处理方式能够使 NO-MFEM 的程序实现更加容易。ANSYS 的前处理器 PrepPost 支持 APDL 参数化建模，其剖分和处理网格信息的功能十分强大，因此本书选择 PrepPost 作为 NO-MFEM 的前处理器。

将求解域 Ω 划分为 N 个多边形或多面体子域，该划分是人为规定的几何协调分解，无法由前处理器自动完成。在划分子域的时候，应根据问题的特点充分考虑各子域形状的规则性及负载平衡性。

依次填写第 i 个子域 Ω_i $(i = 1, 2, \cdots, N)$ 的 APDL 命令流，包括以下方面。

1）定义主单元类型

主单元是指用于离散求解域的单元，根据问题的不同，可选择 ANSYS 中的以下几种单元。

（1）3 节点三角形单元和 4 节点四边形单元：PLANE13，自由度为 Az。

（2）6 节点三角形单元和 8 节点四边形单元：PLANE53，自由度为 Az。

（3）4 节点四面体单元和 8 节点六面体单元：SOLID96，自由度为 MAG；SOLID97，自由度为 Ax、Ay、Az、Volt。

（4）10 节点四面体单元：SOLID98，自由度为 MAG。

2）定义辅单元类型

辅单元是指用于离散非 Mortar 边的单元，它的维数比主单元低一维，类型必须与主单元兼容。例如，主单元为 4 节点四面体单元，则辅单元必须采用 3 节点三角形单元。本书将 MESH200 单元作为辅单元。

3）输出非 Mortar 边剖分信息

依次建立 Ω_i 中所有的非 Mortar 边 Γ_{nm} 的几何模型；指定 Γ_{nm} 的全局编号，用辅单元对 Γ_{nm} 剖分；输出 Γ_{nm} 上的辅单元-节点联系数组及从节点坐标；输出 Ω_i 中所有从节点的编号。

4）建模剖分

建立该子域的几何模型，赋材料编号，进行网格剖分，输出全域的单元-节点联系数组、节点编号和坐标、Dirichlet 节点编号和约束值。

5）输出 Mortar 边的剖分信息

选择 Ω_i 中各 Mortar 边 Γ_m 的主节点，指定 Γ_m 的全局编号，选择与主节点相关的 Mortar 单元，输出单元-节点联系数组及主节点坐标。

5.3.2　计算 C 矩阵

本节主要讨论在二维情况下对式（5.32）左端项的离散过程。在二维情况下，Γ_{nm} 为直线段或曲线。为简便起见，先考虑 Γ_{nm} 为直线段的情况。如图 5.4 所示，Γ_{nm} 经离散后有六个节点，其中节点 1 和 6 为端部节点。

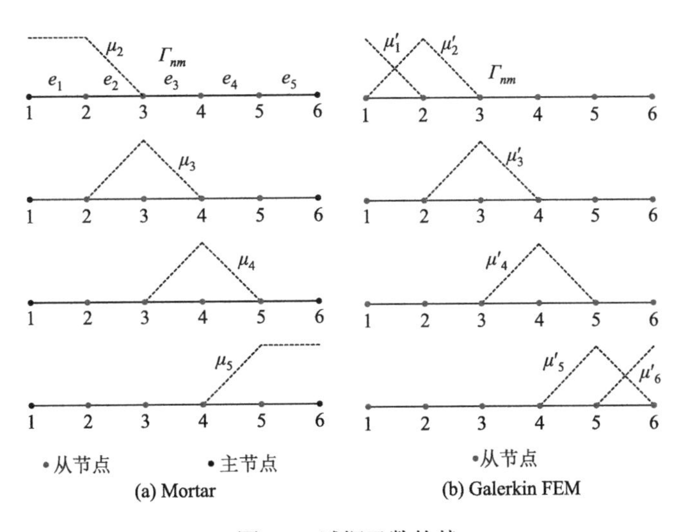

图 5.4　试探函数的基

按照经典 Mortar 元法[14, 16]，试探函数 μ 的基在 Γ_{nm} 上的取值如图 5.4（a）中虚线所示。两个端部节点为主节点，而 Γ_{nm} 的内部节点 2～5 均为从节点。试探函数的基在 Γ_{nm} 的端部节点和内部节点不同，这给编程带来了麻烦。在有限元法程序中，试探函数 μ 的基在 Γ_{nm} 上的取值为节点的形函数，如图 5.4（b）中虚线所示。在单元 e_1、e_5 内，分别满足

$$\mu_2 = \mu_1' + \mu_2' \tag{5.35}$$

$$\mu_5 = \mu_5' + \mu_6' \tag{5.36}$$

因此可利用原有有限元程序来计算 $\boldsymbol{C}$ 矩阵，具体说明如下。

式（5.32）可写为

$$\int_{\Gamma_{nm}} u\boldsymbol{\mu}\mathrm{d}\Gamma = \int_{\Gamma_{nm}} v\boldsymbol{\mu}\mathrm{d}\Gamma \tag{5.37}$$

式中：$\boldsymbol{\mu} = [\mu_2, \mu_3, \mu_4, \mu_5]^{\mathrm{T}}$。

首先求式（5.37）左端的积分项，以 μ_2 为例，μ_2 仅在单元 e_1 和 e_2 上非零，且在单元 e_1 内为常数 1，在单元 e_2 内 $\mu_2 = \varphi_2^{e_2}$，$\varphi_2^{e_2}$ 为节点 2 的形函数在单元 e_2 中的值，因此有

$$\int_{\Gamma_{nm}} u\mu_2\mathrm{d}\Gamma = \int_{e_1} u\mu_2\mathrm{d}\Gamma + \int_{e_2} u\mu_2\mathrm{d}\Gamma = \int_{e_1} u\mathrm{d}\Gamma + \int_{e_2} u\varphi_2^{e_2}\mathrm{d}\Gamma \tag{5.38}$$

在单元 e_1 内，u 由节点 1 和节点 2 的形函数插值表示：

$$u^{e_1} = u_1\varphi_1^{e_1} + u_2\varphi_2^{e_1} \tag{5.39}$$

在单元 e_2 内，u 由节点 2 和节点 3 的形函数插值表示：

$$u^{e_2} = u_2\varphi_2^{e_2} + u_3\varphi_3^{e_2} \tag{5.40}$$

将式（5.39）和式（5.40）代入式（5.38），得

$$\int_{\Gamma_{nm}} u\mu_2\mathrm{d}\Gamma = \int_{e_1} (u_1\varphi_1^{e_1} + u_2\varphi_2^{e_1})\mathrm{d}\Gamma + \int_{e_2} (u_2\varphi_2^{e_2} + u_3\varphi_3^{e_2})\varphi_2^{e_2}\mathrm{d}\Gamma \tag{5.41}$$

写成矩阵形式：

$$\int_{\Gamma_{nm}} u\mu_2\mathrm{d}\Gamma = \begin{bmatrix} \int_{e_1} \varphi_1^{e_1}\mathrm{d}\Gamma & \int_{e_1} \varphi_2^{e_1}\mathrm{d}\Gamma + \int_{e_2} \varphi_2^{e_2}\varphi_2^{e_2}\mathrm{d}\Gamma & \int_{e_2} \varphi_2^{e_2}\varphi_3^{e_2}\mathrm{d}\Gamma \end{bmatrix} \begin{bmatrix} u_1 \\ u_2 \\ u_3 \end{bmatrix} \tag{5.42}$$

对于 μ_3、μ_4，按 Galerkin 有限元法得到其单元矩阵，分别为

$$\begin{aligned} &\int_{\Gamma_{nm}} u\mu_3\mathrm{d}\Gamma \\ &= \begin{bmatrix} \int_{e_2} \varphi_2^{e_2}\varphi_3^{e_2}\mathrm{d}\Gamma & \int_{e_2} \varphi_3^{e_2}\varphi_3^{e_2}\mathrm{d}\Gamma + \int_{e_3} \varphi_3^{e_3}\varphi_3^{e_3}\mathrm{d}\Gamma & \int_{e_3} \varphi_3^{e_3}\varphi_4^{e_3}\mathrm{d}\Gamma \end{bmatrix} \begin{bmatrix} u_2 \\ u_3 \\ u_4 \end{bmatrix} \end{aligned} \tag{5.43}$$

$$\begin{aligned} &\int_{\Gamma_{nm}} u\mu_4\mathrm{d}\Gamma \\ &= \begin{bmatrix} \int_{e_3} \varphi_3^{e_3}\varphi_4^{e_3}\mathrm{d}\Gamma & \int_{e_3} \varphi_4^{e_3}\varphi_4^{e_3}\mathrm{d}\Gamma + \int_{e_4} \varphi_4^{e_4}\varphi_4^{e_4}\mathrm{d}\Gamma & \int_{e_4} \varphi_4^{e_4}\varphi_5^{e_4}\mathrm{d}\Gamma \end{bmatrix} \begin{bmatrix} u_3 \\ u_4 \\ u_5 \end{bmatrix} \end{aligned} \tag{5.44}$$

而对于 μ_5，有

$$\int_{\Gamma_{nm}} u\mu_5 \mathrm{d}\Gamma = \begin{bmatrix} \int_{e_4} \varphi_4^{e_4}\varphi_5^{e_4}\mathrm{d}\Gamma & \int_{e_4} \varphi_5^{e_4}\varphi_5^{e_4}\mathrm{d}\Gamma + \int_{e_5} \varphi_5^{e_5}\mathrm{d}\Gamma & \int_{e_5} \varphi_6^{e_5}\mathrm{d}\Gamma \end{bmatrix} \begin{bmatrix} u_4 \\ u_5 \\ u_6 \end{bmatrix} \tag{5.45}$$

将式（5.42）～式（5.45）合写成矩阵形式，为

$$\int_{\Gamma_{nm}} u\boldsymbol{\mu}\mathrm{d}\Gamma = \tilde{\boldsymbol{C}}\tilde{\boldsymbol{u}} = \left[\begin{array}{c|cccc|c} \int_{e_1} \varphi_1^{e_1}\mathrm{d}\Gamma & C_{11} & C_{12} & 0 & 0 & 0 \\ 0 & C_{21} & C_{22} & C_{23} & 0 & 0 \\ 0 & 0 & C_{32} & C_{33} & C_{34} & 0 \\ 0 & 0 & 0 & C_{43} & C_{44} & \int_{e_5} \varphi_6^{e_5}\mathrm{d}\Gamma \end{array}\right] \left[\begin{array}{c} u_1 \\ \hline u_2 \\ u_3 \\ u_4 \\ u_5 \\ \hline u_6 \end{array}\right] \tag{5.46}$$

将式（5.46）写为

$$\tilde{\boldsymbol{C}}\tilde{\boldsymbol{u}} = \begin{bmatrix} C_{11} & C_{12} & 0 & 0 \\ C_{21} & C_{22} & C_{23} & 0 \\ 0 & C_{32} & C_{33} & C_{34} \\ 0 & 0 & C_{43} & C_{44} \end{bmatrix} \begin{bmatrix} u_2 \\ u_3 \\ u_4 \\ u_5 \end{bmatrix} + \begin{bmatrix} u_1 \int_{e_1} \varphi_1^{e_1}\mathrm{d}\Gamma \\ 0 \\ 0 \\ u_6 \int_{e_5} \varphi_6^{e_5}\mathrm{d}\Gamma \end{bmatrix} = \boldsymbol{C}_{4\times4}\boldsymbol{u} + \boldsymbol{V} \tag{5.47}$$

按照有限元法的刚度矩阵计算方式来求边界积分项，有

$$\boldsymbol{\mu}' = \begin{bmatrix} \mu_1' & \mu_2' & \mu_3' & \mu_4' & \mu_5' & \mu_6' \end{bmatrix}^{\mathrm{T}} \tag{5.48}$$

$$\int_{\Gamma_{nm}} u\mu_1'\mathrm{d}\Gamma = \int_{e_1} u\mu_1'\mathrm{d}\Gamma = \int_{e_1} \left(u_1\varphi_1^{e_1} + u_2\varphi_2^{e_1}\right)\varphi_1^{e_1}\mathrm{d}\Gamma \tag{5.49}$$

$$\begin{aligned} \int_{\Gamma_{nm}} u\mu_2'\mathrm{d}\Gamma &= \int_{e_1} u\varphi_2^{e_1}\mathrm{d}\Gamma + \int_{e_2} u\varphi_2^{e_2}\mathrm{d}\Gamma \\ &= \int_{e_1} \left(u_1\varphi_1^{e_1} + u_2\varphi_2^{e_1}\right)\varphi_2^{e_1}\mathrm{d}\Gamma + \int_{e_2} \left(u_2\varphi_2^{e_2} + u_3\varphi_3^{e_2}\right)\varphi_2^{e_2}\mathrm{d}\Gamma \end{aligned} \tag{5.50}$$

将式（5.49）和式（5.50）写成矩阵形式：

$$\begin{aligned} &\begin{bmatrix} \int_{\Gamma_{nm}} u\mu_1'\mathrm{d}\Gamma \\ \int_{\Gamma_{nm}} u\mu_2'\mathrm{d}\Gamma \end{bmatrix} \\ &= \begin{bmatrix} \int_{e_1} \varphi_1^{e_1}\varphi_1^{e_1}\mathrm{d}\Gamma & \int_{e_1} \varphi_1^{e_1}\varphi_2^{e_1}\mathrm{d}\Gamma & 0 \\ \int_{e_1} \varphi_1^{e_1}\varphi_2^{e_1}\mathrm{d}\Gamma & \int_{e_1} \varphi_2^{e_1}\varphi_2^{e_1}\mathrm{d}\Gamma + \int_{e_2} \varphi_2^{e_2}\varphi_2^{e_2}\mathrm{d}\Gamma & \int_{e_2} \varphi_3^{e_2}\varphi_2^{e_2}\mathrm{d}\Gamma \end{bmatrix} \begin{bmatrix} u_1 \\ u_2 \\ u_3 \end{bmatrix} \end{aligned} \tag{5.51}$$

对于 μ_3'、μ_4'、μ_5'、μ_6'，这里不再赘述，组装后得到

$$\int_{\Gamma_{nm}} u\boldsymbol{\mu}'\mathrm{d}\Gamma = \boldsymbol{C}_{6\times6}'\tilde{\boldsymbol{u}} \tag{5.52}$$

对比式（5.42）和式（5.51）可知，将 $\boldsymbol{C}'$中的第 1 行加到第 2 行上、将第 6 行加到

第 5 行上，即可得到 $\tilde{C}$ 。将 C'中交界面两端点所对应的行分别加到它们的相邻节点对应的行上，得到 $\tilde{C}$ ，再由式（5.47）得到 C。

以上得到了 C 矩阵元素的计算方式，其元素为单元形函数或形函数乘积在非 Mortar 边上的边界积分，组装过程类似于有限元的单元矩阵叠加。

在计算边界积分的时候，需要将全局坐标转为局部坐标。对于二维问题，交界线为线单元，转换到局部坐标系下后，要乘以单元长度的 1/2。对于三维问题，需要将面积分转化到坐标平面上进行，这就要求计算者事先了解该交界面的空间位置及在三个坐标面内的投影，从而避免在投影面积为零的平面内计算边界积分，具体说明如下。

1）二维线积分

根据微积分理论，二维平面中的微元 dl 可写为

$$\mathrm{d}l=\sqrt{(\mathrm{d}x)^2+(\mathrm{d}y)^2}=\sqrt{1+\left(\frac{\mathrm{d}y}{\mathrm{d}x}\right)^2}\,\mathrm{d}x \tag{5.53}$$

根据等参变换将 dl 转化到标准线单元中，令 ξ 为一维坐标，有

$$\frac{\mathrm{d}l}{\mathrm{d}\xi}=\frac{\mathrm{d}l}{\mathrm{d}x}\frac{\mathrm{d}x}{\mathrm{d}\xi}=\frac{\mathrm{d}x}{\mathrm{d}\xi}\sqrt{1+\left(\frac{\mathrm{d}y}{\mathrm{d}x}\right)^2}=\frac{\mathrm{d}x}{\mathrm{d}\xi}\sqrt{1+\left(\frac{\mathrm{d}y}{\mathrm{d}\xi}\frac{\mathrm{d}\xi}{\mathrm{d}x}\right)^2} \tag{5.54}$$

对于一阶线单元，等参变换式为

$$\begin{cases}x=\dfrac{1-\xi}{2}x_1+\dfrac{1+\xi}{2}x_2\\ y=\dfrac{1-\xi}{2}y_1+\dfrac{1+\xi}{2}y_2\end{cases} \tag{5.55}$$

因此有

$$\begin{cases}\dfrac{\mathrm{d}x}{\mathrm{d}\xi}=\dfrac{x_2-x_1}{2}\\ \dfrac{\mathrm{d}y}{\mathrm{d}\xi}=\dfrac{y_2-y_1}{2}\end{cases} \tag{5.56}$$

将式（5.56）代入式（5.54），得

$$\frac{\mathrm{d}l}{\mathrm{d}\xi}=\frac{x_2-x_1}{2}\sqrt{1+\left(\frac{y_2-y_1}{x_2-x_1}\right)^2}=\frac{\sqrt{(x_2-x_1)^2+(y_2-y_1)^2}}{2}=\frac{l_e}{2} \tag{5.57}$$

对于二阶线单元，等参变换式为

$$\begin{cases}x=\dfrac{\xi(\xi-1)}{2}x_1+(1-\xi)(1+\xi)x_3+\dfrac{\xi(1+\xi)}{2}x_2\\ y=\dfrac{\xi(\xi-1)}{2}y_1+(1-\xi)(1+\xi)y_3+\dfrac{\xi(1+\xi)}{2}y_2\end{cases} \tag{5.58}$$

因此有

$$\begin{aligned}\frac{\mathrm{d}x}{\mathrm{d}\xi}&=\frac{x_2-x_1}{2}+\xi(x_2+x_1-2x_3)=\frac{x_2-x_1}{2}\\\frac{\mathrm{d}y}{\mathrm{d}\xi}&=\frac{y_2-y_1}{2}+\xi(y_2+y_1-2y_3)=\frac{y_2-y_1}{2}\end{aligned} \tag{5.59}$$

得

$$\frac{\mathrm{d}l}{\mathrm{d}\xi}=\frac{l_e}{2} \tag{5.60}$$

2）三维面积分

根据微积分理论，三维面元 dS 的面积分可在不同的平面上投影来计算，如图 5.5 所示。

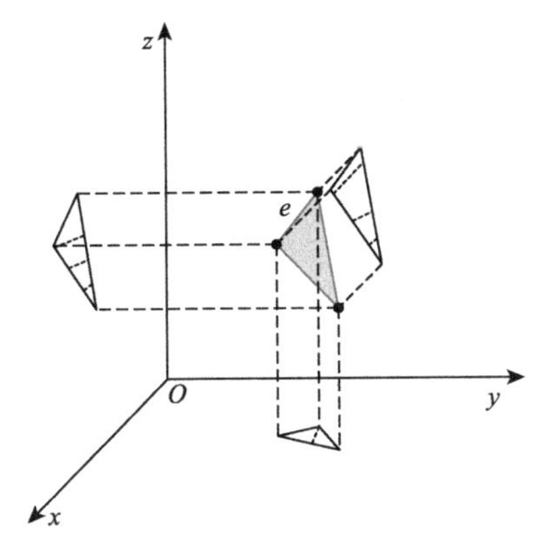

图 5.5　面元在三个坐标平面内的投影

向 $x=0$ 平面投影：

$$\mathrm{d}S=\sqrt{1+\left(\frac{\mathrm{d}x}{\mathrm{d}y}\right)^2+\left(\frac{\mathrm{d}x}{\mathrm{d}z}\right)^2}\mathrm{d}y\mathrm{d}z \tag{5.61}$$

向 $y=0$ 平面投影：

$$\mathrm{d}S=\sqrt{1+\left(\frac{\mathrm{d}y}{\mathrm{d}x}\right)^2+\left(\frac{\mathrm{d}y}{\mathrm{d}z}\right)^2}\mathrm{d}x\mathrm{d}z \tag{5.62}$$

向 $z=0$ 平面投影：

$$\mathrm{d}S=\sqrt{1+\left(\frac{\mathrm{d}z}{\mathrm{d}x}\right)^2+\left(\frac{\mathrm{d}z}{\mathrm{d}y}\right)^2}\mathrm{d}x\mathrm{d}y \tag{5.63}$$

将投影后的三角形单元进行等参变换，以 3 节点三角形单元为例，单元 e 内点的坐标由形函数插值得到，即

$$\begin{cases}x=\xi x_1+\eta x_2+(1-\xi-\eta)x_3\\y=\xi y_1+\eta y_2+(1-\xi-\eta)y_3\\z=\xi z_1+\eta z_2+(1-\xi-\eta)z_3\end{cases} \tag{5.64}$$

式中：ξ、η 为标准单元下的二维坐标。

向 $x=0$ 平面投影时，将 y-z 平面转换至标准单元的局部坐标系，有

$$\begin{bmatrix}\dfrac{\mathrm{d}x}{\mathrm{d}\xi}\\ \dfrac{\mathrm{d}x}{\mathrm{d}\eta}\end{bmatrix}=\begin{bmatrix}\dfrac{\mathrm{d}y}{\mathrm{d}\xi} & \dfrac{\mathrm{d}z}{\mathrm{d}\xi}\\ \dfrac{\mathrm{d}y}{\mathrm{d}\eta} & \dfrac{\mathrm{d}z}{\mathrm{d}\eta}\end{bmatrix}\begin{bmatrix}\dfrac{\mathrm{d}x}{\mathrm{d}y}\\ \dfrac{\mathrm{d}x}{\mathrm{d}z}\end{bmatrix}=\boldsymbol{J}\begin{bmatrix}\dfrac{\mathrm{d}x}{\mathrm{d}y}\\ \dfrac{\mathrm{d}x}{\mathrm{d}z}\end{bmatrix}\Rightarrow\begin{bmatrix}\dfrac{\mathrm{d}x}{\mathrm{d}y}\\ \dfrac{\mathrm{d}x}{\mathrm{d}z}\end{bmatrix}=\boldsymbol{J}^{-1}\begin{bmatrix}\dfrac{\mathrm{d}x}{\mathrm{d}\xi}\\ \dfrac{\mathrm{d}x}{\mathrm{d}\eta}\end{bmatrix}\tag{5.65}$$

向 $y=0$ 平面投影时，将 z-x 平面转换至标准单元的局部坐标系，有

$$\begin{bmatrix}\dfrac{\mathrm{d}y}{\mathrm{d}\xi}\\ \dfrac{\mathrm{d}y}{\mathrm{d}\eta}\end{bmatrix}=\begin{bmatrix}\dfrac{\mathrm{d}z}{\mathrm{d}\xi} & \dfrac{\mathrm{d}x}{\mathrm{d}\xi}\\ \dfrac{\mathrm{d}z}{\mathrm{d}\eta} & \dfrac{\mathrm{d}x}{\mathrm{d}\eta}\end{bmatrix}\begin{bmatrix}\dfrac{\mathrm{d}y}{\mathrm{d}z}\\ \dfrac{\mathrm{d}y}{\mathrm{d}x}\end{bmatrix}=\boldsymbol{J}\begin{bmatrix}\dfrac{\mathrm{d}y}{\mathrm{d}z}\\ \dfrac{\mathrm{d}y}{\mathrm{d}x}\end{bmatrix}\Rightarrow\begin{bmatrix}\dfrac{\mathrm{d}y}{\mathrm{d}z}\\ \dfrac{\mathrm{d}y}{\mathrm{d}x}\end{bmatrix}=\boldsymbol{J}^{-1}\begin{bmatrix}\dfrac{\mathrm{d}y}{\mathrm{d}\xi}\\ \dfrac{\mathrm{d}y}{\mathrm{d}\eta}\end{bmatrix}\tag{5.66}$$

向 $z=0$ 平面投影时，将 x-y 平面转换至标准单元的局部坐标系，有

$$\begin{bmatrix}\dfrac{\mathrm{d}z}{\mathrm{d}\xi}\\ \dfrac{\mathrm{d}z}{\mathrm{d}\eta}\end{bmatrix}=\begin{bmatrix}\dfrac{\mathrm{d}x}{\mathrm{d}\xi} & \dfrac{\mathrm{d}y}{\mathrm{d}\xi}\\ \dfrac{\mathrm{d}x}{\mathrm{d}\eta} & \dfrac{\mathrm{d}y}{\mathrm{d}\eta}\end{bmatrix}\begin{bmatrix}\dfrac{\mathrm{d}z}{\mathrm{d}x}\\ \dfrac{\mathrm{d}z}{\mathrm{d}y}\end{bmatrix}=\boldsymbol{J}\begin{bmatrix}\dfrac{\mathrm{d}z}{\mathrm{d}x}\\ \dfrac{\mathrm{d}z}{\mathrm{d}y}\end{bmatrix}\Rightarrow\begin{bmatrix}\dfrac{\mathrm{d}z}{\mathrm{d}x}\\ \dfrac{\mathrm{d}z}{\mathrm{d}y}\end{bmatrix}=\boldsymbol{J}^{-1}\begin{bmatrix}\dfrac{\mathrm{d}z}{\mathrm{d}\xi}\\ \dfrac{\mathrm{d}z}{\mathrm{d}\eta}\end{bmatrix}\tag{5.67}$$

对于二阶三角形单元及四边形单元，依此类推。

需要注意的是，经过投影后，单元节点的坐标顺序有可能发生变化。定义单元的外法向与单元的节点顺序满足右手螺旋关系，即四指沿节点顺序方向环绕，大拇指所指方向即为单元的外法向。定义坐标平面的外法向为坐标轴的叉乘，如 z-x 平面的外法向为 $\boldsymbol{z}\times\boldsymbol{x}$，即 $\boldsymbol{y}$ 方向；而 x-z 平面的外法向为 $\boldsymbol{x}\times\boldsymbol{z}$，即 $-\boldsymbol{y}$ 方向。

首先，根据单元外法向与坐标平面外法向的夹角关系来判断应取哪个平面坐标系。以向 $y=0$ 平面内投影为例，对于图 5.6（a），单元法向 $\boldsymbol{n}$ 与 $\boldsymbol{y}$ 夹角小于 90°，向 $y=0$ 平面投影后，单元外法向 $\boldsymbol{y}^+$ 与 z-x 平面外法向保持一致，这时就取 z-x 平面为积分平面，需要将节点的 z 坐标和 x 坐标交换顺序。对于图 5.6（b），单元法向 $\boldsymbol{n}$ 与 $-\boldsymbol{y}$ 夹角小于 90°，向 $y=0$ 平面投影后，单元外法向 $\boldsymbol{y}^-$ 与 x-z 平面外法向保持一致，

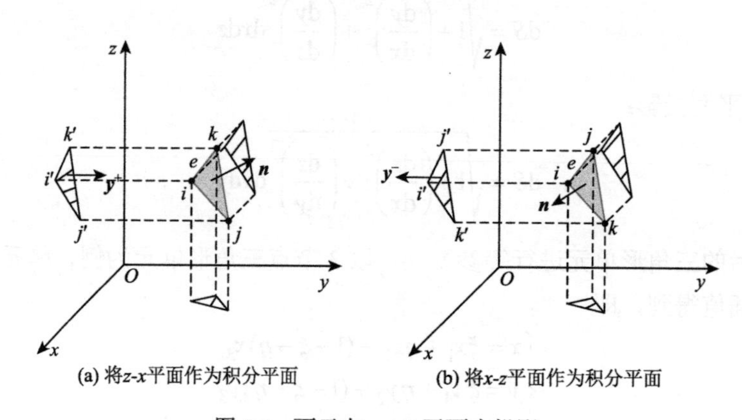

图 5.6 面元向 $y=0$ 平面内投影

这时就取 x-z 平面为积分平面，不用改变节点坐标顺序。对于向其他平面投影，依此类推。

5.3.3 计算 $\boldsymbol{D}$ 矩阵

本节主要讨论对式（5.32）右端项的离散过程。v 由 Mortar 边的形函数 ψ 插值表示为

$$v=\sum_{j=1}^{n_m}\psi_j v_j=\boldsymbol{\Psi}^{\mathrm{T}}\boldsymbol{v} \tag{5.68}$$

n_m 为 Mortar 边上的节点个数。因此有

$$\int_{\Gamma_{\mathrm{nm}}} v\boldsymbol{\mu}\mathrm{d}\Gamma=\left(\int_{\Gamma_{\mathrm{nm}}}\boldsymbol{\mu}\boldsymbol{\Psi}^{\mathrm{T}}\mathrm{d}\Gamma\right)\boldsymbol{v}=\boldsymbol{D}_{4\times 6}\boldsymbol{v} \tag{5.69}$$

其中

$$\boldsymbol{D}=\begin{bmatrix}\int_{\Gamma_{nm}}\mu_2\psi_1\mathrm{d}\Gamma & \int_{\Gamma_{nm}}\mu_2\psi_2\mathrm{d}\Gamma & \cdots & \int_{\Gamma_{nm}}\mu_2\psi_{n_m}\mathrm{d}\Gamma\\ \int_{\Gamma_{nm}}\mu_3\psi_1\mathrm{d}\Gamma & \int_{\Gamma_{nm}}\mu_3\psi_2\mathrm{d}\Gamma & \cdots & \int_{\Gamma_{nm}}\mu_3\psi_{n_m}\mathrm{d}\Gamma\\ \int_{\Gamma_{nm}}\mu_4\psi_1\mathrm{d}\Gamma & \int_{\Gamma_{nm}}\mu_4\psi_2\mathrm{d}\Gamma & \cdots & \int_{\Gamma_{nm}}\mu_4\psi_{n_m}\mathrm{d}\Gamma\\ \int_{\Gamma_{nm}}\mu_5\psi_1\mathrm{d}\Gamma & \int_{\Gamma_{nm}}\mu_5\psi_2\mathrm{d}\Gamma & \cdots & \int_{\Gamma_{nm}}\mu_5\psi_{n_m}\mathrm{d}\Gamma\end{bmatrix} \tag{5.70}$$

根据式（5.35）和式（5.36），同样可利用常规有限元程序来计算 $\boldsymbol{D}$，首先计算 $\boldsymbol{D}'$，即

$$\int_{\Gamma_{nm}} v\boldsymbol{\mu}'\mathrm{d}\Gamma=\left(\int_{\Gamma_{nm}}\boldsymbol{\mu}'\boldsymbol{\Psi}^{\mathrm{T}}\mathrm{d}\Gamma\right)\boldsymbol{v}=\boldsymbol{D}'_{6\times 6}\boldsymbol{v} \tag{5.71}$$

$$\boldsymbol{D}'=\begin{bmatrix}\int_{\Gamma_{nm}}\mu_1'\psi_1\mathrm{d}\Gamma & \int_{\Gamma_{nm}}\mu_1'\psi_2\mathrm{d}\Gamma & \cdots & \int_{\Gamma_{nm}}\mu_1'\psi_{n_m}\mathrm{d}\Gamma\\ \int_{\Gamma_{nm}}\mu_2'\psi_1\mathrm{d}\Gamma & \int_{\Gamma_{nm}}\mu_2'\psi_2\mathrm{d}\Gamma & \cdots & \int_{\Gamma_{nm}}\mu_2'\psi_{n_m}\mathrm{d}\Gamma\\ \vdots & \vdots & & \vdots\\ \int_{\Gamma_{nm}}\mu_6'\psi_1\mathrm{d}\Gamma & \int_{\Gamma_{nm}}\mu_6'\psi_2\mathrm{d}\Gamma & \cdots & \int_{\Gamma_{nm}}\mu_6'\psi_{n_m}\mathrm{d}\Gamma\end{bmatrix} \tag{5.72}$$

再将 $\boldsymbol{D}'$中交界面两端点所对应的行分别加到它们相邻节点对应的行上，得到 $\boldsymbol{D}$。矩阵 $\boldsymbol{D}'$中元素的积分是在非 Mortar 边上进行的，但 ψ 是 Mortar 边单元的形函数，不易获得积分项的解析值。一般采用 Gauss 数值积分来计算 $\boldsymbol{D}'$中的元素值。

以式（5.72）第一个矩阵元素为例，有

$$\int_{\Gamma_{nm}} \mu_1'\psi_1 \mathrm{d}\Gamma = \sum_{i=1}^{5}\int_{e_i} \mu_1'\psi_1 \mathrm{d}\Gamma = \sum_{i=1}^{5}\left[|\boldsymbol{J}| \sum_{k=1}^{G} w_k \mu_1'(\xi_k)\psi_1(\xi_k') \right] \tag{5.73}$$

式中：ξ_k为标准单元中第 k 个积分点的坐标；w_k为相应的权重；$|\boldsymbol{J}|$为坐标变换 Jacobi 矩阵的行列式；$\mu_1'(\xi_k)$为试探函数μ_1'在积分点ξ_k的值；G 为 Gauss 积分点的个数；ξ_k'为ξ_k在 Mortar 单元上的局部坐标；$\psi_1(\xi_k')$为 Mortar 侧第一个主节点的形函数在ξ_k'的值，具体说明如下。

设积分点ξ_1的全局坐标为$P(x_1, y_1)$，P 点落在 Mortar 边Γ_m上的第一个单元内，如图 5.7 所示，则$\psi_1(\xi_1')$为Γ_m上节点 1 的形函数ψ_1在 P 点的取值。

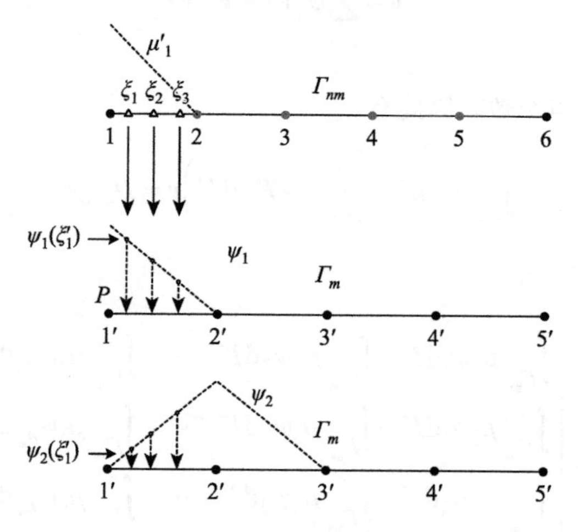

图 5.7　二维情形下 Gauss 积分点在 Mortar 边上的投影

因此，$\boldsymbol{D}'$矩阵的计算流程为：对非 Mortar 边的单元e_{nm}循环，设单元$e_{\mathrm{nm}}(r, s)$的相关节点号为 r 和 s，在从节点集中的行号为$r_{\mathrm{s}}(r)$、$r_{\mathrm{s}}(s)$。对该单元的 Gauss 积分点$\xi_k\,(k=1, 2, \cdots, G)$循环，分别计算基函数$\mu_r'$（对应于节点 r）和μ_s'（对应于节点 s）在积分点 k 的值$\mu_r'(\xi_k)$、$\mu_s'(\xi_k)$；计算积分点ξ_k的全局坐标(x_k, y_k)；找到包含该点的 Mortar 单元$e_{\mathrm{m}}(p, q)$，节点 p、q 在主节点集中的行号为$r_{\mathrm{m}}(p)$、$r_{\mathrm{m}}(q)$；计算（x_k, y_k）在单元e_{m}中的局部坐标ξ_k'，分别计算形函数ψ_p（对应于节点 p）和ψ_q（对应于节点 q）在该点的值$\psi_p(\xi_k')$、$\psi_q(\xi_k')$。

按以下规则组装$\boldsymbol{D}'$矩阵。

（1）$\mu_r'(\xi_k)\psi_p(\xi_k')$→累加到$\boldsymbol{D}'$矩阵中的第$r_{\mathrm{s}}(r)$行、第$r_{\mathrm{m}}(p)$列。

（2）$\mu_r'(\xi_k)\psi_q(\xi_k')$→累加到$\boldsymbol{D}'$矩阵中的第$r_{\mathrm{s}}(r)$行、第$r_{\mathrm{m}}(q)$列。

（3）$\mu_s'(\xi_k)\psi_p(\xi_k')$→累加到$\boldsymbol{D}'$矩阵中的第$r_{\mathrm{s}}(s)$行、第$r_{\mathrm{m}}(p)$列。

（4）$\mu_s'(\xi_k)\psi_q(\xi_k')$→累加到$\boldsymbol{D}'$矩阵中的第$r_{\mathrm{s}}(s)$行、第$r_{\mathrm{m}}(q)$列。

对于高阶线单元，类似处理。计算$\boldsymbol{D}'$矩阵的步骤如图 5.8 所示。

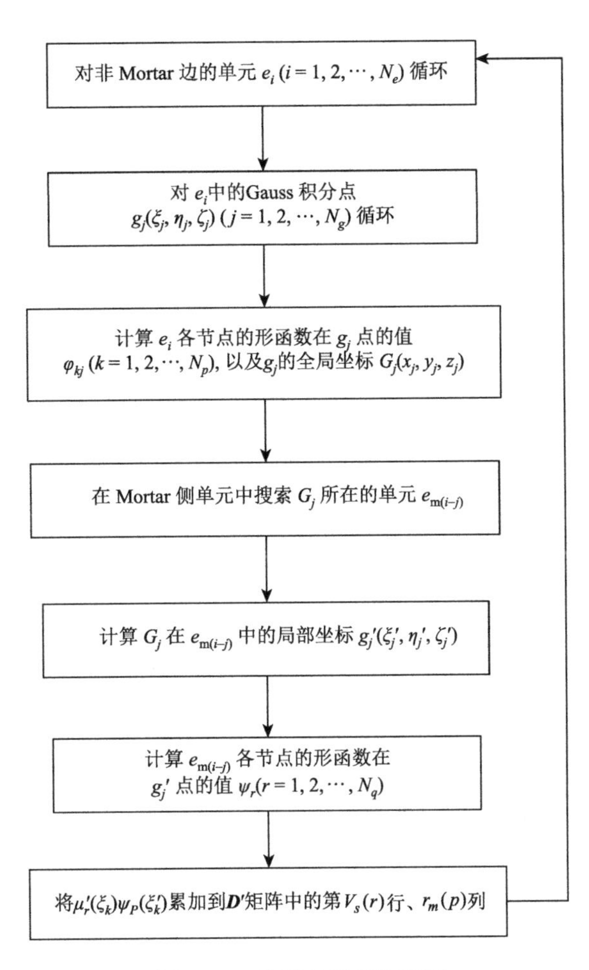

图 5.8　$\boldsymbol{D}'$矩阵的计算流程图

令 Σ_{se} 为非 Mortar 边上的辅单元集，Σ_{gs} 为 Σ_{se} 中的 Gauss 积分点集。令 Mortar 单元集 Σ_{me} 为 Mortar 侧中包含 Σ_{gs} 的所有单元。Σ_{me} 中的节点构成主节点集 Σ_{mn}，有可能 Σ_{mn} 中的部分节点对 $\boldsymbol{D}'$矩阵元素贡献为零。例如，对于非重叠型网格，Σ_{gs} 中的点只落在交界面上，而交界线外的 Mortar 侧节点的形函数在该交界线上的值为零。因此，这些节点在 $\boldsymbol{D}'$矩阵中的对应列为零列。对于重叠型网格，若交界线刚好落在单元的边上，同样存在这样的情况。不过，$\boldsymbol{D}'$矩阵中出现全零列对方程组求解并没有影响。

计算 $\boldsymbol{D}'$矩阵时首先要获得 Σ_{me} 和 Σ_{mn}，有以下两种方式。

（1）由前处理得到 Σ_{me} 和 Σ_{mn}。

在前处理过程中事先指定交界线上的节点集，搜索与之有关的所有单元作为 Σ_{me}，输出单元编号及单元-节点联系数组。将 Σ_{me} 内的所有节点作为 Σ_{mn}，输出节点编号和坐标信息。

这种方式的优点在于搜索 Mortar 单元的范围大大缩小，减少了搜索时间，直接得到了主节点列表。缺点在于通用性较差，遇到重叠型问题时前处理较麻烦，当网格运动时无法执行。因此这种方式适用于静态问题。

（2）由程序搜索得到 Σ_{me} 和 Σ_{mn}。

输出 Σ_{gs}，在程序中搜索 Σ_{gs} 所在的单元，创建 Σ_{me} 和 Σ_{mn} 的列表。在处理运动网格的问题时，必须采用这种方式。

5.3.4 计算 *Q* 矩阵

由式（5.47）和式（5.69），有

$$\boldsymbol{C}\boldsymbol{u} = \boldsymbol{D}\boldsymbol{v} - \begin{bmatrix} u_1\int_{e_1}\varphi_1^{e_1}\mathrm{d}\Gamma \\ 0 \\ 0 \\ u_6\int_{e_5}\varphi_6^{e_5}\mathrm{d}\Gamma \end{bmatrix} = \tilde{\boldsymbol{D}}\boldsymbol{v} \tag{5.74}$$

设 u_1 和 u_6 分别对应于 Mortar 边的节点 j、k，那么

$$\tilde{\boldsymbol{D}} = \begin{bmatrix} \cdots & \int_{\Gamma_{nm}}\mu_2\psi_j\mathrm{d}\Gamma - \int_{e_1}\varphi_1^{e_1}\mathrm{d}\Gamma & \cdots & \int_{\Gamma_{nm}}\mu_2\psi_k\mathrm{d}\Gamma - \int_{e_5}\varphi_6^{e_5}\mathrm{d}\Gamma & \cdots \\ \cdots & \int_{\Gamma_{nm}}\mu_3\psi_j\mathrm{d}\Gamma - \int_{e_1}\varphi_1^{e_1}\mathrm{d}\Gamma & \cdots & \int_{\Gamma_{nm}}\mu_3\psi_k\mathrm{d}\Gamma - \int_{e_5}\varphi_6^{e_5}\mathrm{d}\Gamma & \cdots \\ \cdots & \int_{\Gamma_{nm}}\mu_4\psi_j\mathrm{d}\Gamma - \int_{e_1}\varphi_1^{e_1}\mathrm{d}\Gamma & \cdots & \int_{\Gamma_{nm}}\mu_4\psi_k\mathrm{d}\Gamma - \int_{e_5}\varphi_6^{e_5}\mathrm{d}\Gamma & \cdots \\ \cdots & \int_{\Gamma_{nm}}\mu_5\psi_j\mathrm{d}\Gamma - \int_{e_1}\varphi_1^{e_1}\mathrm{d}\Gamma & \cdots & \int_{\Gamma_{nm}}\mu_5\psi_k\mathrm{d}\Gamma - \int_{e_5}\varphi_6^{e_5}\mathrm{d}\Gamma & \cdots \end{bmatrix} \tag{5.75}$$

因此，得到的 Mortar 条件为

$$\boldsymbol{u} = \boldsymbol{C}^{-1}\tilde{\boldsymbol{D}}\boldsymbol{v} = \boldsymbol{Q}\boldsymbol{v} \tag{5.76}$$

式中：$\boldsymbol{u} = [u_2 \quad u_3 \quad u_4 \quad u_5]^{\mathrm{T}}$，$\boldsymbol{v} = [v_1 \quad v_2 \quad \cdots \quad v_{n_m}]^{\mathrm{T}}$。

下面以一简单例子说明 $\boldsymbol{C}$、$\boldsymbol{D}$、$\boldsymbol{Q}$ 矩阵的计算过程。如图 5.9 所示，求解域分为两个子域 Ω_1 和 Ω_2，一个交界面 Γ_{nm}，令 Ω_1 为从侧，Ω_2 为主侧。

（1）对 Ω_1 建模：首先用线单元对 Γ_{nm} 进行剖分，得到节点 1～6 的编号和坐标，指定节点 1、节点 2 为顶点，并且节点 1 的相邻节点为节点 3，节点 2 的相邻节点为节点 6。输出从节点列表，即节点 3、节点 4、节点 5、节点 6。

（2）对 Ω_2 建模：完成 Ω_2 的剖分后，指定其中的 Mortar 单元，即图 5.9 中的单元，输出主节点列表，即节点 1′、节点 3′、节点 16′、节点 22′、……、节点 64′。指定与 Γ_{nm} 两端部节点对应的节点，即节点 1′对应节点 1，节点 16′对应节点 2。

（3）计算 Γ_{nm} 上的边界积分，得到 $\boldsymbol{C}'$矩阵，将节点 1 对应的行加到节点 3 对应的行上，将节点 2 对应的行加到节点 6 对应的行上，得到 $\tilde{\boldsymbol{C}}$ 矩阵；按式（5.47）对 $\tilde{\boldsymbol{C}}$ 进行压

缩，得到 $\boldsymbol{C}$ 矩阵。同时将节点 1、节点 2 对应的列元素取出，分别保存为 $\boldsymbol{V}_1$、$\boldsymbol{V}_2$。

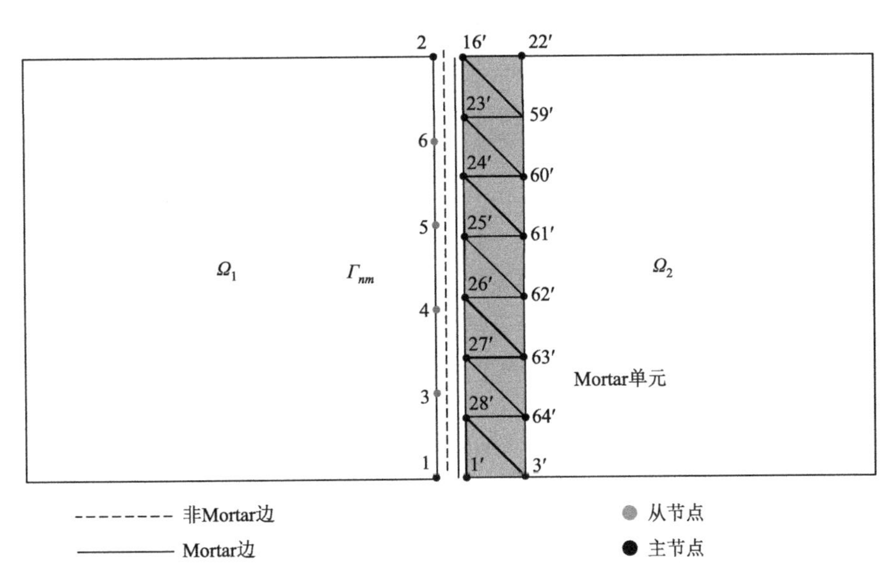

图 5.9 主节点、从节点和 Mortar 单元

（4）计算 $\boldsymbol{D}'$矩阵，将节点 1 对应的行加到节点 3 对应的行上，将节点 2 对应的行加到节点 6 对应的行上，得到 $\boldsymbol{D}$ 矩阵；将节点 1′对应的列减去 V_1，将节点 16′对应的列减去 V_2，得到 $\tilde{\boldsymbol{D}}$ 矩阵。

（5）按式（5.76）计算 $\boldsymbol{Q}$ 矩阵。

5.3.5 方程组的形成

按照前述方式得到 $\boldsymbol{Q}$ 矩阵后，NO-MFEM 的准备工作基本完成。本节主要分析利用 $\boldsymbol{Q}$ 矩阵、各子域的刚度矩阵和载荷向量形成整体方程组的过程。这个过程主要涉及对方程组系数矩阵、载荷向量与 $\boldsymbol{Q}$ 矩阵中的元素进行乘积运算。对交界面主节点、从节点编号方式不同，系数矩阵的形成过程也有所不同。为了简便起见，首先讨论两个子域、一个交界面的情况，随后推广到较复杂的多个子域、多个交界面的情况。

1. 两个子域、一个交界面

首先考虑将求解域划分为两个子域，它们之间只有一个交界面的情况。如图 5.10 所示，将 Ω 划分为 Ω_1 和 Ω_2，两子域只有一个交界面 γ_1。

设 Ω_1 为非 Mortar 侧，对应于 γ_1 的边称为非 Mortar 边（也称为从边），记为 Γ_{nm}；Ω_2 为 Mortar 侧，对应于 γ_1 的边称为 Mortar 边（也称为主边），记为 Γ_m。在 Ω_1 和 Ω_2 内分别采用 Galerkin 有限元法得到方程组

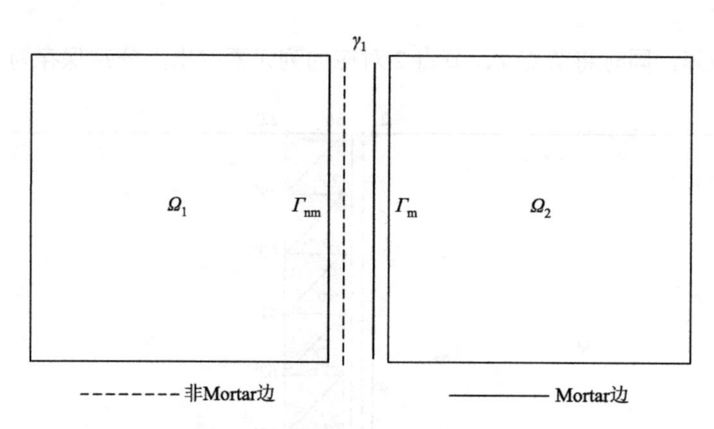

图 5.10　两个子域、一个交界面

$$\boldsymbol{K}_1\boldsymbol{u}_1=\boldsymbol{F}_1 \tag{5.77}$$

$$\boldsymbol{K}_2\boldsymbol{u}_2=\boldsymbol{F}_2 \tag{5.78}$$

将式（5.77）和式（5.78）合写为

$$\left[\begin{array}{c|c}\boldsymbol{K}_1 & \boldsymbol{0} \\ \hline \boldsymbol{0} & \boldsymbol{K}_2\end{array}\right]\left[\begin{array}{c}\boldsymbol{u}_1 \\ \hline \boldsymbol{u}_2\end{array}\right]=\left[\begin{array}{c}\boldsymbol{F}_1 \\ \hline \boldsymbol{F}_2\end{array}\right] \tag{5.79}$$

有两种方式对交界面上主节点、从节点进行编号：一是在前处理中强行对主节点、从节点优先编号；二是任意编号。前者的优点在于系数矩阵的形成过程比较清晰，易于编程实现，并能够从中发现 NO-MFEM 算法的并行特点，有助于对算法的理解，以便推广到更通用的情况。后者使前处理更加简洁，通用性更强，适用于多区域分解的情况。

1）主节点、从节点优先编号方式

将交界面的主节点、从节点优先编号，子域 Ω_1 在交界面上的从节点自由度列向量记为 $\boldsymbol{u}_{1\Gamma}$，子域 Ω_2 中的主节点自由度列向量记为 $\boldsymbol{u}_{2\Gamma}$，其余节点自由度列向量分别记为 $\boldsymbol{u}_{1i}$、$\boldsymbol{u}_{2i}$，因此有

$$\boldsymbol{u}_1=\left[\begin{array}{c}\boldsymbol{u}_{1\Gamma} \\ \hline \boldsymbol{u}_{1i}\end{array}\right],\quad \boldsymbol{u}_2=\left[\begin{array}{c}\boldsymbol{u}_{2\Gamma} \\ \hline \boldsymbol{u}_{2i}\end{array}\right] \tag{5.80}$$

根据 Mortar 条件，从节点的自由度将由主节点的自由度表示，即

$$\boldsymbol{u}_{1\Gamma}=\boldsymbol{Q}\boldsymbol{u}_{2\Gamma} \tag{5.81}$$

将式（5.80）和式（5.81）合写为

$$\left[\begin{array}{c}\boldsymbol{u}_1 \\ \hline \boldsymbol{u}_2\end{array}\right]=\left[\begin{array}{c}\boldsymbol{u}_{1\Gamma} \\ \boldsymbol{u}_{1i} \\ \hline \boldsymbol{u}_{2\Gamma} \\ \boldsymbol{u}_{2i}\end{array}\right]=\left[\begin{array}{ccc}\boldsymbol{0} & \boldsymbol{Q} & \boldsymbol{0} \\ \boldsymbol{I} & \boldsymbol{0} & \boldsymbol{0} \\ \hline \boldsymbol{0} & \boldsymbol{I} & \boldsymbol{0} \\ \boldsymbol{0} & \boldsymbol{0} & \boldsymbol{I}\end{array}\right]\left[\begin{array}{c}\boldsymbol{u}_{1i} \\ \boldsymbol{u}_{2\Gamma} \\ \boldsymbol{u}_{2i}\end{array}\right]=\left[\begin{array}{c}\tilde{\boldsymbol{Q}}_1 \\ \hline \tilde{\boldsymbol{Q}}_2\end{array}\right]\left[\begin{array}{c}\boldsymbol{u}_{1i} \\ \boldsymbol{u}_{2\Gamma} \\ \boldsymbol{u}_{2i}\end{array}\right]=\tilde{\boldsymbol{Q}}\left[\begin{array}{c}\boldsymbol{u}_{1i} \\ \boldsymbol{u}_{2\Gamma} \\ \boldsymbol{u}_{2i}\end{array}\right] \tag{5.82}$$

因此，式（5.79）可写为

$$\left[\begin{array}{c|c}\boldsymbol{K}_1 & \boldsymbol{0} \\ \hline \boldsymbol{0} & \boldsymbol{K}_2\end{array}\right]\tilde{\boldsymbol{Q}}\left[\begin{array}{c}\boldsymbol{u}_{1i} \\ \hline \boldsymbol{u}_{2\Gamma} \\ \boldsymbol{u}_{2i}\end{array}\right]=\left[\begin{array}{c}\boldsymbol{F}_1 \\ \hline \boldsymbol{F}_2\end{array}\right] \tag{5.83}$$

为了使方程组的系数矩阵对称，将式（5.83）左右两边分别左乘$\tilde{\boldsymbol{Q}}^{\mathrm{T}}$，得

$$\tilde{\boldsymbol{Q}}^{\mathrm{T}}\left[\begin{array}{c|c}\boldsymbol{K}_1 & \boldsymbol{0} \\ \hline \boldsymbol{0} & \boldsymbol{K}_2\end{array}\right]\tilde{\boldsymbol{Q}}\left[\begin{array}{c}\boldsymbol{u}_{1i} \\ \hline \boldsymbol{u}_{2\Gamma} \\ \boldsymbol{u}_{2i}\end{array}\right]=\tilde{\boldsymbol{Q}}^{\mathrm{T}}\left[\begin{array}{c}\boldsymbol{F}_1 \\ \hline \boldsymbol{F}_2\end{array}\right] \tag{5.84}$$

$$\tilde{\boldsymbol{Q}}^{\mathrm{T}}\left[\begin{array}{c|c}\boldsymbol{K}_1 & \boldsymbol{0} \\ \hline \boldsymbol{0} & \boldsymbol{K}_2\end{array}\right]\tilde{\boldsymbol{Q}}=\left[\begin{array}{c|c}\tilde{\boldsymbol{Q}}_1^{T} & \tilde{\boldsymbol{Q}}_2^{T}\end{array}\right]\left[\begin{array}{c|c}\boldsymbol{K}_1 & \boldsymbol{0} \\ \hline \boldsymbol{0} & \boldsymbol{K}_2\end{array}\right]\left[\begin{array}{c}\tilde{\boldsymbol{Q}}_1 \\ \hline \tilde{\boldsymbol{Q}}_2\end{array}\right]=\tilde{\boldsymbol{Q}}_1^{\mathrm{T}}\boldsymbol{K}_1\tilde{\boldsymbol{Q}}_1+\tilde{\boldsymbol{Q}}_2^{\mathrm{T}}\boldsymbol{K}_2\tilde{\boldsymbol{Q}}_2 \tag{5.85}$$

将系数矩阵写为

$$\left[\begin{array}{c|c}\boldsymbol{K}_1 & \boldsymbol{0} \\ \hline \boldsymbol{0} & \boldsymbol{K}_2\end{array}\right]=\left[\begin{array}{cc|cc}\boldsymbol{K}_{\Gamma\Gamma}^1 & \boldsymbol{K}_{\Gamma i}^1 & & \\ \boldsymbol{K}_{i\Gamma}^1 & \boldsymbol{K}_{ii}^1 & & \\ \hline & & \boldsymbol{K}_{\Gamma\Gamma}^2 & \boldsymbol{K}_{\Gamma i}^2 \\ & & \boldsymbol{K}_{i\Gamma}^2 & \boldsymbol{K}_{ii}^2\end{array}\right] \tag{5.86}$$

那么有

$$\boldsymbol{K}_1\tilde{\boldsymbol{Q}}_1=\begin{bmatrix}\boldsymbol{K}_{\Gamma\Gamma}^1 & \boldsymbol{K}_{\Gamma \mathrm{i}}^1 \\ \boldsymbol{K}_{i\Gamma}^1 & \boldsymbol{K}_{ii}^1\end{bmatrix}\begin{bmatrix}\boldsymbol{0} & \boldsymbol{Q} & \boldsymbol{0} \\ \boldsymbol{I} & \boldsymbol{0} & \boldsymbol{0}\end{bmatrix}=\begin{bmatrix}\boldsymbol{K}_{\Gamma i}^1 & \boldsymbol{K}_{\Gamma\Gamma}^1\boldsymbol{Q} & \boldsymbol{0} \\ \boldsymbol{K}_{ii}^1 & \boldsymbol{K}_{i\Gamma}^1\boldsymbol{Q} & \boldsymbol{0}\end{bmatrix} \tag{5.87}$$

$$\tilde{\boldsymbol{Q}}_1^{\mathrm{T}}\boldsymbol{K}_1\tilde{\boldsymbol{Q}}_1=\begin{bmatrix}\boldsymbol{0} & \boldsymbol{I} \\ \boldsymbol{Q}^{\mathrm{T}} & \boldsymbol{0} \\ \boldsymbol{0} & \boldsymbol{0}\end{bmatrix}\begin{bmatrix}\boldsymbol{K}_{\Gamma i}^1 & \boldsymbol{K}_{\Gamma\Gamma}^1\boldsymbol{Q} & \boldsymbol{0} \\ \boldsymbol{K}_{ii}^1 & \boldsymbol{K}_{i\Gamma}^1\boldsymbol{Q} & \boldsymbol{0}\end{bmatrix}=\begin{bmatrix}\boldsymbol{K}_{ii}^1 & \boldsymbol{K}_{i\Gamma}^1\boldsymbol{Q} & \boldsymbol{0} \\ \boldsymbol{Q}^{\mathrm{T}}\boldsymbol{K}_{\Gamma i}^1 & \boldsymbol{Q}^{\mathrm{T}}\boldsymbol{K}_{\Gamma\Gamma}^1\boldsymbol{Q} & \boldsymbol{0} \\ \boldsymbol{0} & \boldsymbol{0} & \boldsymbol{0}\end{bmatrix} \tag{5.88}$$

$$\tilde{\boldsymbol{Q}}_2^{\mathrm{T}}\boldsymbol{K}_2\tilde{\boldsymbol{Q}}_2=\begin{bmatrix}\boldsymbol{0} & \boldsymbol{0} \\ \boldsymbol{I} & \boldsymbol{0} \\ \boldsymbol{0} & \boldsymbol{I}\end{bmatrix}\boldsymbol{K}_2\begin{bmatrix}\boldsymbol{0} & \boldsymbol{I} & \boldsymbol{0} \\ \boldsymbol{0} & \boldsymbol{0} & \boldsymbol{I}\end{bmatrix}=\begin{bmatrix}\boldsymbol{0} & \boldsymbol{0} & \boldsymbol{0} \\ \boldsymbol{0} & \boldsymbol{K}_{\Gamma\Gamma}^2 & \boldsymbol{K}_{\Gamma i}^2 \\ \boldsymbol{0} & \boldsymbol{K}_{i\Gamma}^2 & \boldsymbol{K}_{ii}^2\end{bmatrix} \tag{5.89}$$

因此，系数矩阵变为

$$\left[\begin{array}{c|cc}\boldsymbol{K}_{ii}^1 & \boldsymbol{K}_{i\Gamma}^1\boldsymbol{Q} & \boldsymbol{0} \\ \hline \boldsymbol{Q}^{\mathrm{T}}\boldsymbol{K}_{\Gamma i}^1 & \boldsymbol{Q}^{\mathrm{T}}\boldsymbol{K}_{\Gamma\Gamma}^1\boldsymbol{Q}+\boldsymbol{K}_{\Gamma\Gamma}^2 & \boldsymbol{K}_{\Gamma i}^2 \\ \boldsymbol{0} & \boldsymbol{K}_{i\Gamma}^2 & \boldsymbol{K}_{ii}^2\end{array}\right] \tag{5.90}$$

再来看式（5.84）的右端项，有

$$\tilde{\boldsymbol{Q}}^{\mathrm{T}}\left[\begin{array}{c}\boldsymbol{F}_1 \\ \hline \boldsymbol{F}_2\end{array}\right]=\left[\begin{array}{c|c}\tilde{\boldsymbol{Q}}_1^{\mathrm{T}} & \tilde{\boldsymbol{Q}}_2^{\mathrm{T}}\end{array}\right]\left[\begin{array}{c}\boldsymbol{F}_1 \\ \hline \boldsymbol{F}_2\end{array}\right]=\tilde{\boldsymbol{Q}}_1^{\mathrm{T}}\boldsymbol{F}_1+\tilde{\boldsymbol{Q}}_2^{\mathrm{T}}\boldsymbol{F}_2 \tag{5.91}$$

$$\tilde{\boldsymbol{Q}}_1^{\mathrm{T}}\boldsymbol{F}_1=\begin{bmatrix}\boldsymbol{0} & \boldsymbol{I}\\ \boldsymbol{Q}^{\mathrm{T}} & \boldsymbol{0}\\ \boldsymbol{0} & \boldsymbol{0}\end{bmatrix}\begin{bmatrix}\boldsymbol{F}_{1\Gamma}\\ \boldsymbol{F}_{1i}\end{bmatrix}=\begin{bmatrix}\boldsymbol{F}_{1i}\\ \boldsymbol{Q}^{\mathrm{T}}\boldsymbol{F}_{1\Gamma}\\ \boldsymbol{0}\end{bmatrix} \tag{5.92}$$

$$\tilde{\boldsymbol{Q}}_2^{\mathrm{T}}\boldsymbol{F}_2=\begin{bmatrix}\boldsymbol{0} & \boldsymbol{0}\\ \boldsymbol{I} & \boldsymbol{0}\\ \boldsymbol{0} & \boldsymbol{I}\end{bmatrix}\begin{bmatrix}\boldsymbol{F}_{2\Gamma}\\ \boldsymbol{F}_{2i}\end{bmatrix}=\begin{bmatrix}\boldsymbol{0}\\ \boldsymbol{F}_{2\Gamma}\\ \boldsymbol{F}_{2i}\end{bmatrix} \tag{5.93}$$

因此，式（5.84）的右端项变为

$$\tilde{\boldsymbol{Q}}^{\mathrm{T}}\begin{bmatrix}\boldsymbol{F}_1\\ \hline \boldsymbol{F}_2\end{bmatrix}=\begin{bmatrix}\boldsymbol{F}_{1i}\\ \hline \boldsymbol{Q}^{\mathrm{T}}\boldsymbol{F}_{1\Gamma}+\boldsymbol{F}_{2\Gamma}\\ \boldsymbol{F}_{2i}\end{bmatrix} \tag{5.94}$$

将式（5.88）、式（5.89）代入式（5.85），再同式（5.94）一起代入式（5.84），得到待求方程组为

$$\left[\begin{array}{c|cc}\boldsymbol{K}_{ii}^1 & \boldsymbol{K}_{i\Gamma}^1\boldsymbol{Q} & \boldsymbol{0}\\ \hline \boldsymbol{Q}^{\mathrm{T}}\boldsymbol{K}_{\Gamma i}^1 & \boldsymbol{Q}^{\mathrm{T}}\boldsymbol{K}_{\Gamma\Gamma}^1\boldsymbol{Q}+\boldsymbol{K}_{\Gamma\Gamma}^2 & \boldsymbol{K}_{\Gamma i}^2\\ \boldsymbol{0} & \boldsymbol{K}_{i\Gamma}^2 & \boldsymbol{K}_{ii}^2\end{array}\right]\begin{bmatrix}\boldsymbol{u}_{1i}\\ \hline \boldsymbol{u}_{2\Gamma}\\ \boldsymbol{u}_{2i}\end{bmatrix}=\begin{bmatrix}\boldsymbol{F}_{1i}\\ \hline \boldsymbol{Q}^{\mathrm{T}}\boldsymbol{F}_{1\Gamma}+\boldsymbol{F}_{2\Gamma}\\ \boldsymbol{F}_{2i}\end{bmatrix} \tag{5.95}$$

2）节点任意编号方式

对于两个子域、一个交界面的情况，在前处理过程中很容易实现对非 Mortar 边上节点的优先编号。但对 Mortar 单元的节点实现优先编号则比较麻烦，会给剖分过程带来很多不便，通用性不强，可采用节点编号重排的方式来解决，将 Mortar 单元的相关节点编号输出，编写一个编号重排子程序，对这些节点优先编号，并根据修改后的节点编号来修改该子域的单元-节点联系数组。节点编号重排的方法比较容易实现，但不适用于多交界面的情况。另一种方法是理清 $\boldsymbol{Q}$ 中各元素在方程组系数矩阵形成过程中的行列位置，在计算过程中叠加。这种方法要求编程者对于矩阵元素在方程组形成过程中的位置关系非常清晰，通用性较强，且对多子域、多交界面的情况也适用。因此，本书选择这种方式来处理系数矩阵和载荷向量。下面用一个简单的例子来说明系数矩阵的形成过程。

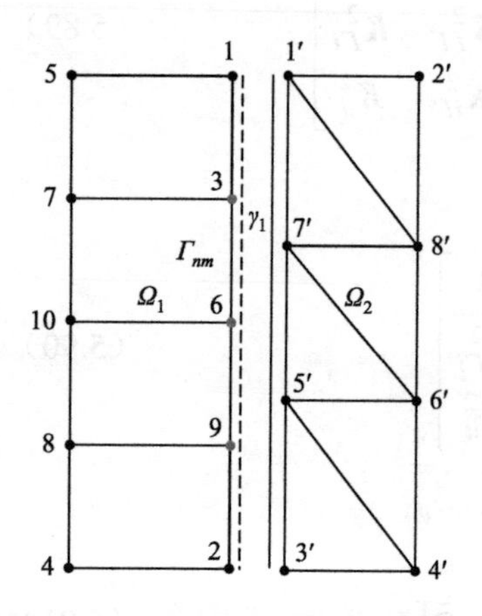

图 5.11　交界面上的节点任意编号

如图 5.11 所示，设节点 1、节点 4、节点 7、节点 10 和节点 2′、节点 6′、节点 8′为 Dirichlet 节点。

在两子域内形成的有限元方程组分别为

$$\boldsymbol{K}_1\boldsymbol{u}_1=\boldsymbol{F}_1 \Rightarrow \begin{bmatrix} K_{11}^1 & K_{12}^1 & \cdots & K_{16}^1 \\ K_{21}^1 & K_{22}^1 & \cdots & K_{26}^1 \\ \vdots & \vdots & & \vdots \\ K_{61}^1 & K_{62}^1 & \cdots & K_{66}^1 \end{bmatrix}\begin{bmatrix} u_1^1 \\ u_2^1 \\ \vdots \\ u_6^1 \end{bmatrix}=\begin{bmatrix} F_1^1 \\ F_2^1 \\ \vdots \\ F_6^1 \end{bmatrix} \tag{5.96}$$

$$\boldsymbol{K}_2\boldsymbol{u}_2=\boldsymbol{F}_2 \Rightarrow \begin{bmatrix} K_{11}^2 & K_{12}^2 & \cdots & K_{15}^2 \\ K_{21}^2 & K_{22}^2 & \cdots & K_{25}^2 \\ \vdots & \vdots & & \vdots \\ K_{51}^2 & K_{52}^2 & \cdots & K_{55}^2 \end{bmatrix}\begin{bmatrix} u_1^2 \\ u_2^2 \\ \vdots \\ u_5^2 \end{bmatrix}=\begin{bmatrix} F_1^2 \\ F_2^2 \\ \vdots \\ F_5^2 \end{bmatrix} \tag{5.97}$$

矩阵元素的上标表示子域编号。其中，

$$\begin{bmatrix} u_1^1 \\ u_2^1 \\ \vdots \\ u_6^1 \end{bmatrix}=\begin{bmatrix} u_2 \\ u_3 \\ u_5 \\ u_6 \\ u_8 \\ u_9 \end{bmatrix}, \quad \begin{bmatrix} u_1^2 \\ u_2^2 \\ \vdots \\ u_5^2 \end{bmatrix}=\begin{bmatrix} u_{1'} \\ u_{3'} \\ u_{4'} \\ u_{5'} \\ u_{7'} \end{bmatrix} \tag{5.98}$$

交界面上的 Mortar 条件为

$$\begin{bmatrix} u_3 \\ u_6 \\ u_9 \end{bmatrix}=\boldsymbol{Q}\begin{bmatrix} u_{1'} \\ u_{3'} \\ u_{5'} \\ u_{7'} \end{bmatrix}=\begin{bmatrix} Q_{11} & Q_{12} & Q_{13} & Q_{14} \\ Q_{21} & Q_{22} & Q_{23} & Q_{24} \\ Q_{31} & Q_{32} & Q_{33} & Q_{34} \end{bmatrix}\begin{bmatrix} u_{1'} \\ u_{3'} \\ u_{5'} \\ u_{7'} \end{bmatrix} \tag{5.99}$$

因此有

$$\begin{bmatrix} u_2 \\ u_3 \\ u_5 \\ u_6 \\ u_8 \\ u_9 \end{bmatrix}=\left[\begin{array}{ccc|ccccc} 1 & 0 & 0 & & & & & \\ 0 & 0 & 0 & Q_{11} & Q_{12} & & Q_{13} & Q_{14} \\ 0 & 1 & 0 & & & & & \\ 0 & 0 & 0 & Q_{21} & Q_{22} & & Q_{23} & Q_{24} \\ 0 & 0 & 1 & & & & & \\ 0 & 0 & 0 & Q_{31} & Q_{32} & & Q_{33} & Q_{34} \end{array}\right]\begin{bmatrix} u_2 \\ u_5 \\ u_8 \\ \hline u_{1'} \\ u_{3'} \\ u_{4'} \\ u_{5'} \\ u_{7'} \end{bmatrix} \tag{5.100}$$

$$\begin{bmatrix} u_{1'} \\ u_{3'} \\ u_{4'} \\ u_{5'} \\ u_{7'} \end{bmatrix}=[\boldsymbol{0} \mid \boldsymbol{I}]\begin{bmatrix} u_2 \\ u_5 \\ u_8 \\ \hline u_{1'} \\ u_{3'} \\ u_{4'} \\ u_{5'} \\ u_{7'} \end{bmatrix} \tag{5.101}$$

即

$$\begin{cases} \boldsymbol{u}_1 = \tilde{\boldsymbol{Q}}_1 \tilde{\boldsymbol{u}} \\ \boldsymbol{u}_2 = \tilde{\boldsymbol{Q}}_2 \tilde{\boldsymbol{u}} \end{cases} \tag{5.102}$$

整体方程组为

$$\left[\begin{array}{c|c} \boldsymbol{K}_1 & \boldsymbol{0} \\ \hline \boldsymbol{0} & \boldsymbol{K}_2 \end{array}\right]\left[\begin{array}{c} \tilde{\boldsymbol{Q}}_1 \\ \hline \tilde{\boldsymbol{Q}}_2 \end{array}\right]\tilde{\boldsymbol{u}} = \left[\begin{array}{c} \boldsymbol{F}_1 \\ \hline \boldsymbol{F}_2 \end{array}\right] \tag{5.103}$$

$$\left[\begin{array}{c} \boldsymbol{K}_1\tilde{\boldsymbol{Q}}_1 \\ \hline \boldsymbol{K}_2\tilde{\boldsymbol{Q}}_2 \end{array}\right]\tilde{\boldsymbol{u}} = \left[\begin{array}{c} \boldsymbol{F}_1 \\ \hline \boldsymbol{F}_2 \end{array}\right] \tag{5.104}$$

将式（5.104）两边左乘$\tilde{\boldsymbol{Q}}^{\mathrm{T}}$，得

$$\left[\begin{array}{c|c} \tilde{\boldsymbol{Q}}_1^{\mathrm{T}} & \tilde{\boldsymbol{Q}}_2^{\mathrm{T}} \end{array}\right]\left[\begin{array}{c} \boldsymbol{K}_1\tilde{\boldsymbol{Q}}_1 \\ \hline \boldsymbol{K}_2\tilde{\boldsymbol{Q}}_2 \end{array}\right]\tilde{\boldsymbol{u}} = \left[\begin{array}{c|c} \tilde{\boldsymbol{Q}}_1^{\mathrm{T}} & \tilde{\boldsymbol{Q}}_2^{\mathrm{T}} \end{array}\right]\left[\begin{array}{c} \boldsymbol{F}_1 \\ \hline \boldsymbol{F}_2 \end{array}\right] \tag{5.105}$$

$$\left(\tilde{\boldsymbol{Q}}_1^{\mathrm{T}}\boldsymbol{K}_1\tilde{\boldsymbol{Q}}_1 + \tilde{\boldsymbol{Q}}_2^{\mathrm{T}}\boldsymbol{K}_2\tilde{\boldsymbol{Q}}_2\right)\tilde{\boldsymbol{u}} = \tilde{\boldsymbol{Q}}_1^{\mathrm{T}}\boldsymbol{F}_1 + \tilde{\boldsymbol{Q}}_2^{\mathrm{T}}\boldsymbol{F}_2 \tag{5.106}$$

其中

$$\begin{aligned}\boldsymbol{K}_1\tilde{\boldsymbol{Q}}_1 &= \begin{bmatrix} K_{11}^1 & K_{12}^1 & \cdots & K_{16}^1 \\ K_{21}^1 & K_{22}^1 & \cdots & K_{26}^1 \\ \vdots & \vdots & & \vdots \\ K_{61}^1 & K_{62}^1 & \cdots & K_{66}^1 \end{bmatrix}\left[\begin{array}{ccc|cccc} 1 & 0 & 0 & & & & \\ 0 & 0 & 0 & Q_{11} & Q_{12} & Q_{13} & Q_{14} \\ 0 & 1 & 0 & & & & \\ 0 & 0 & 0 & Q_{21} & Q_{22} & Q_{23} & Q_{24} \\ 0 & 0 & 1 & & & & \\ 0 & 0 & 0 & Q_{31} & Q_{32} & Q_{33} & Q_{34} \end{array}\right] \\ &= \left[\begin{array}{ccc|ccccc} K_{11}^1 & K_{13}^1 & K_{15}^1 & \Sigma_{11} & \Sigma_{12} & 0 & \Sigma_{13} & \Sigma_{14} \\ K_{21}^1 & K_{23}^1 & K_{25}^1 & \Sigma_{21} & \Sigma_{22} & 0 & \Sigma_{23} & \Sigma_{24} \\ \vdots & \vdots & \vdots & \vdots & \vdots & \vdots & \vdots & \vdots \\ K_{61}^1 & K_{63}^1 & K_{65}^1 & \Sigma_{61} & \Sigma_{62} & 0 & \Sigma_{63} & \Sigma_{64} \end{array}\right]\end{aligned} \tag{5.107}$$

其中

$$\Sigma_{ij} = K_{i2}^1 Q_{1j} + K_{i4}^1 Q_{2j} + K_{i6}^1 Q_{3j} = \sum_{k=1}^{n_s} K_{i,\mathrm{col}(k)}^1 Q_{\mathrm{row}(k),j} \quad (j = 1, 2, \cdots, n_{\mathrm{m}}) \tag{5.108}$$

n_{m}为主节点个数，n_{s}表示从节点的个数，col(k)表示第 k 个从节点对应$\boldsymbol{K}$中的列号，row(k)表示第 k 个从节点在 $\boldsymbol{Q}$ 矩阵中的行号。在本例中，col(1)、col(2)、col(3)分别对应三个从节点的列号 2、4、6，row(k)表示这三个从节点在 $\boldsymbol{Q}$ 矩阵中的行号，即 1、2、3。例如，

$$
\Sigma_{23} = K_{22}^1 Q_{13} + K_{24}^1 Q_{23} + K_{26}^1 Q_{33} \tag{5.109}
$$

因此有

$$
\tilde{\boldsymbol{Q}}_1^T \boldsymbol{K}_1 \tilde{\boldsymbol{Q}}_1 =
$$

$$
\left[\begin{array}{ccc}
1 & & \\
 & 1 & \\
 & & 1 \\
\hline
Q_{11} & Q_{21} & Q_{31} \\
Q_{12} & Q_{22} & Q_{32} \\
 & & \\
Q_{13} & Q_{23} & Q_{33} \\
Q_{14} & Q_{24} & Q_{34}
\end{array}\right]
\left[\begin{array}{ccc|ccccc}
K_{11}^1 & K_{13}^1 & K_{15}^1 & \Sigma_{11} & \Sigma_{12} & 0 & \Sigma_{13} & \Sigma_{14} \\
K_{21}^1 & K_{23}^1 & K_{25}^1 & \Sigma_{21} & \Sigma_{22} & 0 & \Sigma_{23} & \Sigma_{24} \\
\vdots & \vdots & \vdots & \vdots & \vdots & \vdots & \vdots & \vdots \\
K_{61}^1 & K_{63}^1 & K_{65}^1 & \Sigma_{61} & \Sigma_{62} & 0 & \Sigma_{63} & \Sigma_{64}
\end{array}\right]
$$

$$
= \left[\begin{array}{ccc|ccccc}
K_{11}^1 & K_{13}^1 & K_{15}^1 & \Sigma_{11} & \Sigma_{12} & 0 & \Sigma_{13} & \Sigma_{14} \\
K_{31}^1 & K_{33}^1 & K_{35}^1 & \Sigma_{31} & \Sigma_{32} & 0 & \Sigma_{33} & \Sigma_{34} \\
K_{51}^1 & K_{53}^1 & K_{55}^1 & \Sigma_{51} & \Sigma_{52} & 0 & \Sigma_{53} & \Sigma_{54} \\
\hline
\Sigma_{11} & \Sigma_{31} & \Sigma_{51} & \Lambda_{11} & \Lambda_{12} & 0 & \Lambda_{13} & \Lambda_{14} \\
\Sigma_{12} & \Sigma_{32} & \Sigma_{52} & \Lambda_{21} & \Lambda_{22} & 0 & \Lambda_{23} & \Lambda_{24} \\
0 & 0 & 0 & 0 & 0 & 0 & 0 & 0 \\
\Sigma_{13} & \Sigma_{33} & \Sigma_{53} & \Lambda_{31} & \Lambda_{32} & 0 & \Lambda_{33} & \Lambda_{34} \\
\Sigma_{14} & \Sigma_{34} & \Sigma_{54} & \Lambda_{41} & \Lambda_{42} & 0 & \Lambda_{43} & \Lambda_{44}
\end{array}\right]
= \left[\begin{array}{c|c}
\boldsymbol{K}_{ii}^1 & \boldsymbol{\Sigma} \\
\hline
\boldsymbol{\Sigma}^{\mathrm{T}} & \boldsymbol{\Lambda}
\end{array}\right] \tag{5.110}
$$

其中

$$
\Lambda_{ij} = Q_{1i}\Sigma_{2j} + Q_{2i}\Sigma_{4j} + Q_{3i}\Sigma_{6j} = \sum_{k=1}^{n_s} Q_{\mathrm{row}(k),i}\Sigma_{\mathrm{col}(k),j} \tag{5.111}
$$

例如

$$
\begin{aligned}
\Lambda_{12} &= Q_{11}\Sigma_{22} + Q_{21}\Sigma_{42} + Q_{31}\Sigma_{62} \\
&= Q_{11}K_{22}^1 Q_{12} + Q_{11}K_{24}^1 Q_{22} + Q_{11}K_{26}^1 Q_{32} \\
&\quad + Q_{21}K_{42}^1 Q_{12} + Q_{21}K_{44}^1 Q_{22} + Q_{21}K_{46}^1 Q_{32} \\
&\quad + Q_{31}K_{62}^1 Q_{12} + Q_{31}K_{64}^1 Q_{22} + Q_{31}K_{66}^1 Q_{32} \\
\Lambda_{21} &= Q_{12}\Sigma_{21} + Q_{22}\Sigma_{41} + Q_{32}\Sigma_{61} \\
&= Q_{12}K_{22}^1 Q_{11} + Q_{12}K_{24}^1 Q_{21} + Q_{12}K_{26}^1 Q_{31} \\
&\quad + Q_{22}K_{42}^1 Q_{11} + Q_{22}K_{44}^1 Q_{21} + Q_{22}K_{46}^1 Q_{31} \\
&\quad + Q_{32}K_{62}^1 Q_{11} + Q_{32}K_{64}^1 Q_{21} + Q_{32}K_{66}^1 Q_{31}
\end{aligned} \tag{5.112}
$$

$$\Lambda_{12}=\Lambda_{21} \tag{5.113}$$

可见系数矩阵式（5.110）是对称的。子域 Ω_2 对总体系数矩阵的贡献为

$$\tilde{\boldsymbol{Q}}_2^{\mathrm{T}}\boldsymbol{K}_2\tilde{\boldsymbol{Q}}_2=\left[\begin{array}{c|c}\boldsymbol{0} & \boldsymbol{0}\\ \hline \boldsymbol{0} & \boldsymbol{K}_2\end{array}\right] \tag{5.114}$$

将式（5.110）和式（5.114）相加，得到总体系数矩阵为

$$\tilde{\boldsymbol{Q}}_1^{\mathrm{T}}\boldsymbol{K}_1\tilde{\boldsymbol{Q}}_1+\tilde{\boldsymbol{Q}}_2^{\mathrm{T}}\boldsymbol{K}_2\tilde{\boldsymbol{Q}}_2=\left[\begin{array}{c|c}\boldsymbol{K}_{ii}^1 & \boldsymbol{\Sigma}\\ \hline \boldsymbol{\Sigma}^{\mathrm{T}} & \boldsymbol{\Lambda}+\boldsymbol{K}_2\end{array}\right] \tag{5.115}$$

再来看式（5.106）中的载荷向量

$$\tilde{\boldsymbol{Q}}_1^{\mathrm{T}}\boldsymbol{F}_1=\left[\begin{array}{cccccc}1 & & & & & \\ & & 1 & & & \\ & & & & 1 & \\ \hline & Q_{11} & & Q_{21} & & Q_{31}\\ & Q_{12} & & Q_{22} & & Q_{32}\\ & & & & & \\ & Q_{13} & & Q_{23} & & Q_{33}\\ & Q_{14} & & Q_{24} & & Q_{34}\end{array}\right]\begin{bmatrix}F_1^1\\ F_2^1\\ F_3^1\\ F_4^1\\ F_5^1\\ F_6^1\end{bmatrix}=\left[\begin{array}{c}F_1^1\\ F_3^1\\ F_5^1\\ \hline \Sigma_1^f\\ \Sigma_2^f\\ 0\\ \Sigma_3^f\\ \Sigma_4^f\end{array}\right] \tag{5.116}$$

其中

$$\Sigma_i^f=Q_{1i}F_2^1+Q_{2i}F_4^1+Q_{3i}F_6^1=\sum_{k=1}^{n_s}Q_{\mathrm{row}(k),i}F_{\mathrm{col}(k)}^1 \tag{5.117}$$

$$\tilde{\boldsymbol{Q}}_2^{\mathrm{T}}\boldsymbol{F}_2=\left[\frac{\boldsymbol{0}}{\boldsymbol{I}}\right]\boldsymbol{F}_2=\left[\frac{\boldsymbol{0}}{\boldsymbol{F}_2}\right]=\left[\begin{array}{c}0\\0\\0\\ \hline F_1^2\\F_2^2\\F_3^2\\F_4^2\\F_5^2\end{array}\right] \tag{5.118}$$

故有

$$\tilde{\boldsymbol{Q}}_1^{\mathrm{T}}\boldsymbol{F}_1+\tilde{\boldsymbol{Q}}_2^{\mathrm{T}}\boldsymbol{F}_2=\left[\frac{\boldsymbol{F}_i^1}{\boldsymbol{\Sigma}^f+\boldsymbol{F}^2}\right] \tag{5.119}$$

总体方程组为

$$\left[\begin{array}{c|c} \boldsymbol{K}_{ii}^1 & \boldsymbol{\Sigma} \\ \hline \boldsymbol{\Sigma}^{\mathrm{T}} & \boldsymbol{\Lambda}+\boldsymbol{K}_2 \end{array}\right]\tilde{\boldsymbol{u}}=\left[\begin{array}{c} \boldsymbol{F}_i^1 \\ \hline \boldsymbol{\Sigma}^f+\boldsymbol{F}^2 \end{array}\right] \tag{5.120}$$

若子域 Ω_1 为主侧，Ω_2 为从侧，那么得到的方程组为

$$\left[\begin{array}{c|c} \boldsymbol{K}^1+\boldsymbol{\Lambda}' & \boldsymbol{\Sigma}'^{\mathrm{T}} \\ \hline \boldsymbol{\Sigma}' & \boldsymbol{K}_{ii}^2 \end{array}\right]\tilde{\boldsymbol{u}}=\left[\begin{array}{c} \boldsymbol{F}^1+\boldsymbol{\Sigma}'^f \\ \hline \boldsymbol{F}_i^2 \end{array}\right] \tag{5.121}$$

其中 $\boldsymbol{\Lambda}'$、$\boldsymbol{\Sigma}'$、$\boldsymbol{\Sigma}'^f$ 的计算方式与式（5.110）类似。

2. 多个子域、多个交界面

将全域 Ω 划分为 N_d 个子域，子域 Ω_i 的节点个数为 $n_{\mathrm{n}i}$，其中 Dirichlet 节点数为 $n_{\mathrm{d}i}$。这里只考虑几何协调分解的情况，每个交界面上的从节点（或主节点）只属于同一子域 Ω_j。在形成子域有限元方程组的时候，系数矩阵中已经消去了 Dirichlet 节点对应的行和列，约束值已加入方程的右端向量中。用 n_i 表示子域 Ω_i 的方程数。

子域 Ω_i 的有限元方程组为

$$\boldsymbol{K}_i\boldsymbol{u}_i=\boldsymbol{F}_i \tag{5.122}$$

式中：$\boldsymbol{K}_i$ 为刚度矩阵，维数为 $n_i\times n_i$；$\boldsymbol{u}_i$ 为自由度列向量，维数为 $n_i\times 1$；$\boldsymbol{F}_i$ 为载荷向量，维数为 $n_i\times 1$。

全域方程组为

$$\left[\begin{array}{c|c|c|c} \boldsymbol{K}_1 & & & \\ \hline & \boldsymbol{K}_2 & & \\ \hline & & \ddots & \\ \hline & & & \boldsymbol{K}_{N_\mathrm{d}} \end{array}\right]\left[\begin{array}{c} \boldsymbol{u}_1 \\ \hline \boldsymbol{u}_2 \\ \hline \vdots \\ \hline \boldsymbol{u}_{N_\mathrm{d}} \end{array}\right]=\left[\begin{array}{c} \boldsymbol{F}_1 \\ \hline \boldsymbol{F}_2 \\ \hline \vdots \\ \hline \boldsymbol{F}_{N_\mathrm{d}} \end{array}\right] \tag{5.123}$$

设子域 Ω_i 中的从节点个数为 $n_{\mathrm{s}i}$，去掉从节点后的自由度个数为 m_i，并令

$$\sum_{i=1}^{N_\mathrm{d}} n_i=N,\quad \sum_{i=1}^{N_\mathrm{d}} m_i=M \tag{5.124}$$

对自由度列向量进行压缩，得

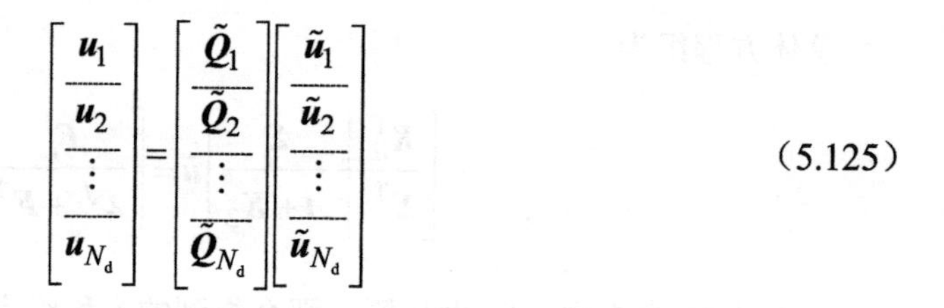

$$\begin{bmatrix} \boldsymbol{u}_1 \\ \hline \boldsymbol{u}_2 \\ \hline \vdots \\ \hline \boldsymbol{u}_{N_\text{d}} \end{bmatrix} = \begin{bmatrix} \tilde{\boldsymbol{Q}}_1 \\ \hline \tilde{\boldsymbol{Q}}_2 \\ \hline \vdots \\ \hline \tilde{\boldsymbol{Q}}_{N_\text{d}} \end{bmatrix} \begin{bmatrix} \tilde{\boldsymbol{u}}_1 \\ \hline \tilde{\boldsymbol{u}}_2 \\ \hline \vdots \\ \hline \tilde{\boldsymbol{u}}_{N_\text{d}} \end{bmatrix} \tag{5.125}$$

因此有

$$\begin{bmatrix} \boldsymbol{K}_1 & & & \\ & \boldsymbol{K}_2 & & \\ & & \ddots & \\ & & & \boldsymbol{K}_{N_\text{d}} \end{bmatrix} \begin{bmatrix} \tilde{\boldsymbol{Q}}_1 \\ \tilde{\boldsymbol{Q}}_2 \\ \vdots \\ \tilde{\boldsymbol{Q}}_{N_\text{d}} \end{bmatrix} = \begin{bmatrix} \boldsymbol{K}_1\tilde{\boldsymbol{Q}}_1 \\ \boldsymbol{K}_2\tilde{\boldsymbol{Q}}_2 \\ \vdots \\ \boldsymbol{K}_{N_\text{d}}\tilde{\boldsymbol{Q}}_{N_\text{d}} \end{bmatrix} \tag{5.126}$$

子域 Ω_i 的自由度可表示为

$$\boldsymbol{u}_i = \begin{bmatrix} u_1^i \\ \vdots \\ u_p^i \\ \vdots \\ u_{n_i}^i \end{bmatrix} = \tilde{\boldsymbol{Q}}_i \begin{bmatrix} \tilde{\boldsymbol{u}}_1 \\ \hline \tilde{\boldsymbol{u}}_2 \\ \hline \vdots \\ \hline \tilde{\boldsymbol{u}}_{N_\text{d}} \end{bmatrix} \tag{5.127}$$

设 u_p^i 为从节点的自由度值，下标 p 表示方程号。用 n_p^i 表示方程号为 p 的自由度对应的节点号。建立一个索引数组 Snode(i)，用来存储子域 Ω_i 中所有从节点的信息，Snode(i) 中元素的含义如下。

（1）n_p^i 为从节点编号。

（2）γ_{ip} 为交界面 γ 的编号。

（3）r_p 为对应 $\boldsymbol{Q}_\gamma$ 矩阵的行号。

编号为 γ_{ip} 的交界面上的 Mortar 条件为

$$\boldsymbol{u}_{i\text{s}} = \boldsymbol{Q}_{\gamma_{ip}} \boldsymbol{u}_{j\text{m}} \tag{5.128}$$

式中：$\boldsymbol{u}_{i\text{s}}$ 表示子域 Ω_i 中属于交界线 γ_{ip} 的从节点集合；$\boldsymbol{Q}_{\gamma_{ip}}$ 表示交界面 γ_{ip} 的主从节点关联矩阵；$\boldsymbol{u}_{j\text{m}}$ 表示子域 Ω_j 中与交界面 γ_{ip} 关联的主节点集合。将式（5.128）展开为

$$\begin{bmatrix} u_{1\text{s}}^i \\ \vdots \\ u_{r_p\text{s}}^i \\ \vdots \\ u_{\text{ss}}^i \end{bmatrix} = \begin{bmatrix} Q_{11} & Q_{12} & \cdots & Q_{1m} \\ \vdots & \vdots & & \vdots \\ Q_{r_p1} & Q_{r_p2} & \cdots & Q_{r_pm} \\ \vdots & \vdots & & \vdots \\ Q_{s1} & Q_{s2} & \cdots & Q_{sm} \end{bmatrix}_{s\times m} \begin{bmatrix} u_{1\text{m}}^j \\ u_{2\text{m}}^j \\ \vdots \\ u_{m\text{m}}^j \end{bmatrix}_{m\times 1} \tag{5.129}$$

$$u_p^i = u_{sr_p}^i = \sum_{k=1}^{m} Q_{r_p k} u_{k\mathrm{m}}^j \tag{5.130}$$

那么有

$$\boldsymbol{u}^i = \begin{bmatrix} u_1^i \\ \vdots \\ \hline u_p^i \\ \hline \vdots \\ u_{n_i}^i \end{bmatrix} = \left[\begin{array}{c|c|c|c|c|c} \cdots & \overbrace{\begin{matrix}1 & & & \\ & \boldsymbol{I} & & \end{matrix}}^{m_i} & \cdots & \overbrace{\begin{matrix} & & & & & \end{matrix}}^{m_j} & \cdots \\ \hline \cdots & 0\quad \boldsymbol{0}\quad \boldsymbol{0}\quad 0 & \cdots & \cdots\ *\ \cdots\ *\ \cdots\ *\ \cdots & \cdots \\ \hline \cdots & \begin{matrix} & \boldsymbol{I} & & \\ & & & 1\end{matrix} & \cdots & & \cdots \end{array}\right]_{n_i\times M} \begin{bmatrix} \tilde{\boldsymbol{u}}_1 \\ \hline \vdots \\ \hline \tilde{\boldsymbol{u}}_i \\ \hline \vdots \\ \hline \tilde{\boldsymbol{u}}_j \\ \hline \vdots \\ \hline \tilde{\boldsymbol{u}}_{N_\mathrm{d}} \end{bmatrix} \begin{matrix} \\ \\ \}m_i \\ \\ \}m_j \\ \\ \\ \end{matrix} \tag{5.131}$$

“*”表示 $\boldsymbol{Q}_{\gamma_{ip}}$ 中的元素，元素之间的对应关系如图 5.12 所示。

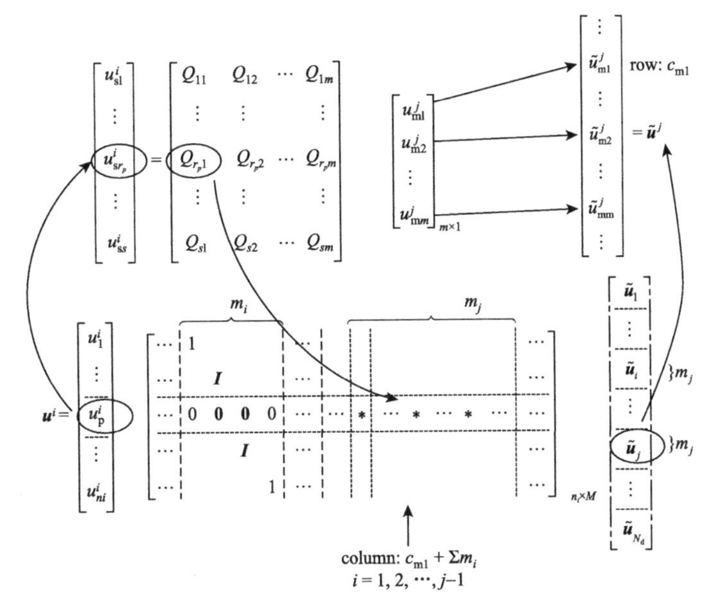

图 5.12　元素的对应关系

根据以上关系，右乘 $\tilde{\boldsymbol{Q}}_i$ 后，$\boldsymbol{K}_i$ 对总体矩阵的贡献包括两部分：第一部分为

$$\tilde{\boldsymbol{K}}_\mathrm{m}^i = \overbrace{\begin{bmatrix} K_{11}^i & \cdots & K_{1(p-1)}^i & K_{1(p+1)}^i & \cdots & K_{1n_i}^i \\ \vdots & & \vdots & \vdots & & \vdots \\ K_{p1}^i & \cdots & K_{p(p-1)}^i & K_{p(p+1)}^i & \cdots & K_{pn_i}^i \\ \vdots & & \vdots & \vdots & & \vdots \\ K_{n_i1}^i & \cdots & K_{n_i(p-1)}^i & K_{n_i(p+1)}^i & \cdots & K_{n_in_i}^i \end{bmatrix}}^{m_i} \tag{5.132}$$

第二部分为

$$\tilde{\boldsymbol{K}}_{\mathrm{s}}^{i}=\left[\begin{array}{ccccccc} \cdots & \overbrace{\sum_{k=1}^{s}K_{1p_k}^{i}Q_{r_p1} & \cdots & \sum_{k=1}^{s}K_{1p_k}^{i}Q_{r_p2} & \cdots & \sum_{k=1}^{s}K_{1p_k}^{i}Q_{r_pm}}^{m_j} & \cdots \\ \cdots & \sum_{k=1}^{s}K_{2p_k}^{i}Q_{r_p1} & \cdots & \sum_{k=1}^{s}K_{2p_k}^{i}Q_{r_p2} & \cdots & \sum_{k=1}^{s}K_{2p_k}^{i}Q_{r_pm} & \cdots \\ \cdots & \vdots & \cdots & \vdots & \cdots & \vdots & \cdots \\ \cdots & \vdots & \cdots & \vdots & \cdots & \vdots & \cdots \\ \cdots & \sum_{k=1}^{s}K_{n_ip_k}^{i}Q_{r_p1} & \cdots & \sum_{k=1}^{s}K_{n_ip_k}^{i}Q_{r_p2} & \cdots & \sum_{k=1}^{s}K_{n_ip_k}^{i}Q_{r_pm} & \cdots \end{array}\right] \tag{5.133}$$

其中只有对应于子域 Ω_j 中主节点的列向量非零，其余元素为零。因此有

$$n_i\left\{\left[\begin{array}{ccc} & \overbrace{\quad}^{n_i} & \\ \hline & \boldsymbol{K}_i & \\ \hline & & \end{array}\right]\right.\left[\begin{array}{c} \\ \hline \tilde{\boldsymbol{Q}}_i \\ \hline \\ \end{array}\right] \Rightarrow n_i\left\{\left[\begin{array}{ccccc} & \overbrace{\quad}^{m_i} & & \overbrace{\quad}^{m_j} & \\ \hline & \tilde{\boldsymbol{K}}_{\mathrm{m}}^{i} & & \tilde{\boldsymbol{K}}_{\mathrm{s}}^{i} & \\ \hline & & & & \end{array}\right]\right. \tag{5.134}$$

左乘 $\tilde{\boldsymbol{Q}}^{\mathrm{T}}$ 得

$$[\overbrace{\tilde{\boldsymbol{Q}}_1^{T}}^{n_1}\ \overbrace{\tilde{\boldsymbol{Q}}_2^{\mathrm{T}}}^{n_2}\cdots\overbrace{\tilde{\boldsymbol{Q}}_{N_{\mathrm{d}}}^{T}}^{n_{N_{\mathrm{d}}}}]\left[\begin{array}{ccccc} & \overbrace{\quad}^{m_i} & & \overbrace{\quad}^{m_j} & \\ \hline \boldsymbol{0} & \tilde{\boldsymbol{K}}_{\mathrm{m}}^{i} & \boldsymbol{0} & \tilde{\boldsymbol{K}}_{\mathrm{s}}^{i} & \boldsymbol{0} \\ \hline & & & & \end{array}\right]\}n_i=\left[\begin{array}{ccccc} & \overbrace{\quad}^{m_i} & & \overbrace{\quad}^{m_j} & \\ \hline \boldsymbol{0} & \tilde{\boldsymbol{K}}_{ii}^{i} & \boldsymbol{0} & \boldsymbol{\Sigma}_{ij} & \boldsymbol{0} \\ \hline & & & & \\ \hline \boldsymbol{0} & \boldsymbol{\Sigma}_{ij}^{\mathrm{T}} & \boldsymbol{0} & \boldsymbol{\Lambda}_{ij} & \boldsymbol{0} \\ \hline & & & & \end{array}\right]\begin{array}{l}\}m_i \\ \\ \}m_j\end{array}=\boldsymbol{K}_{\mathrm{s}i} \tag{5.135}$$

其中 $\boldsymbol{\Sigma}_{ij}$ 和 $\boldsymbol{\Lambda}_{ij}$ 的元素分别按式（5.108）和式（5.111）计算。式（5.135）即为子域 Ω_i 对总体系数矩阵的贡献。对于载荷向量，按式（5.116）和式（5.117）进行计算和叠加，从而可将式（5.123）转化为

$$\left(\sum_{i=1}^{N_{\mathrm{d}}}\boldsymbol{K}_{\mathrm{s}i}\right)\boldsymbol{u}=\left(\sum_{i=1}^{N_{\mathrm{d}}}\boldsymbol{F}_{\mathrm{s}i}\right) \tag{5.136}$$

5.3.6　方程组的求解

由 NO-MFEM 得到的方程组（5.136）可采用串行或并行方式求解。串行求解是指对于 5.3.5 节所述的两种情况，将各子域的刚度矩阵和载荷向量组合成总体刚度矩阵和载荷向量，在单机上进行求解。由于总体方程组系数矩阵保持了稀疏、对称的特性，采用直接法或迭代法均可，这里不做详细讨论。下面着重讨论 NO-MFEM 的并行求解方式。

由式（5.95）、式（5.120）及式（5.135）不难发现，方程组的系数矩阵具有明显的分块性，考虑到迭代法中主要包含矩阵乘向量的运算，这些方程组可通过并行方式求解，且无须组装成总体系数矩阵。而且，这些矩阵块是相互独立的，分别只与各个子域相关，因此完全可以在子域中独立形成。这正是 NO-MFEM 最重要的特点：从网格剖分到方程组求解均可并行。

以两个子域、一个交界面的情况为例，将方程组（5.95）的系数矩阵分成两项之和：

$$
\begin{aligned}
\tilde{\boldsymbol{Q}}_1^{\mathrm{T}}\boldsymbol{K}_1\tilde{\boldsymbol{Q}}_1+\tilde{\boldsymbol{Q}}_2^{\mathrm{T}}\boldsymbol{K}_2\tilde{\boldsymbol{Q}}_2&=\begin{bmatrix}\boldsymbol{K}_{ii}^1 & \mathbf{K}_{i\Gamma}^1\boldsymbol{Q} & \mathbf{0}\\ \boldsymbol{Q}^{\mathrm{T}}\boldsymbol{K}_{\Gamma i}^1 & \boldsymbol{Q}^{\mathrm{T}}\boldsymbol{K}_{\Gamma\Gamma}^1\boldsymbol{Q} & \mathbf{0}\\ \mathbf{0} & \mathbf{0} & \mathbf{0}\end{bmatrix}+\begin{bmatrix}\mathbf{0} & \mathbf{0} & \mathbf{0}\\ \mathbf{0} & \boldsymbol{K}_{\Gamma\Gamma}^2 & \boldsymbol{K}_{\Gamma i}^2\\ \mathbf{0} & \boldsymbol{K}_{i\Gamma}^2 & \boldsymbol{K}_{ii}^2\end{bmatrix}\\
&=\tilde{\boldsymbol{K}}_1+\tilde{\boldsymbol{K}}_2
\end{aligned}
\tag{5.137}
$$

将方程组（5.95）的右端列向量也分为两项之和：

$$
\left[\begin{array}{c}\boldsymbol{F}_{1i}\\ \hdashline \boldsymbol{Q}^{\mathrm{T}}\boldsymbol{F}_{1\Gamma}+\boldsymbol{F}_{2\Gamma}\\ \boldsymbol{F}_{2i}\end{array}\right]=\begin{bmatrix}\boldsymbol{F}_{1i}\\ \boldsymbol{Q}^{\mathrm{T}}\boldsymbol{F}_{1\Gamma}\\ \mathbf{0}\end{bmatrix}+\begin{bmatrix}\mathbf{0}\\ \boldsymbol{F}_{2\Gamma}\\ \boldsymbol{F}_{2i}\end{bmatrix}=\tilde{\boldsymbol{F}}_1+\tilde{\boldsymbol{F}}_2 \tag{5.138}
$$

从而有

$$
(\tilde{\boldsymbol{K}}_1+\tilde{\boldsymbol{K}}_2)\tilde{\boldsymbol{u}}=\tilde{\boldsymbol{F}}_1+\tilde{\boldsymbol{F}}_2 \tag{5.139}
$$

下面以双共轭梯度法为例，说明并行算法的步骤，其他迭代类型的求解方法可类推。双共轭梯度法定义内积为

$$
\langle \boldsymbol{f},\mathbf{g}\rangle=\sum_{i=1}^{n}f_i g_i \tag{5.140}
$$

对于方程组 $\boldsymbol{Ax}=\boldsymbol{b}$，双共轭梯度法的算法步骤如下。

初始向量为 $\boldsymbol{x}_1$，满足：

$$r_1 = b - Ax_1 \tag{5.141}$$

$$p_1 = r_1 \tag{5.142}$$

对 $k = 1, 2, 3, \cdots, n$，进行如下迭代：

$$\alpha_k = \frac{\langle r_k, r_k \rangle}{\langle Ap_k, p_k \rangle} \tag{5.143}$$

$$x_{k+1} = x_k + \alpha_k p_k \tag{5.144}$$

$$r_{k+1} = r_k - \alpha_k A p_k \tag{5.145}$$

$$\gamma_k = \frac{\langle r_{k+1}, r_{k+1} \rangle}{\langle r_k, r_k \rangle} \tag{5.146}$$

$$p_{k+1} = r_{k+1} + \gamma_k p_k \tag{5.147}$$

当满足式（5.147）时终止：

$$\frac{\| r_{k+1} \|}{\| b \|} < \varepsilon \tag{5.148}$$

式中：ε 为公差，表示解的精度。

根据以上步骤，针对方程组（5.139），可建立并行的双共轭梯度法，该算法步骤如下。

（1）设定初值 $\tilde{u}_1$。

（2）并行计算 $R_1 = \tilde{F}_1 - \tilde{K}_1 \tilde{u}_1$ 和 $R_2 = \tilde{F}_2 - \tilde{K}_2 \tilde{u}_1$。

（3）在主机上求和 $r_1 = R_1 + R_2$。

（4）搜索向量赋值 $p_1 = r_1$。

（5）进入迭代循环，依次执行以下步骤。

在主机上计算 $\langle r_k, r_k \rangle$；

并行计算 $\tilde{K}_1 p_k$ 和 $\tilde{K}_2 p_k$，在主机上求和 $\tilde{K}_1 p_k + \tilde{K}_2 p_k = K p_k$；

在主机上计算 $\langle K p_k, p_k \rangle$，计算 $\alpha_k = \dfrac{\langle r_k, \mathrm{r}r \rangle}{\langle K p_k, p_k \rangle}$；

在主机上计算 $x_{k+1} = x_k + \alpha_k p_k$；

在主机上计算 $r_{k+1} = r_k - \alpha_k K p_k$；

在主机上计算 $\gamma_k = \dfrac{\langle r_{k+1}, r_{k+1} \rangle}{\langle r_k, r_k \rangle}$；

在主机上计算 $p_{k+1} = r_{k+1} + \gamma_k p_k$；

当满足 $\dfrac{\| r_{k+1} \|}{\| b \|} < \varepsilon$ 时终止，否则回到步骤（5）。

NO-MFEM 的前处理方式及串行算法、并行算法分别如图 5.13、图 5.14 所示。由此可见，计算量较大的矩阵乘向量过程可对各个子域同时进行，而在主机上只用完成列向量的加、减和内积运算。这样一来，从剖分到方程组求解均可并行。不仅如此，对于大规模问题（自由度达百万甚至千万），整体方程组的系数矩阵根本无法在单机上保存，成为应用瓶颈。这时可采用 NO-MFEM 将求解域划分为多个子域，将系数矩阵分配到各个单机上计算和保存，不用进行叠加，从而解决存储容量和运算速度的问题。

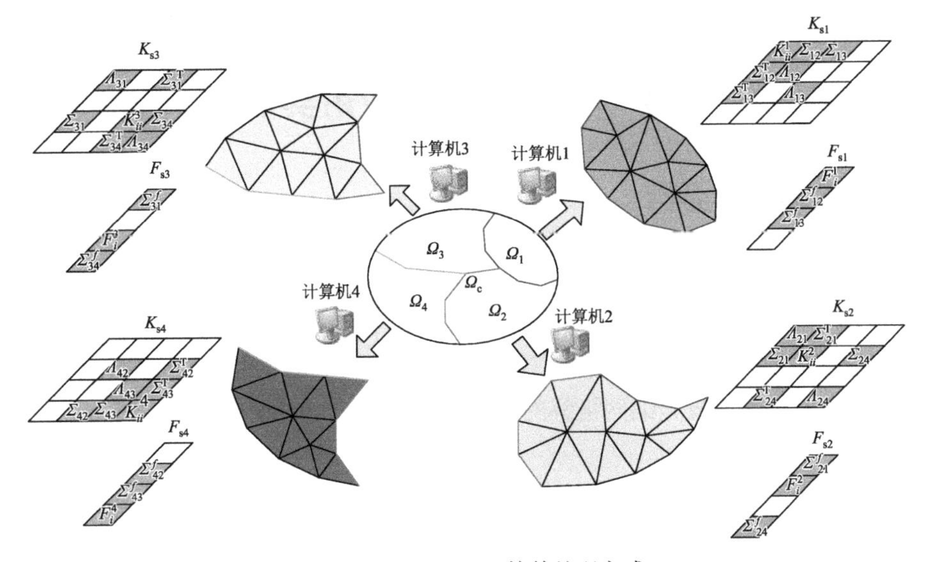

图 5.13　NO-MFEM 的前处理方式

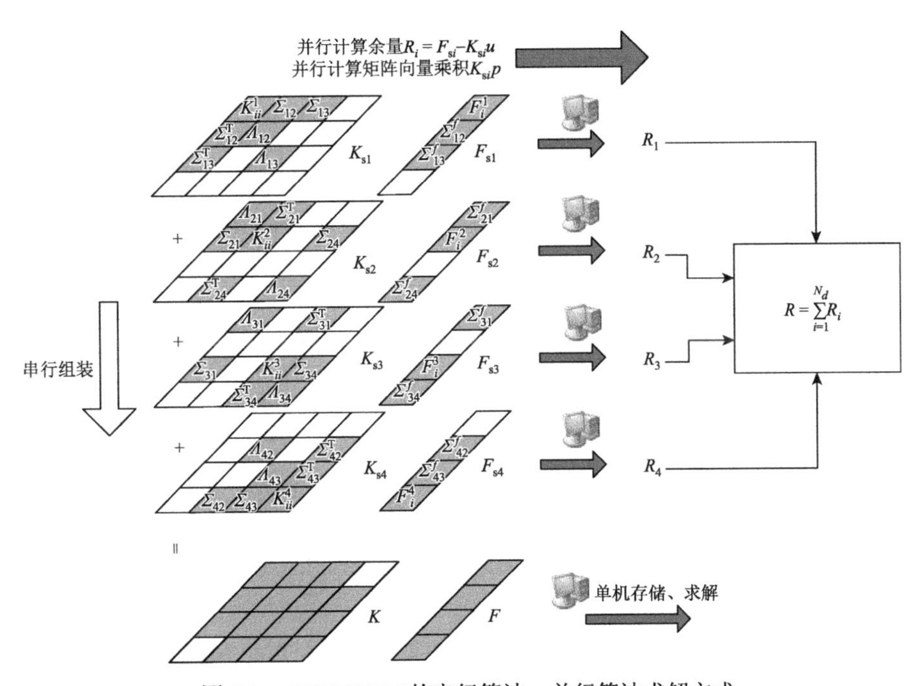

图 5.14　NO-MFEM 的串行算法、并行算法求解方式

由上可见，区域分解之后，各子域的剖分和系数矩阵的形成均是相互独立的，通过Mortar条件对系数矩阵和载荷向量的修改，可形成相互独立的子域系数矩阵 $\boldsymbol{K}_{si}$ 和载荷向量 $\boldsymbol{F}_{si}$。将它们叠加，则构成总体方程组，可采用常规串行算法求解。更重要的是，这种分块结构具有很好的并行特性，对于求解大规模问题而言，其优点是明显的：从建模剖分至方程组求解，各个步骤均可在子域独立完成，系数矩阵无须组装，分别保存在各个结点机，从而解决了存储量问题；而迭代算法中的矩阵向量求积过程也在各个结点机并行执行，只有向量的加减、内积运算在主机上执行，有助于方程组的快速求解。

5.4 NO-MFEM 应用实例

5.4.1 电磁继电器算例

为了验证本章方法和程序的正确性，本节采用NO-MFEM求解电磁继电器问题。图5.15给出了电磁继电器二维轴对称模型及其尺寸。其中线圈匝数为650，单匝线圈的电流为1 A。对于电磁继电器而言，气隙磁场是比较关心的物理量，因此设观测线1位于气隙中间。同时为了检验细网格解的精度，将观测线2设于衔铁中间。

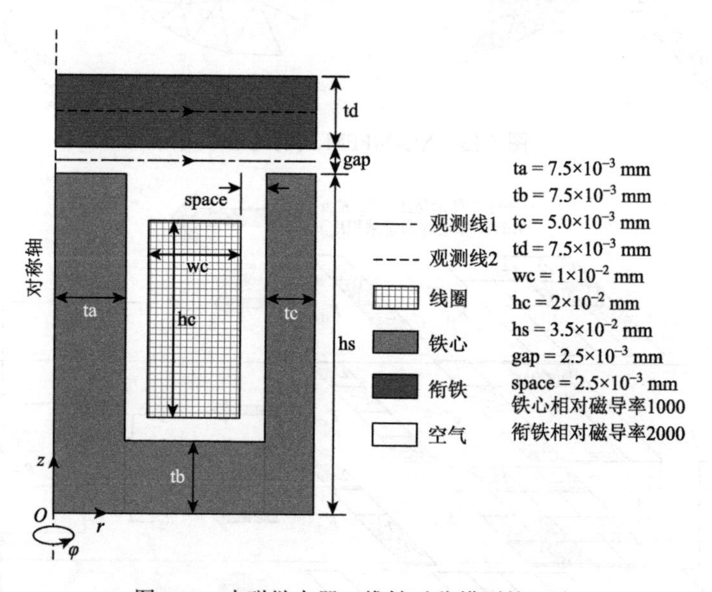

图5.15　电磁继电器二维轴对称模型的尺寸

将观测线及交界面上的解作为误差分析的对象，并考察不同子域的解在交界面上的连续性。在Mortar侧和非Mortar侧分别选用相同或不同类型、阶数的单元组合，比较各种组合方式下解的误差情况。

将求解域划分为大小相等的两个子域 Ω_1 和 Ω_2，令 Ω_1 为非Mortar侧，Ω_2 为Mortar侧，如图5.16所示。交界面为 Γ，Γ_{nm} 为 Ω_1 的非Mortar边，Γ_m 为 Ω_2 中的Mortar边。

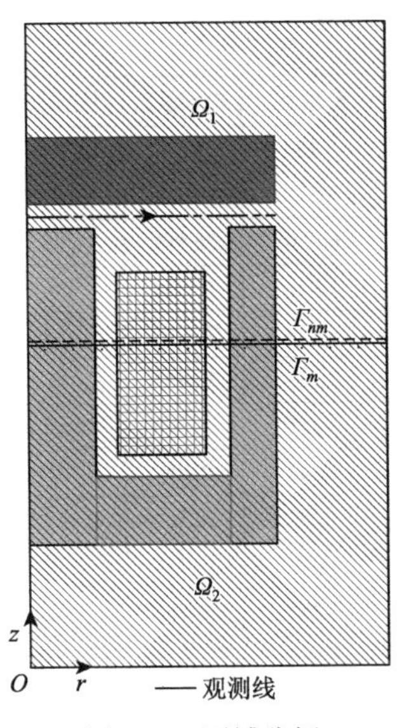

图 5.16　区域分解

在表 5.1 给出的 16 种不同的单元组合情况下，分别进行 NO-MFEM 求解，考察单元阶数、形状对结果的影响。t3、t6、q4、q8 分别表示 3 节点三角形单元、6 节点三角形单元、4 节点四边形单元、8 节点四边形单元。

表 5.1　不同的单元组合

Ω_1 \ Ω_2	t3	t6	q4	q8
t3	a	b	c	d
t6	e	f	g	h
q4	i	j	k	l
q8	m	n	o	p

表 5.2 给出了这 16 种情况及参考解的前处理信息。

表 5.2　16 种剖分方式及参考解的前处理信息

单位组合	区域	单元数	节点数	K_i 维数	K_i 非零元	从节点数	主节点数	K 维数	K 非零元
a	Ω_1	5 940	3 087	2 919	19 999	67	0	4 098	44 682
	Ω_2	2 552	1 353	1 244	8 406	0	88		
b	Ω_1	5 940	3 087	2 919	19 999	67	0	7 894	169 190
	Ω_2	2 552	5 257	5 040	56 288	0	261		
c	Ω_1	5 940	3 087	2 919	19 999	67	0	4 230	48 704
	Ω_2	1 408	1 485	1 376	11 938	0	90		
d	Ω_1	5 940	3 087	2 919	19 999	67	0	7 014	153 480
	Ω_2	1 408	4 377	4 160	63 144	0	223		
e	Ω_1	3 478	7 131	6 850	76 998	95	0	8 001	121 667
	Ω_2	2 552	1 353	1 244	8 406	0	90		

续表

单位组合	区域	单元数	节点数	K_i维数	K_i非零元	从节点数	主节点数	K维数	K非零元
f	Ω_1	3 478	7 131	6 850	76 998	95	0	10 073	225 099
	Ω_2	3 489	1 684	3 316	36 806	0	207		
g	Ω_1	3 478	7 131	6 850	76 998	95	0	8 133	126 185
	Ω_2	1 408	1 485	1 376	11 938	0	90		
h	Ω_1	3 478	7 131	6 850	76 998	95	0	9 013	190 301
	Ω_2	768	2 417	2 256	33 856	0	163		
i	Ω_1	3 300	3 417	3 250	28 564	67	0	4 429	53 949
	Ω_2	2 552	1 353	1 244	8 406	0	88		
j	Ω_1	3 300	3 417	3 250	28 564	67	0	8 225	180 167
	Ω_2	2 552	5 257	5 040	56 288	0	261		
k	Ω_1	3 300	3 417	3 250	28 564	67	0	4 561	57 991
	Ω_2	1 408	1 485	1 376	11 938	0	90		
l	Ω_1	3 300	3 417	3 250	28 564	67	0	7 345	164 077
	Ω_2	1 408	4 377	4 160	63 144	0	223		
m	Ω_1	1 920	5 937	5 680	86 624	97	0	6 829	123 933
	Ω_2	2 552	1 353	1 244	8 406	0	88		
n	Ω_1	1 920	5 937	5 680	86 624	97	0	8 597	208 093
	Ω_2	1 530	3 173	3 012	33 382	0	198		
o	Ω_1	1 920	5 937	5 680	86 624	97	0	6 961	128 283
	Ω_2	1 408	1 485	1 376	11 938	0	90		
p	Ω_1	1 920	5 937	5 680	86 624	97	0	7 841	186 435
	Ω_2	768	2 417	2 256	33 856	0	163		
ref	Ω	7 875	23 986					23 266	359 398

注：ref 为作为参考的有限元模型。

以单元组合方式 k 为例，在两子域的交界面上，NO-MFEM 允许 Γ_{nm} 与 Γ_m 上的节点不必满足逐点匹配条件，如图 5.17 所示。

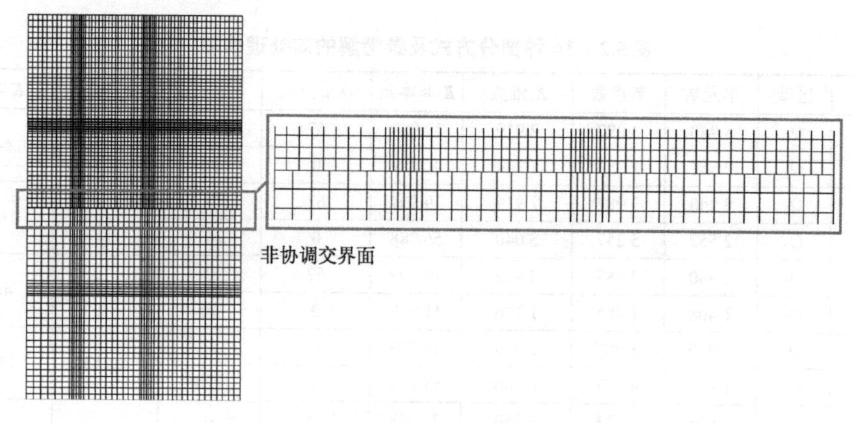

图 5.17　子域网格剖分与非协调交界面

正如前面分析的，得到的 $\boldsymbol{Q}$ 矩阵中含有大量的零元素，如图 5.18 所示。

图 5.18　剖分方式 k 得到 $\boldsymbol{Q}$ 矩阵元素值

用有限元法得到的子域系数矩阵为稀疏、对称、正定的，如图 5.19（a）、（b）所示。经过 $\boldsymbol{Q}$ 矩阵的作用后，子域 1 对总体系数矩阵的贡献如图 5.19（c）所示，$\boldsymbol{K}_1$ 中对应于从节点的行和列被去掉，并产生了局部满阵。子域 2 中无从节点，因此其产生的 $\boldsymbol{K}_{s2}$ 与 $\boldsymbol{K}_2$ 一致。$\boldsymbol{K}_{s1}$ 与 $\boldsymbol{K}_{s2}$ 叠加后，得到如图 5.19（d）所示的总体系数矩阵。

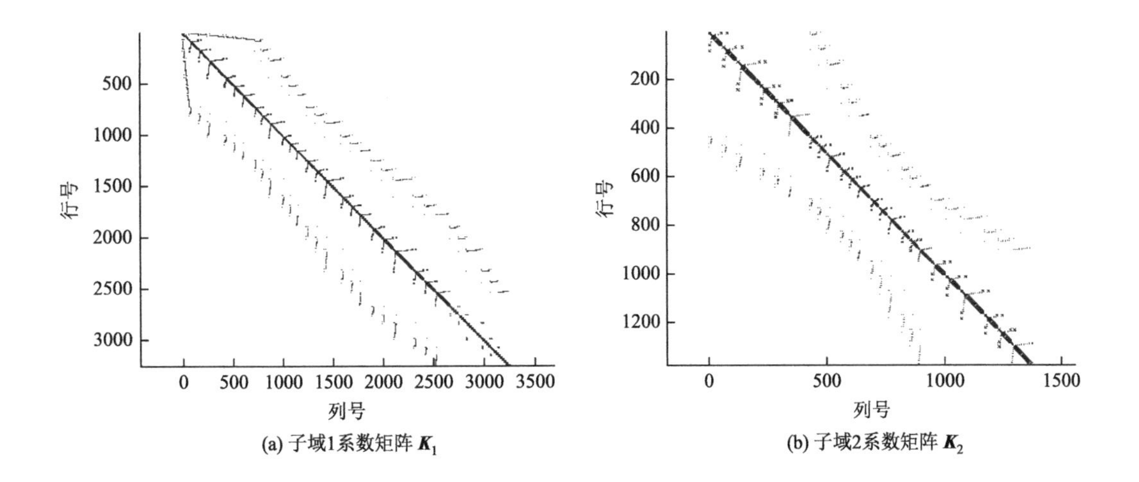

(a) 子域1系数矩阵 $\boldsymbol{K}_1$　　(b) 子域2系数矩阵 $\boldsymbol{K}_2$

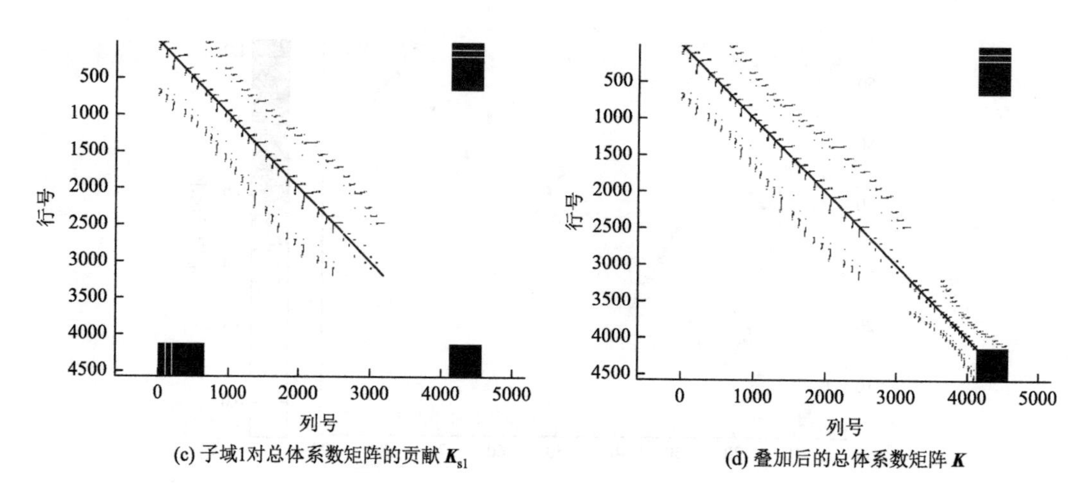

(c) 子域1对总体系数矩阵的贡献 $\boldsymbol{K}_{s1}$　　(d) 叠加后的总体系数矩阵 $\boldsymbol{K}$

图 5.19　系数矩阵中的非零元分布

图 5.20 为单元组合方式 k 下得到的场分布，与参考解非常吻合。其他 15 种情况也得到类似的结果，这里不一一列出。

将这 16 种情况下得到的交界面上 A_φ 值与参考解进行比较，据此得到 16 种情况下在交界面 Γ 上的 A_φ 值分布与误差曲线，如图 5.21 和图 5.22 所示。

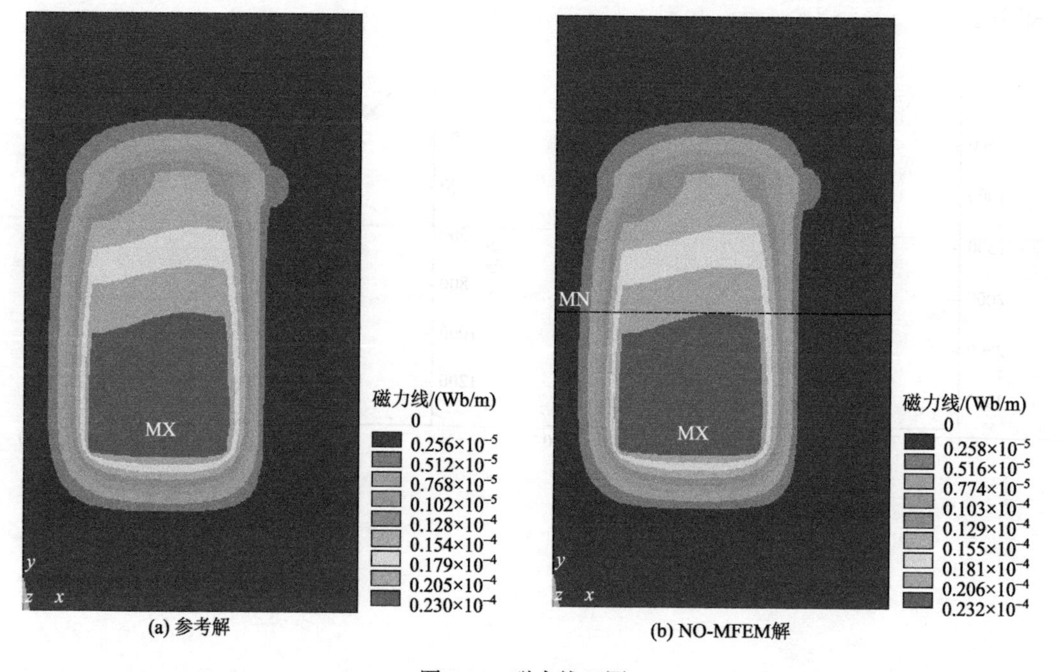

(a) 参考解　　(b) NO-MFEM解

图 5.20　磁力线云图

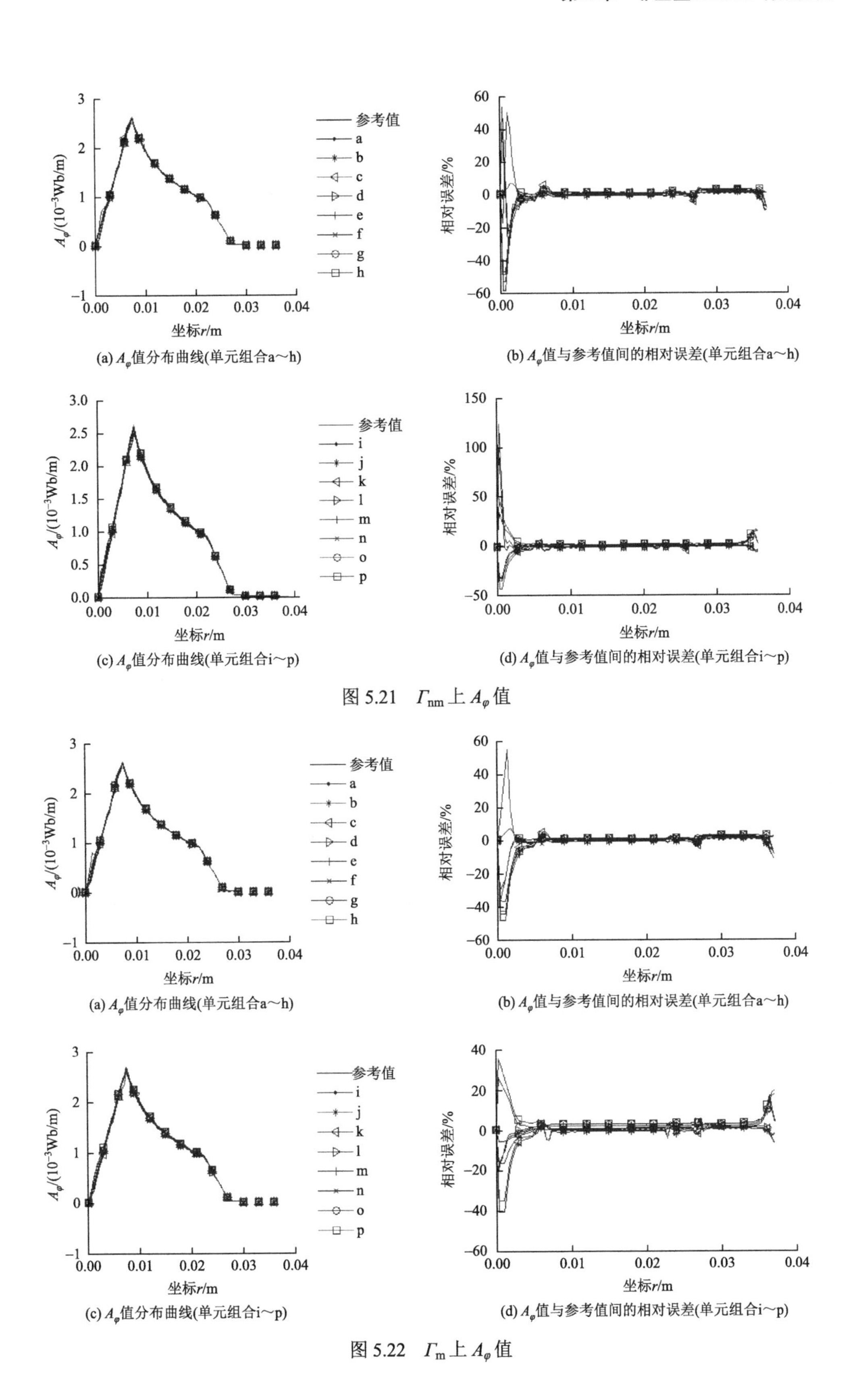

(a) A_φ值分布曲线(单元组合a～h)

(b) A_φ值与参考值间的相对误差(单元组合a～h)

(c) A_φ值分布曲线(单元组合i～p)

(d) A_φ值与参考值间的相对误差(单元组合i～p)

图 5.21　Γ_{nm}上A_φ值

(a) A_φ值分布曲线(单元组合a～h)

(b) A_φ值与参考值间的相对误差(单元组合a～h)

(c) A_φ值分布曲线(单元组合i～p)

(d) A_φ值与参考值间的相对误差(单元组合i～p)

图 5.22　Γ_{m}上A_φ值

由图 5.21 和图 5.22 可以看出，在交界面靠近对称轴的部分，相对误差较大，最大值达到 100%以上，而在中间段相对误差较小，与参考解基本吻合。

在交界面上，两子域的解保持了很好的连续性，只是在靠近左端的部分出现较大误差，如图 5.23 所示。

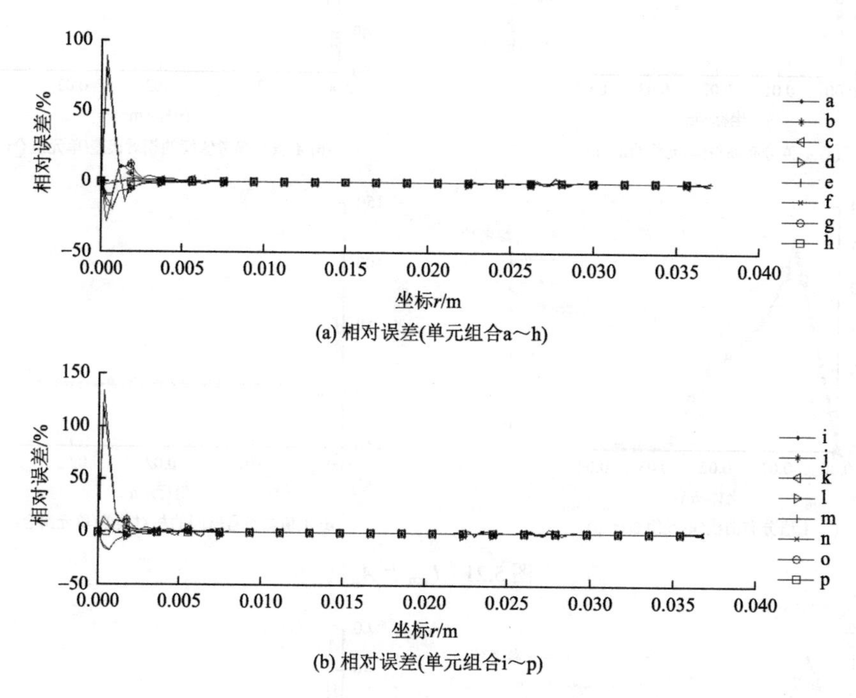

图 5.23　Γ_{nm} 与 Γ_{m} 上 A_φ 值比较（以参考值为基准）

这 16 种单元组合方式下，交界面上解的平均误差在 4%以下。在 t6-q8 单元组合下得到的平均误差最小，为 0.98%（Γ_{nm}-参考值）、0.98%（Γ_{m}-参考值）、0.08%（Γ_{nm}-Γ_{m}）。方式 b、d、e、g、j、l、m、o 下，交界面两侧单元阶数不同，由图 5.24 可以看出，在

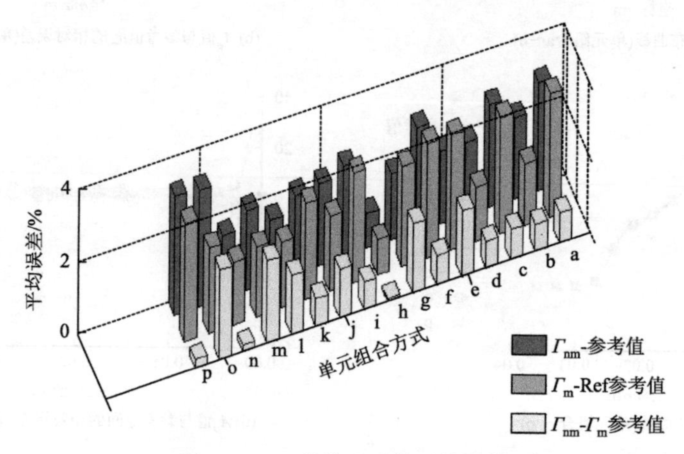

图 5.24　16 种情况下的平均误差

这类情况下，解的连续性误差明显比两侧为同阶单元时的误差大。其中当非 Mortar 侧为高阶单元，而 Mortar 侧为低阶单元（e、g、m、o）时，误差又明显大于另外四种情况（b、d、j、l）。因此，子域两侧的单元阶数保持一致能够减小非协调误差。

结合表 5.1，解的误差与总体系数矩阵维数有关，有随维数增大而减小的趋势。方式 a、c、i、k 的维数为 4000～4600，解的误差比较接近；方式 b、d、e、g、j、l、m、o、p 的维数 7000～8600，解的误差更加接近。

将 NO-MFEM 得到的观测线上的 A_φ 值也与参考值进行了比较，结果如图 5.25 所示。

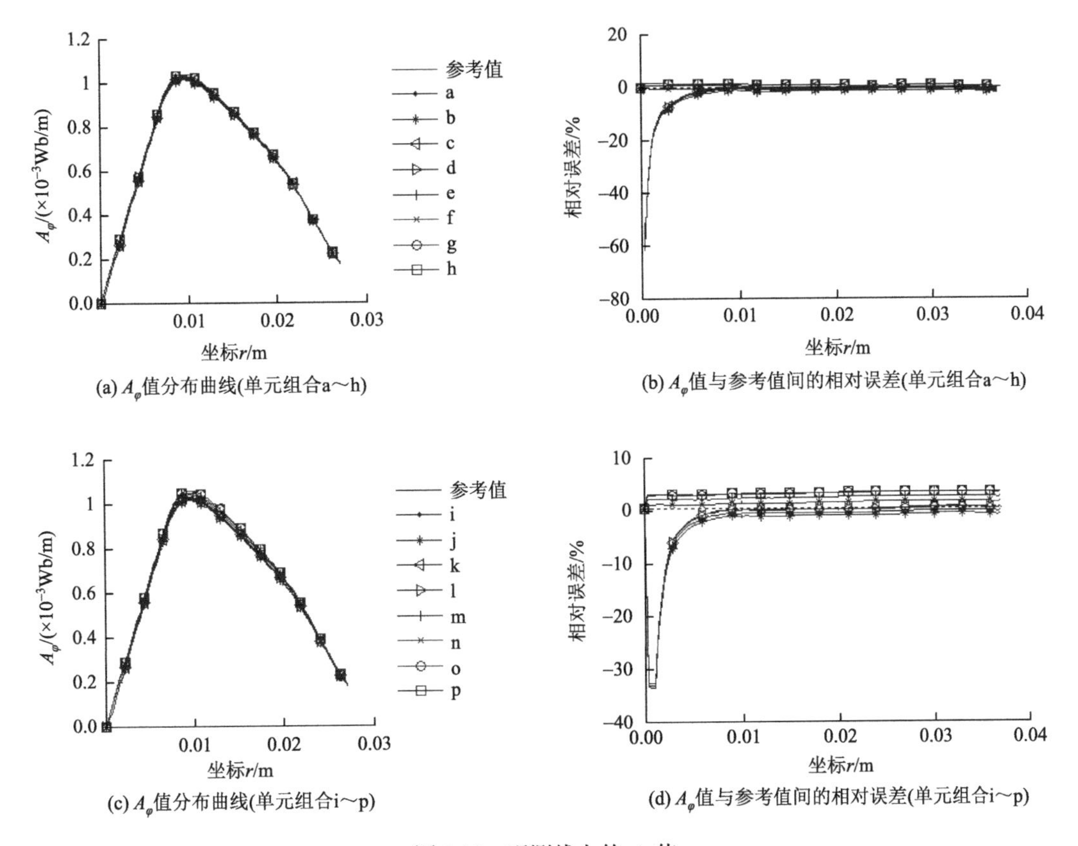

(a) A_φ值分布曲线(单元组合a～h)　(b) A_φ值与参考值间的相对误差(单元组合a～h)

(c) A_φ值分布曲线(单元组合i～p)　(d) A_φ值与参考值间的相对误差(单元组合i～p)

图 5.25　观测线上的 A_φ 值

方式 a、b、c、d、i、j、k、l 下，在观测线上靠近左端的误差较大，平均误差在 3%以下，如图 5.26 所示。

通过对 NO-MFEM 非协调误差分析，可知当非协调面取在材料参数变化剧烈的交界面上时，即使迭代过程依然能够收敛，但解的误差较大。为此，这里将子域分界面取在铁心上沿，对分界面上解的误差进行分析，如图 5.27 所示。

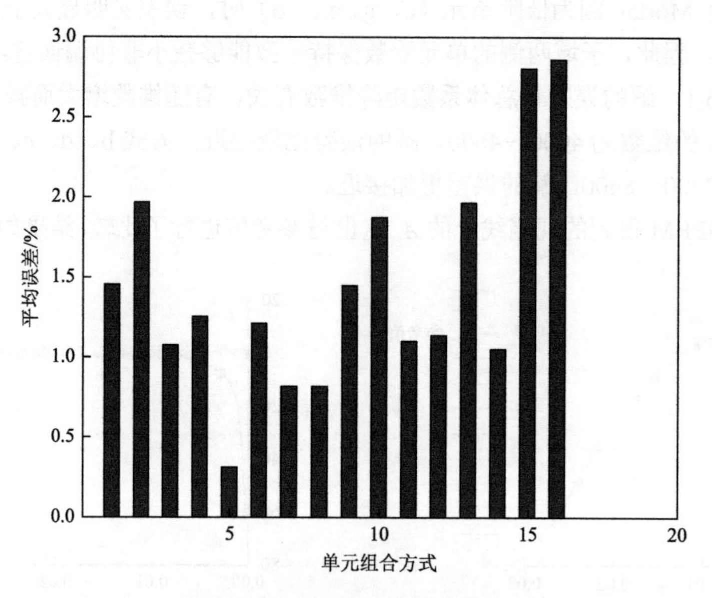

图 5.26 观测线上的平均误差

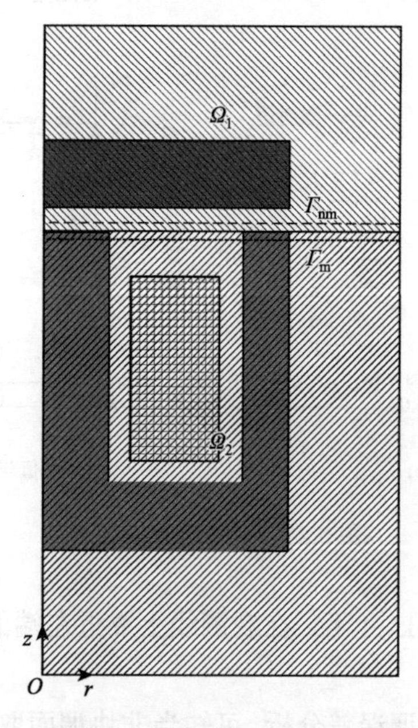

图 5.27 在材料变化剧烈的界面选取交界面示意图

取 t6-q8 组合得到的前处理信息，如表 5.3 所示。

表 5.3　t6-q8 组合得到的前处理信息

区域	单元类型	单元数	节点数	K_i 维数	K_i 非零元	从节点数	主节点数	K 维数	K 非零元
Ω_1	t6	1567	3262	3080	34230	95	0	5995	167199
Ω_2	q8	1024	3201	3008	45408	0	163		

交界面 Γ 上的 A_φ 值及相对误差如图 5.28 所示。

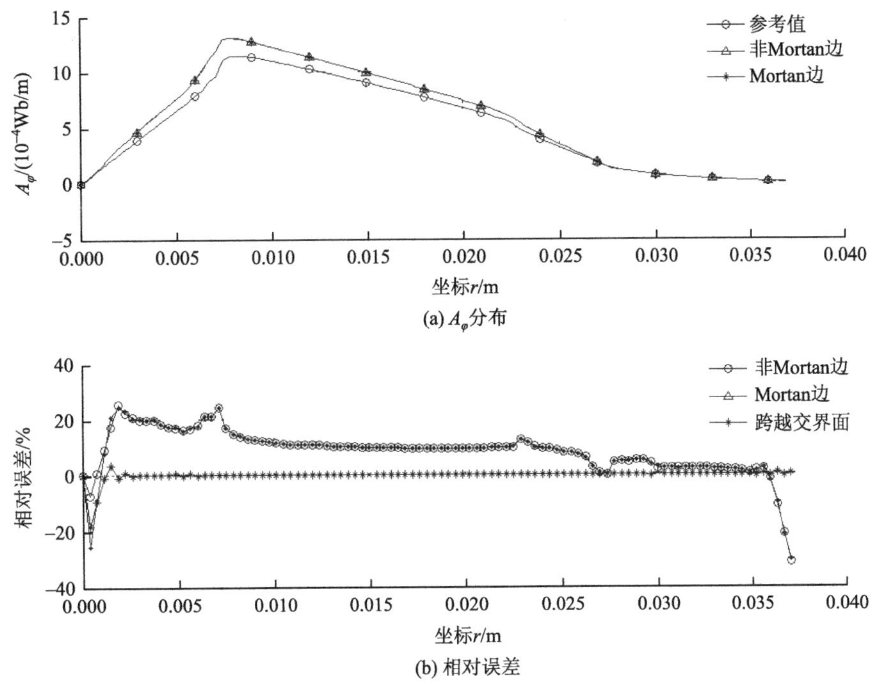

(a) A_φ分布

(b) 相对误差

图 5.28　交界面 Γ 上的 A_φ 值

由图 5.28 可见，尽管两子域在交界面上的解仍具有很好的连续性（在靠近左端的部分误差较大，达到 20%以上），但与参考值之间的误差较大，平均误差达到 12.86%。可见，对于 NO-MFEM，子域交界面若处在材料跨度变化剧烈的界面上时，也会造成较大的误差。因此，在区域分解时就应避免出现这样的情况，尽量使分界面两侧的材料一致。

在 NO-MFEM 的前处理步骤中，需要指定分区的个数和编号、内交界面的个数和编号、各子域的 Mortar 边与非 Mortar 边等分区信息。当分区数和内交界面数增多时，若仍对子域逐个进行定义，前处理过程就显得不易管理，容易出错。为此，本书开发了一个专用于 NO-MFEM 的区域分解模块——DDM，其界面如图 5.29 所示。

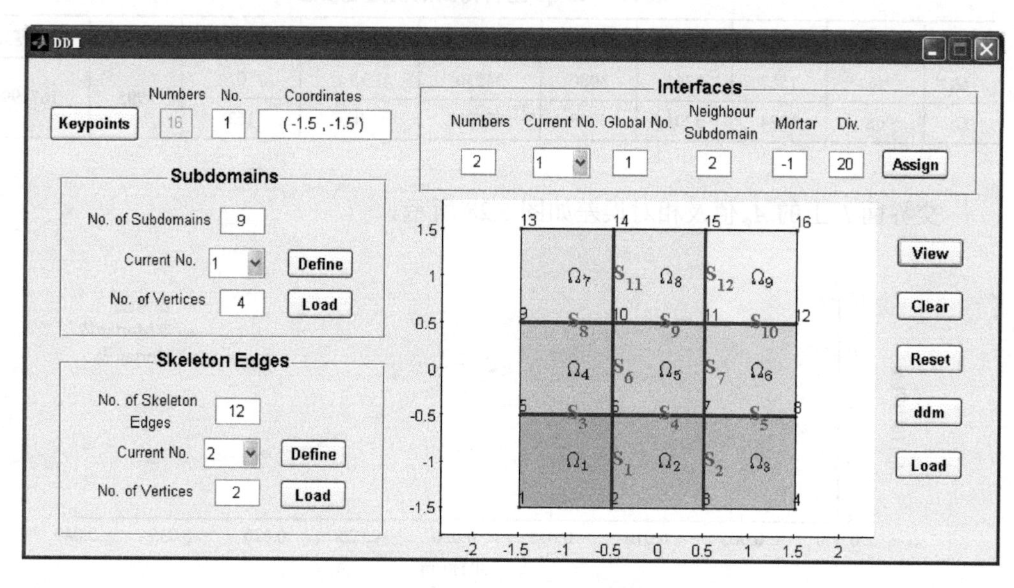

图 5.29　区域分解模块——DDM

该模块的基本思想是通过多边形的顶点来定义子域和交界面。分区基本信息以文件的形式读入，便于保存和重复操作。区域分解的基本操作步骤如下。

（1）填写 kp.dat 文件，指定所有顶点的编号及其坐标。

（2）填写 dkp.dat 文件，指定每个子域由哪些顶点构成。

（3）指定内部交界面的个数及每个交界面的全局编号。

（4）对每个子域指定其交界面个数、局部编号、Mortar 标记（–1 为非 Mortar 边，1 为 Mortar 边）、分段数。

（5）产生 ddm.dat 文件，其格式为：

子域总数　框架 S_Γ 中的总边数

子域编号　该子域的顶点数　该子域的交界线数

顶点编号　顶点 x 坐标　顶点 y 坐标

……

交界线局部编号　交界线全局编号　该交界线的顶点数

顶点编号　顶点 x 坐标　顶点 y 坐标

……

该交界线对应的邻区编号　Mortar 标记　分段数

……

（下一子域）

将前述模型分为四个区，如图 5.30 所示。四个分区的有限元网格如图 5.31 所示。

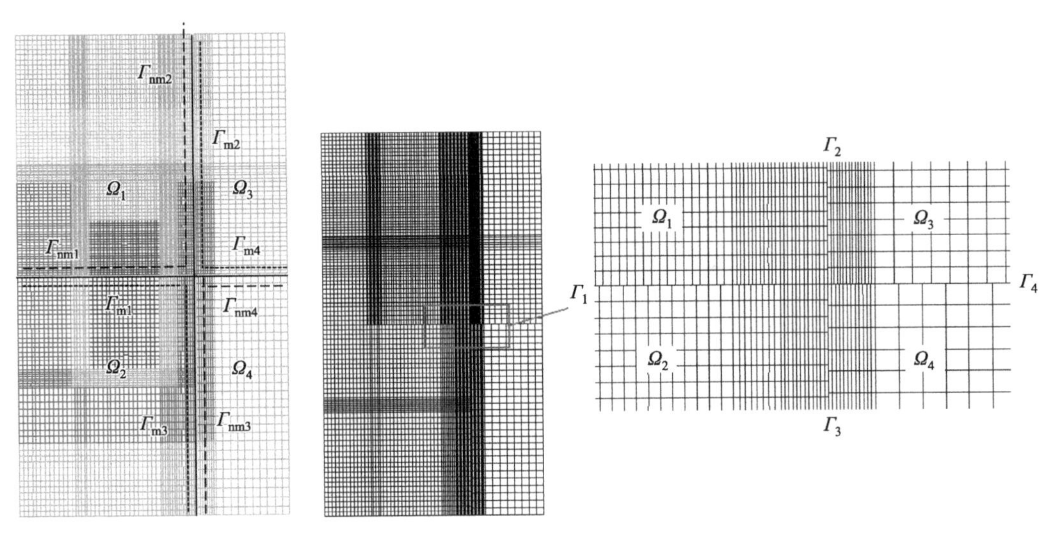

图 5.30 多区域分解

图 5.31 四个分区的有限元网格

前处理信息如表 5.4、表 5.5 所示。

表 5.4 多区域分解前处理信息

方式	区域	单元类型	单元数	节点数	$\boldsymbol{K}_i$ 维数	$\boldsymbol{K}_i$ 非零元	$\boldsymbol{K}$ 维数	$\boldsymbol{K}$ 非零元
I	Ω_1	q4	4320	4453	4320	38092	7999	126813
	Ω_2	q4	2322	2420	2322	20320		
	Ω_3	q4	975	1040	975	8395		
	Ω_4	q4	560	609	560	4756		
II	Ω_1	q4	5600	5751	5600	49504	10530	166618
	Ω_2	q4	2976	3087	2976	26128		
	Ω_3	q4	1320	1395	1320	11440		
	Ω_4	q4	840	899	840	7216		
III	Ω_1	q8	3248	9973	9744	149706	21320	708814
	Ω_2	q8	2478	7637	7434	113854		
	Ω_3	q8	912	2861	2736	41266		
	Ω_4	q8	576	1825	1728	25838		

表 5.5 交界面节点信息

交界线	单元类型	I		II		III	
		从节点数	主节点数	从节点数	主节点数	从节点数	主节点数
Γ_1	12	73	110	81	126	117	298
Γ_2	12	61	80	71	90	113	193
Γ_3	12	29	88	29	98	49	213
Γ_4	12	21	52	31	62	49	123

方式Ⅰ下总体系数矩阵的结构如图 5.32 所示。

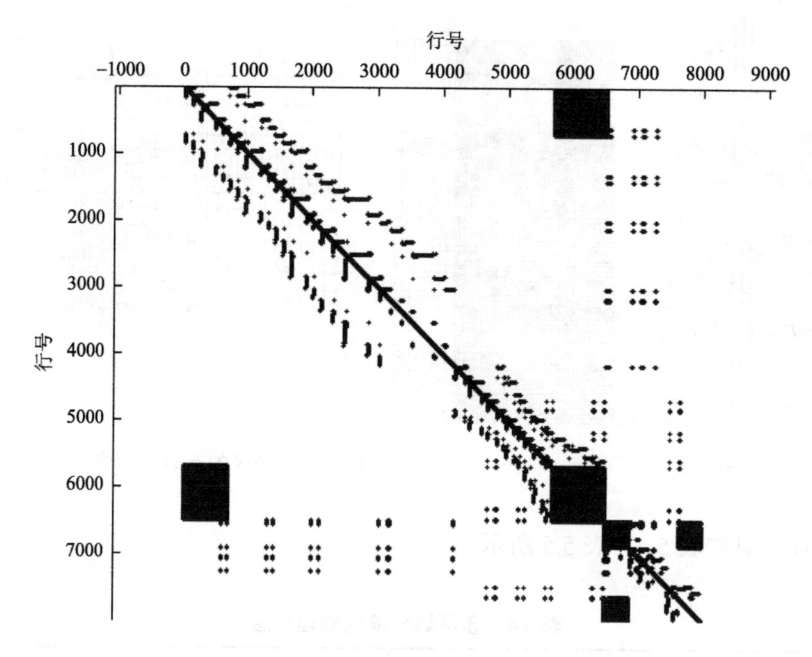

图 5.32　方式Ⅰ下总体系数矩阵的结构

FEM 及 NO-MFEM 的计算结果比较如图 5.33 所示。

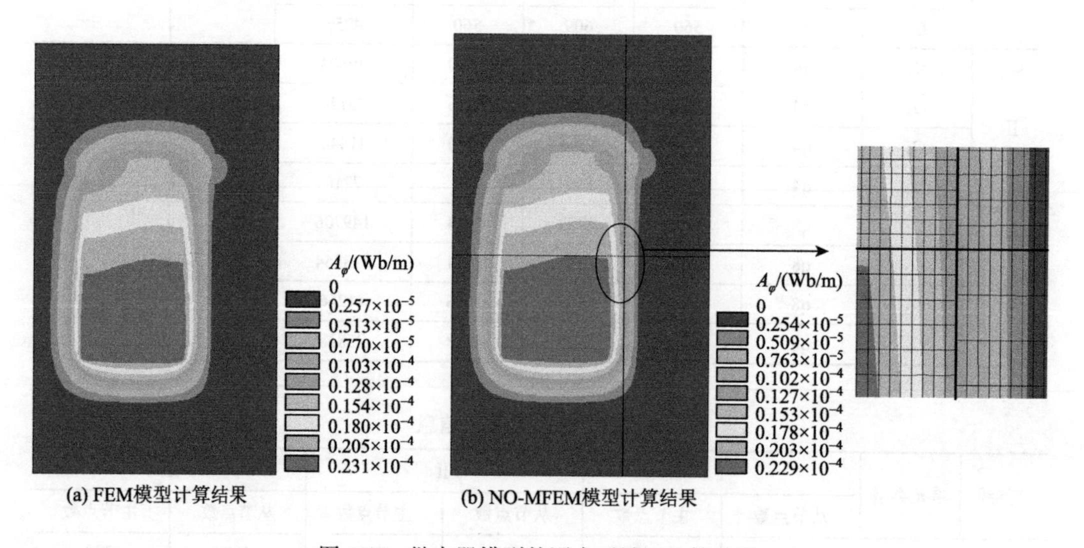

图 5.33　继电器模型的四个子域及计算结果

5.4.2　三维静电场算例

以一个三维静电场问题为例，对 NO-MFEM 在三维问题中的应用进行初步试探。

求解域如图 5.34 所示，两极板正中间有一立方体，其相对介电常数 $\varepsilon_r = 3$，边长为 0.4 m。极板电压分别为 1 V、0 V，其余面为自然边界条件。观测线沿 y 方向贯穿求解域的中心。

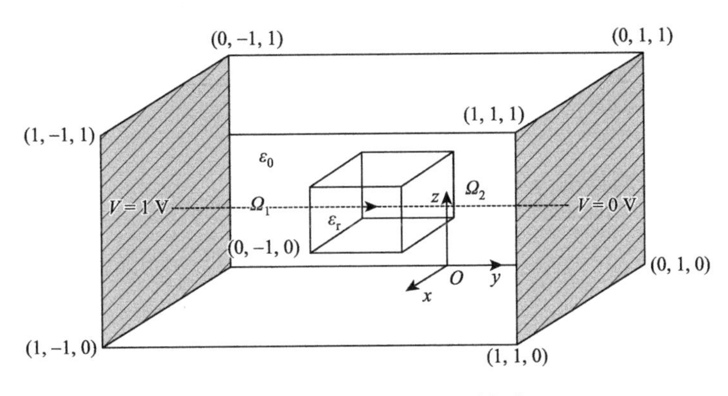

图 5.34　三维静电场问题模型

将求解域从中间分开，分为左右两个子域 Ω_1 和 Ω_2，Ω_1 为非 Mortar 侧，Ω_2 为 Mortar 侧，如图 5.35 所示。

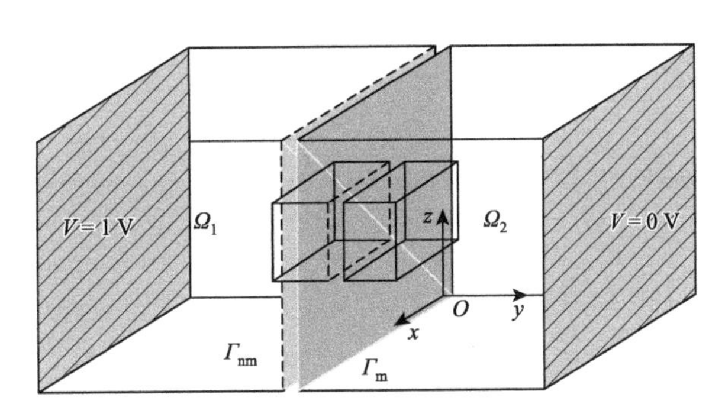

图 5.35　三维问题的区域分解

取四种单元组合，分别为 w4-w4（a）、w4-c8（b）、c8-w4（c）；c8-c8（d）。w4 为 4 节点四面体单元，c8 为 8 节点六面体单元。前处理信息如表 5.6 所示。

表 5.6　三维静电场问题前处理信息

单元组合	区域	单元数	节点数	$\boldsymbol{K}_i$ 维数	$\boldsymbol{K}_i$ 非零元	从节点数	主节点数	$\boldsymbol{K}$ 维数	$\boldsymbol{K}$ 非零元
a	Ω_1	898	247	207	2363	32	0	869	53677
	Ω_2	3462	767	694	8912	0	174		

续表

单元组合	区域	单元数	节点数	$\boldsymbol{K}_i$维数	$\boldsymbol{K}_i$非零元	从节点数	主节点数	$\boldsymbol{K}$维数	$\boldsymbol{K}$非零元
b	Ω_1	898	247	207	2363	32	0	1385	103425
	Ω_2	1000	1331	1210	26908	0	242		
c	Ω_1	1710	2178	207	2363	198	0	2476	146810
	Ω_2	3462	767	694	8912	0	174		
d	Ω_1	1710	2178	207	2363	198	0	2992	217910
	Ω_2	1000	1331	1210	26908	0	242		
ref	Ω	15775	3196					2932	39676

注：ref为作为参考的有限元模型。

这四种情况下的网格剖分如图5.36所示。

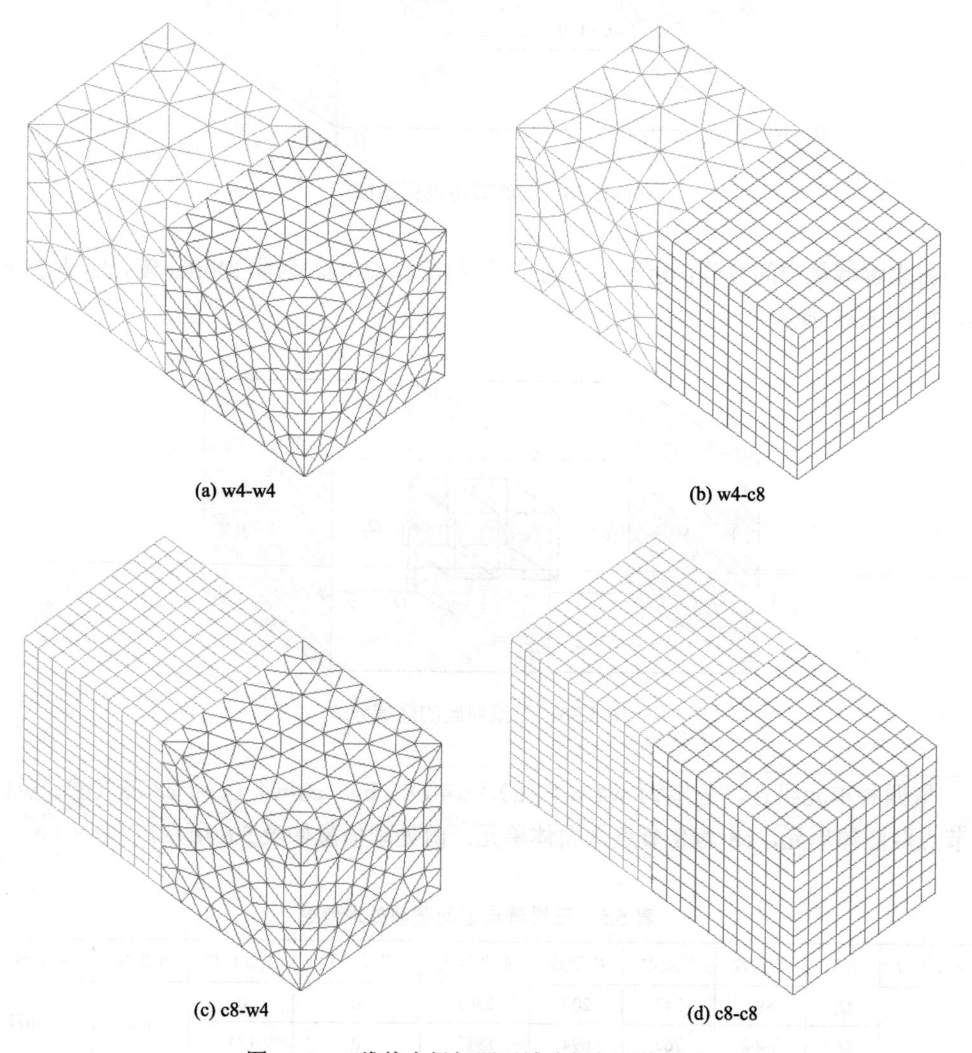

图5.36　三维静电场问题区域分解与网格剖分

取 $z = 0.5$ 平面为观察截面，参考电位分布如图 5.37 所示。

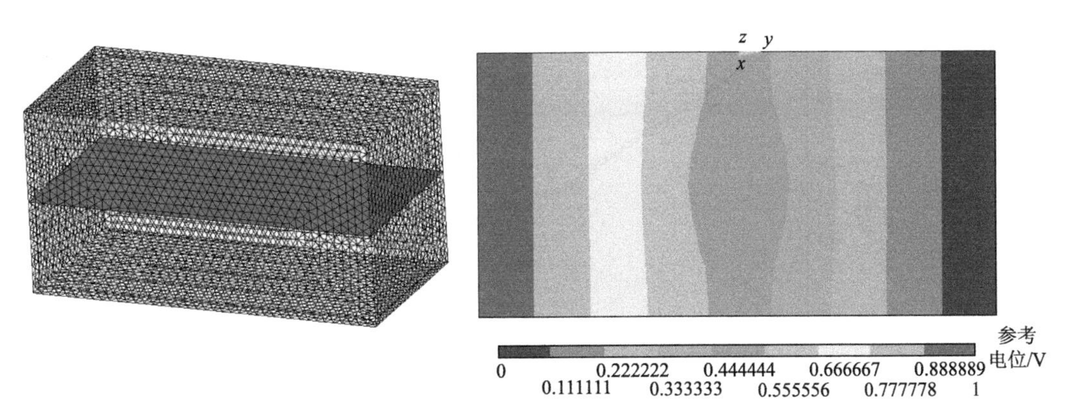

图 5.37　三维静电场问题观察截面与参考电位分布

图 5.38 为四种单元组合方式下得到的截面电位分布。

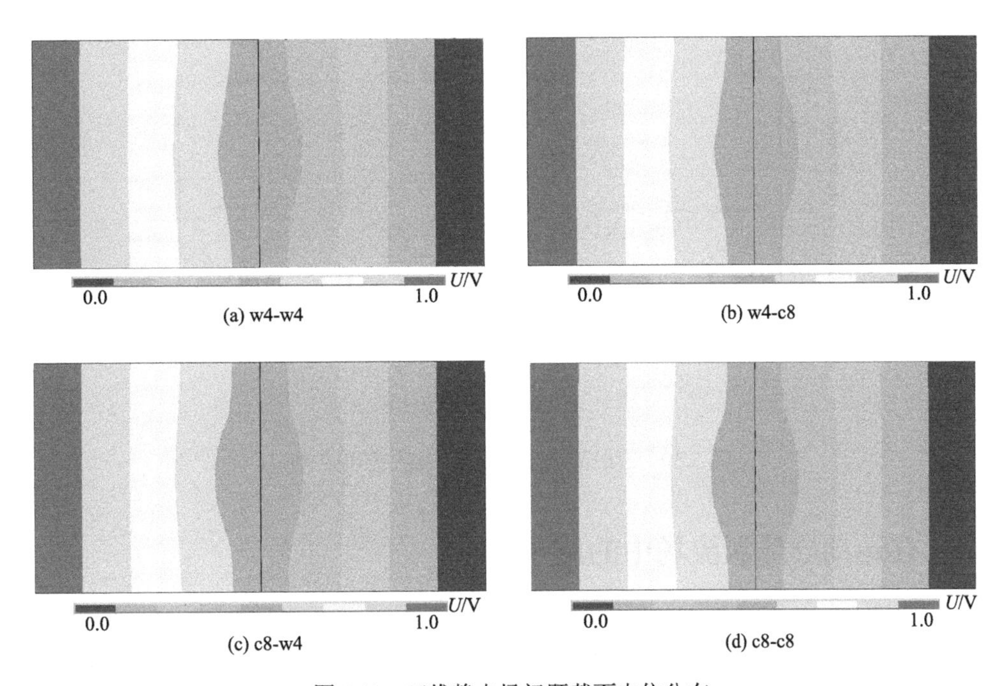

图 5.38　三维静电场问题截面电位分布

FEM 模型计算结果和四种 NO-MFEM 模型计算结果在观测线上的值及误差比较如图 5.39 所示，可知当两侧子域的剖分单元均为二次单元时计算精度最优。

在本章的基础上，可将 NO-MFEM 推广，用于存在滑动面的运动导体涡流场问题，并可在小型计算机集群上对 NO-MFEM 的并行计算进行更深入的研究。

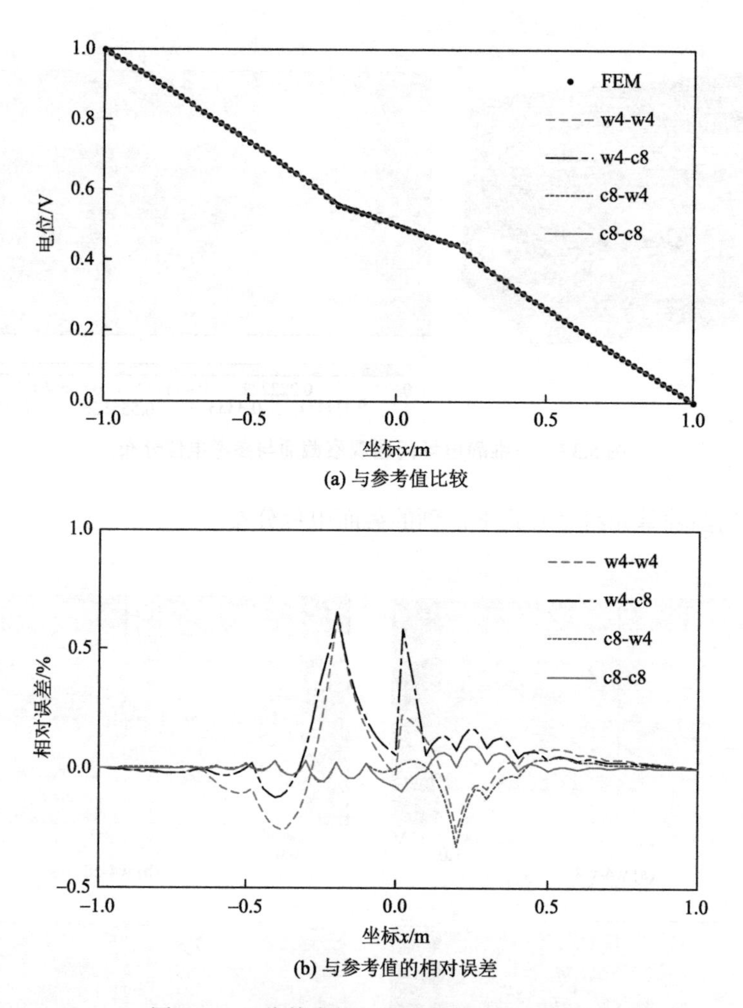

(a) 与参考值比较

(b) 与参考值的相对误差

图 5.39　三维静电场问题观测线上的电位值

5.4.3　在运动导体涡流场中的应用

由于在 NO-MFEM 各个子域的交界面上节点不需要逐点匹配，在处理运动问题时可将运动部件和电流源分别离散在两个不同的子域中。在运动部件位置改变时，只需要改变运动部件所在区域的网格节点坐标。在式（5.6）～式（5.8）所规定的拓扑约束下，NO-MFEM 适合于处理如下两种运动问题。

1）旋转问题

该类问题的典型模型是旋转电机，在 NO-MFEM 分析中对静止和旋转部分分别建模与剖分，如图 5.40 所示。

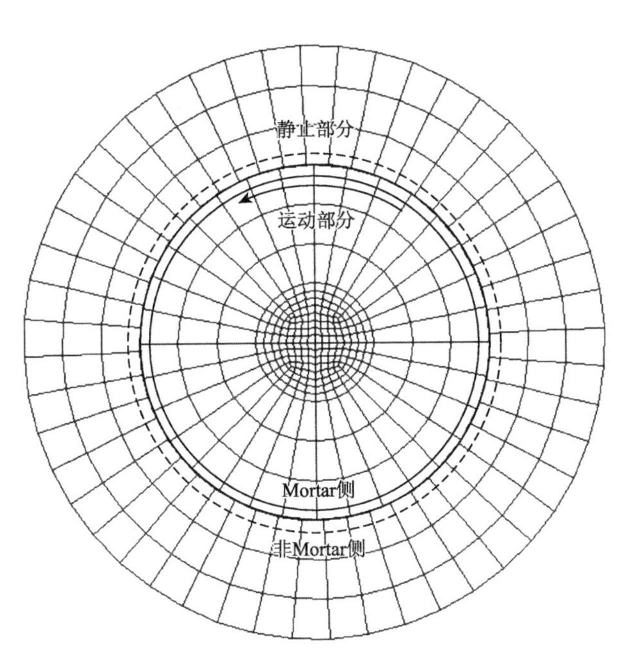

图 5.40　旋转问题的 NO-MFEM 模型

在旋转区域运动发生后只需改变该区域节点坐标即可，无须进行特殊处理，现有 NO-MFEM 在运动导体涡流场中应用均针对旋转问题[17-21]。

2）滑动问题

典型的滑动模型是直线电机，在这类问题中部件的运动轨迹为直线并且与交界面平行，如图 5.41 所示。

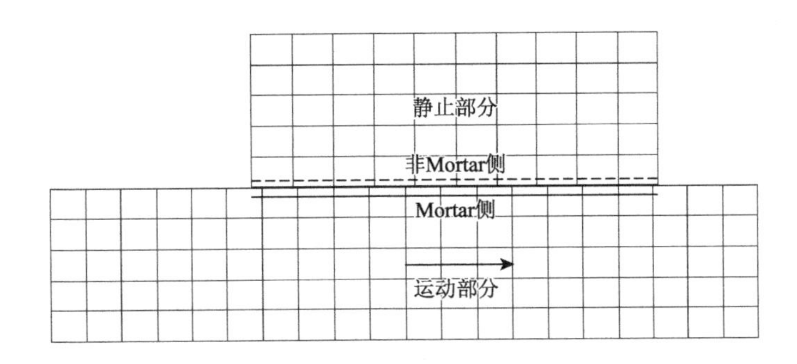

图 5.41　滑动问题的 NO-MFEM 模型

在这类问题中运动部件位置改变后，除了改变运动区域节点的坐标外，还需要对 Mortar 侧节点和单元信息进行修改。

本节将 NO-MFEM 应用于线圈发射器动态特性的计算，计算模型依然选取 4.4.3 节中的试验模型[22]，该模型的尺寸、材料属性、电流激励波形等已经在 4.4.3 节进行了详细介绍，这里不再赘述。

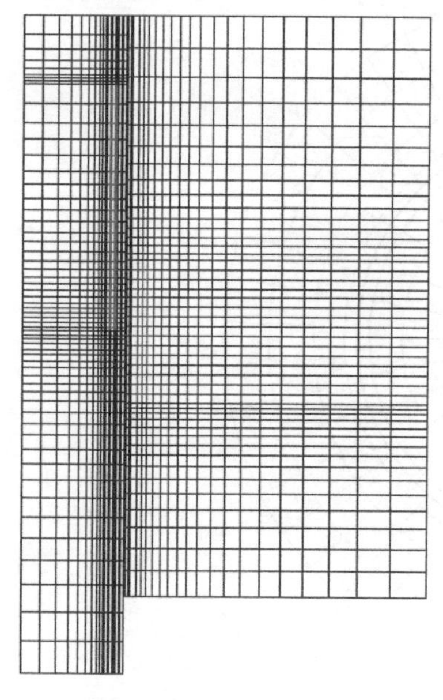

图 5.42 线圈发射器的 NO-MFEM 场域离散

建立线圈发射器的二维轴对称 NO-MFEM 模型，将整体场域分为两个子域，其中一个子域包括电枢所在区域，另一部分包括线圈所在区域。为减小非协调误差，两个子域都使用同一类型的剖分单元（一次四边形单元），其场域离散如图 5.42 所示。

在瞬态计算的每一时间步，求得空间磁场分布和铝筒受力之后需要考虑铝筒的受力并改变铝筒所在区域节点的坐标。铝筒所受的合力 $\boldsymbol{F}$ 根据虚功原理求得。在每一时间步下，根据合力 $\boldsymbol{F}$ 和铝筒质量 m 可计算得到加速度 $\boldsymbol{a}$。

取时间步长 0.015 ms，时间离散采取欧拉向后差分格式。首先设第 1 时间步的速度初值为 0。在每一时间步依次计算磁通密度、涡流密度及电磁力。得到加速度 $\boldsymbol{a}$ 后，计算下一时刻的速度和位移，根据位移改变运动区域所有节点坐标，进入下一时间步的计算。

仿真得到 0.3 ms 和 0.9 ms 时刻的空间场量分布，如图 5.43、图 5.44 所示。

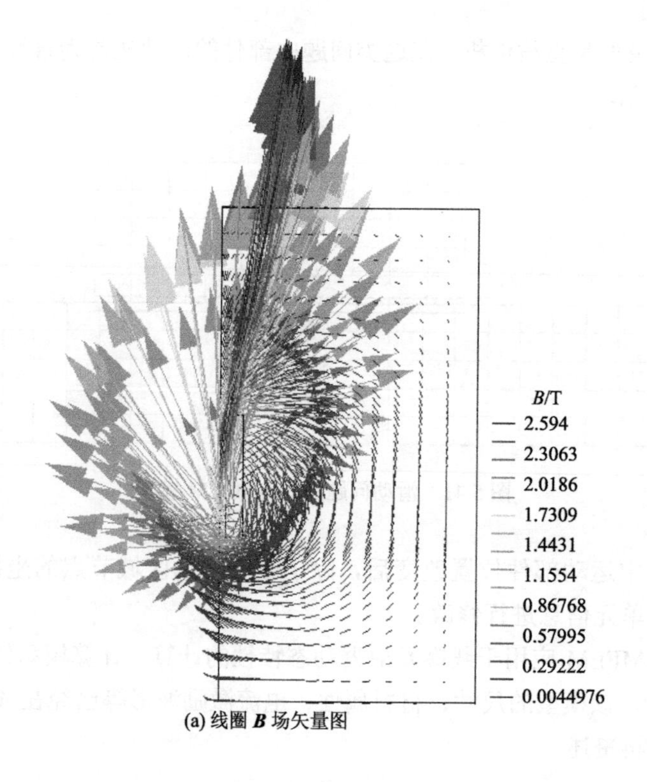

(a) 线圈 $\boldsymbol{B}$ 场矢量图

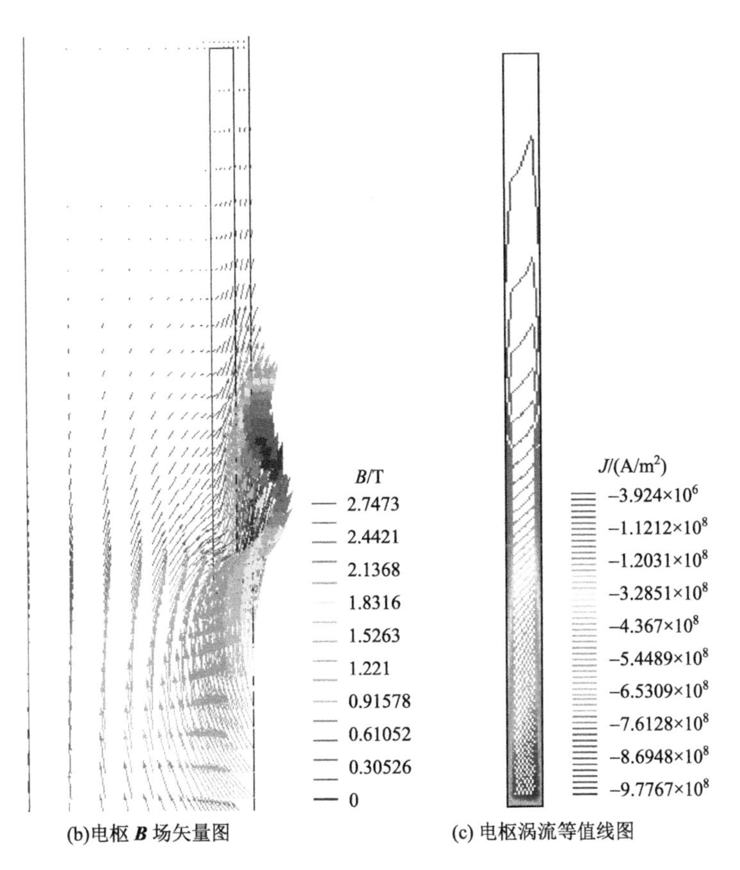

(b)电枢 ***B*** 场矢量图　　　　(c) 电枢涡流等值线图

图 5.43　线圈发射器模型 0.3 ms 时刻空间场量分布

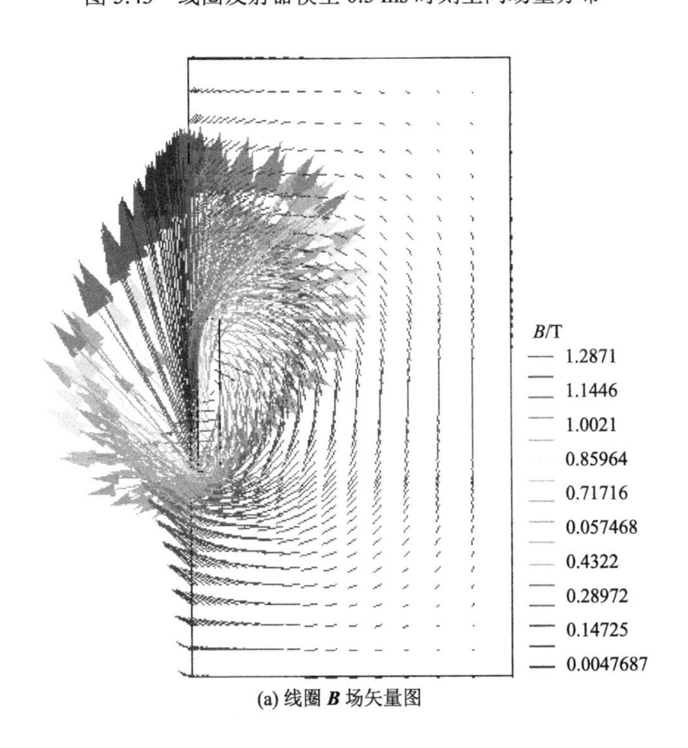

(a) 线圈 ***B*** 场矢量图

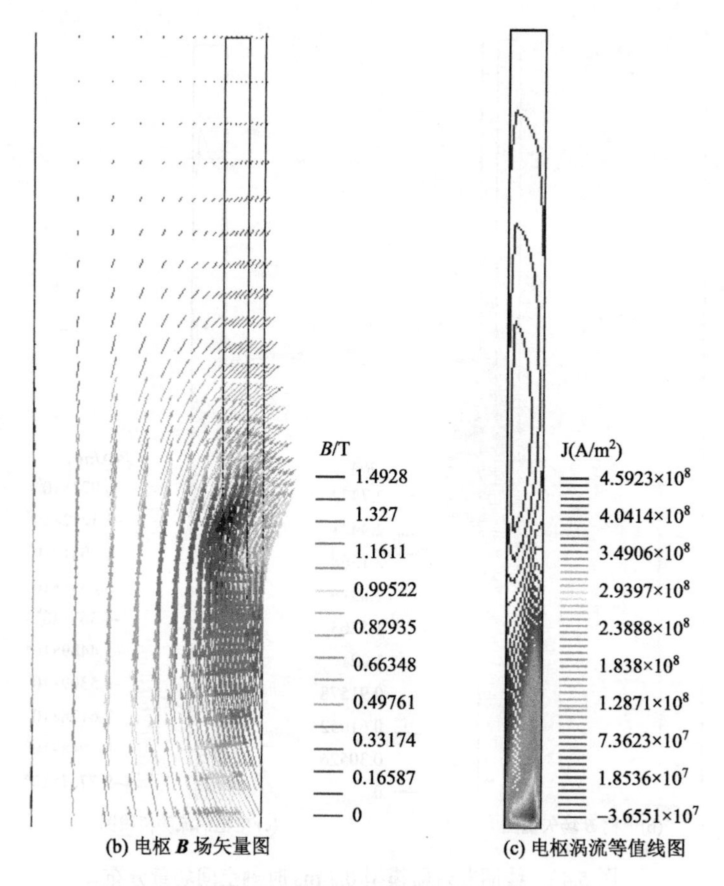

(b) 电枢 ***B*** 场矢量图　　(c) 电枢涡流等值线图

图 5.44　线圈发射器模型 0.9 ms 时刻空间场量分布

从图 5.43 和图 5.44 可知，电枢涡流主要分布在电枢尾端的浅表层，即电枢所受到的电磁力主要集中于尾部。电枢的受力曲线如图 5.45 所示，从图中可知电枢的受力在出膛时出现反向，其原因在于电枢尾部的感应电流方向发生了反向[图 5.43（c）、图 5.44（c）]。

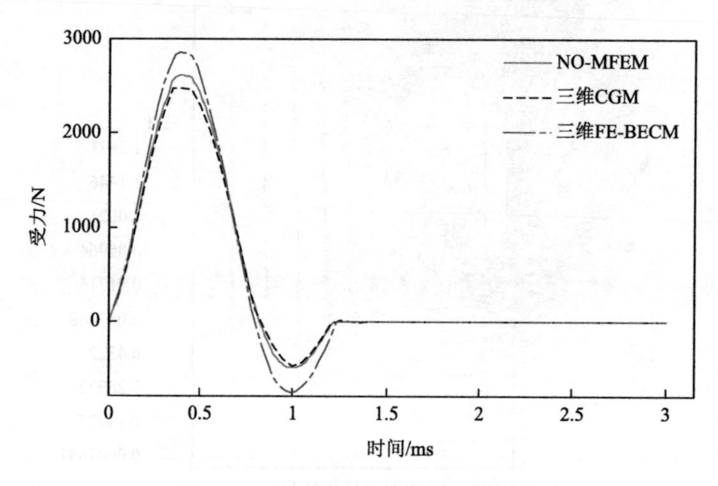

图 5.45　电流激励 1 下电枢受力曲线

最终计算得到的铝筒运动速度随时间的变化曲线如图 5.46 所示，其中，给出了三维 CGM[23]、三维 FE-BECM、文献[22]的计算结果（采用滑动网格法）及测量结果。从图 5.46 中可知，在发射初期铝筒受到前向推动力，速度迅速上升，在铝筒将要离开线圈的时候，它受到了一段持续时间不长的拖拽力，而后匀速运动。三维 CGM、三维 FE-BECM、滑动网格法和测量结果的对比验证了 NO-MFEM 在处理运动涡流问题上的有效性。

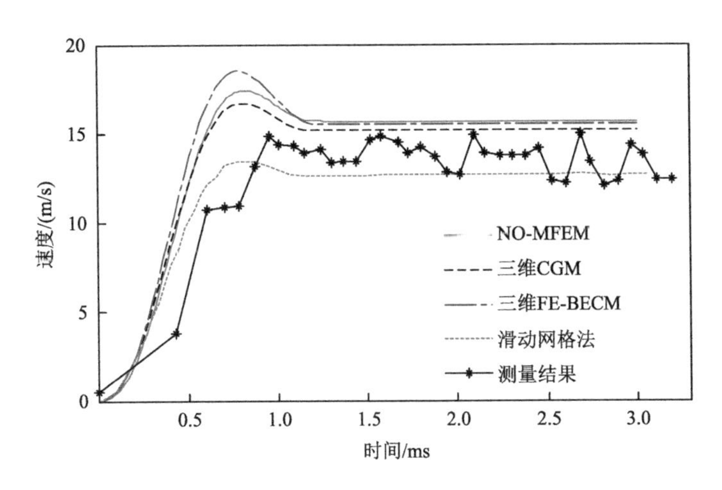

图 5.46　电流激励 1 下铝筒速度波形对比

电流激励 2 下的铝筒所受合力如图 5.47 所示，速度计算结果及与文献数据的比较如图 5.48 所示。

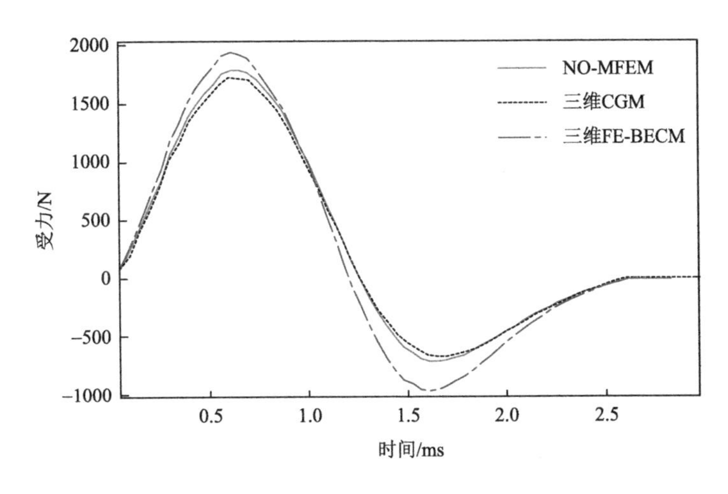

图 5.47　电流激励 2 下铝筒受力波形

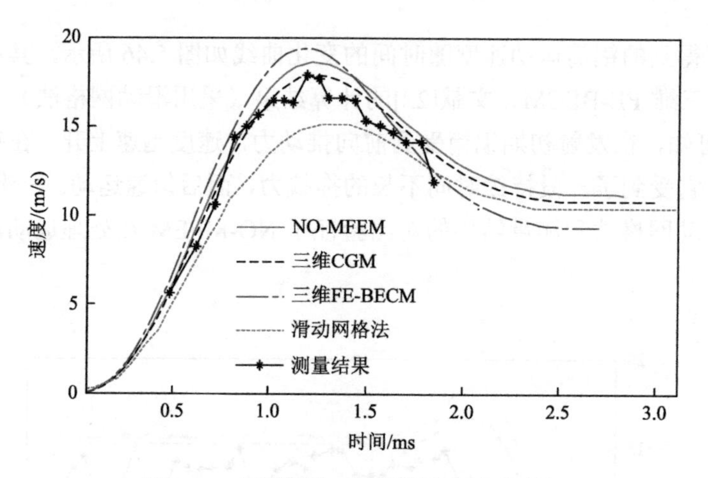

图 5.48　电流激励 2 下铝筒速度波形对比

参 考 文 献

[1] BERNARDI C，MADAY Y，PATERA A. A new nonconforming approach to domain decomposition：the mortar element method[J]. Nonlinear partial differential equations and their applications，1994（24）：13-51.

[2] BERNARDI C，MADAY Y，RAPETTI F. Basics and some applications of the mortar element method[J]. GAMM-mitteilungen，2005，28（2）：97-123.

[3] BELGACEM F B，MADAY Y. A spectral element methodology tuned to parallel implementations[J]. Computer methods in applied mechanics and engineering，1994，116（1/2/3/4）：59-67.

[4] EWING R，LAZAROV R，LIN T，et al. Mortar finite volume element approximations of second order elliptic problems[J]. East-west journal of numerical mathematics，2000，8（2）：93-110.

[5] LAMICHHANE B P，WOHLMUTH B I. Mortar finite elements for interface problems[M]. Berlin：Springer-Verlag，2004.

[6] LAMICHHANE B P，WOHLMUTH B I. Mortar finite elements for interface problems[J]. COMPUTING. 2004，72（3-4）：333-348.

[7] 舒英，章顺，吴文青，等. 线性 Poisson-Boltzmann 方程的 Mortar 有限元方法的数值计算[J]. 应用数学与计算数学学报，2002，16（1）：1-8.

[8] MADAY Y，RAPETTI F，WOHLMUTH B I. Mortar element coupling between global scalar and local vector potentials to solve eddy current problems[M]. Berlin：Springer，2003：847-865.

[9] MADAY Y，RAPETTI F，WOHLMUTH B I. Coupling between scalar and vector potentials by the mortar element method[J]. Comptes rendus mathematique，2002，334（10）：933-938.

[10] FLEMISCH B，MADAY Y，RAPETTI F，et al. Coupling scalar and vector potentials on nonmatching grids for eddy currents in a moving conductor[J]. Journal of computational and applied mathematics，2004，168（1/2）：191-205.

[11] FLEMISCH B，MADAY Y，RAPETTI F，et al. Scalar and vector potentials' coupling on nonmatching grids for the simulation of an electromagnetic brake[J]. International journal of computations and mathematics in electrical，2003，24（3）：1061-1070.

[12] 王烈衡，许学军. 有限元方法的数学基础[M]. 北京：科学出版社，2004.

[13] WOHLMUTH B I. A residual based error estimator for mortar finite element discretizations[J]. Numerische mathematik，1999，84（1）：143-171.

[14] DAN S. A numerical study of FETI algorithms for mortar finite element methods[J]. SIAM journal on scientific computing，2001，23（4）：1135-1160.

[15] MADAY Y，RAPETTI F，WOHLMUTH B I. The influence of quadrature formulas in 2D and 3D mortar element methods[M]. Berlin：Springer，2002：203-221.

[16] GOPALAKRISHNAN J. On the mortar finite element method[D]. College Station：Texas A&M University，1999.

[17] CASADEI F，GABELLINI E，FOTIA G，et al. A mortar spectral/finite element method for complex 2D and 3D elastodynamic problems[J]. Computer methods in applied mechanics and engineering，2002，191（45）：5119-5148.

[18] FRANCESCA R. An overlapping mortar element approach to coupled magneto-mechanical problems[J]. Mathematics and computers in simulation，2010，80（8）：1647-1656.

[19] PIERRE G，CHRISTIAN R. Non-overlapping domain decomposition methods in structural mechanics[J]. Archives of computational methods in engineering，2006，13（4）：515-572.

[20] SHI X D，LE MENACH Y，DUCREUX J P，et al. Comparison between the mortar element method and the polynomial interpolation method to model movement in the finite element method[J]. IEEE transactions on magnetics，2008，44（6）：1314-1317.

[21] ANTUNES O J，BASTOS J P A，SADOWSKI N，et al. Using hierarchic interpolation with mortar element method for electrical machines analysis[J]. IEEE transactions on magnetics，2005，41（5）：1472-1475.

[22] LEONARD P J，LAI H C，HAINSWORTH G，et al. Analysis of the performance of tubular pulsed coil induction launchers[J]. IEEE transactions on magnetics，1993，29（1）：686-690.

[23] ZHANG Y，RUAN J J，GAN Y. Application of a composite grid method in the analysis of 3-D eddy current field involving movement[J]. IEEE transactions on magnetics，2008，44（6）：1298-1301.

第 6 章

电流丝法

针对某些特定电磁场问题，部分元等效电路（partial element equivalent circuit，PEEC）方法也是一种非常有效的方法[1-2]。PEEC 方法是基于电场积分方程（electric field integral cquation，EFIE）的电路解释，对物理模型进行几何离散，建立等效电路，计算离散负载的等效电阻和电感矩阵，基于基尔霍夫（Kirchhoff）电压、电流定律建立矩阵方程，计算模型内部的电流分布，进而求解电磁场及其他场量值。该方法将一个大的问题细化为若干小问题，其中矩阵计算和后续的方程求解是关键核心技术[3-4]。针对运动导体涡流场中形状较为规则的运动问题模型，如旋转电机和圆筒形直线电机，PEEC 方法首先是计算线圈及运动导体内的电流波形，一旦得到导体内的电流分布，驱动电磁力、欧姆热损耗及温升等参数都可随之计算。PEEC 方法具有模型简单、求解较快、易于编程等优点，从方程中可发现结果对可变参数的依赖关系，有利于线圈发射器的优化设计。PEEC 方法的缺点是对于结构不规则的模型，光是提取电感参数就要占用大量的计算时间，而且在该系统中时间常数相差较大，即解的分量有的变化快，有的变化缓慢，造成方程组呈刚性，很难获得人们所关心的各种精确场量。

本章以较规则的轴对称模型——线圈发射器为例，对 PEEC 方法在运动导体涡流场中的计算应用进行研究。首先介绍 PEEC 方法在运动导体中应用的基本原理及其研究现状，然后基于 PEEC 方法建立线圈发射器的控制方程及其求解方法，并采用试验和有限元法对其进行验证，最后基于 PEEC 方法进行场-路耦合，分别采用 CGM 和非重叠 Mortar 有限元法对线圈发射器进行分析。

6.1 电流丝模型方法的基本原理

分析运动导体涡流场的PEEC模型主要包括电流片模型（current sheet model，CSM）和电流丝模型（current filament model，CFM）两种。CSM将导体电枢与激励线圈用等效半径处的圆筒载流薄片代替，通过计算分布在薄片的电流在电枢处产生的磁通密度来计算电枢受力[5]。CFM将电枢划分为多个同心圆，以电阻、自感、互感、电感梯度、电压源等为参数，建立各级线圈的回路方程，最后归结为非线性变系数常微分方程的初值问题。相比较而言，CFM的物理意义更加明确，是解决电磁暂态运动问题的有效方法，具有通用性，因此被广泛采用[6-8]。

B. Azzerboni指出基于CFM的PEEC方法已经被广泛地应用到电磁装置的电磁分析中，包括单极发电机[9-10]、磁通压缩发电机[11]及电磁发射器等。在电磁线圈发射器中，CFM可用于分析异步感应线圈发射器[12-13]、螺旋线圈发射器[14]及同步感应线圈发射器[15]等。针对同步感应线圈发射器问题，基于CFM开发的较为著名的软件有美国桑迪亚国家实验室（Sandia National Laboratorg，SNL）的Warp-10及其改进版本Slingshot[16-17]，美国喷气推进实验室（Jet Propulsion Laboratory，JPL）的Mesh Matrix[7]，以及美国德克萨斯大学机电中心（The Center for Electromechanics at The University of Texas，CEM-UT）的Axicoil、COILGUN和SIM[18]等。Kaye[19]介绍，在使用基于CFM的Slingshot程序对线圈发射器的性能进行仿真时，当电枢速度大于100 m/s时，电枢及弹丸所获动能的仿真值与试验测量值之间的差异不超过15%，当电枢及弹丸的速度达到1 km/s时，该差异值不超过8%。

采用CFM计算线圈发射器时，线圈和电枢电流丝间互感的计算是非常重要的问题，它直接影响到求解速度和求解精度。Slingshot程序中的电感矩阵计算采用了1946年出版的《电感计算手册》[16-17]，电感矩阵中不但考虑了电枢和线圈的自感及电枢和线圈之间的互感，还考虑了电枢电流丝间及各级线圈之间的互感。该电感计算是在静磁场计算条件下得到的。韩国汉城大学Seog-Whan Kim的异步感应线圈发射器电感计算采用了磁通积分法[20]。Katsumi Masugata提出一种用脉冲传输网络产生行波磁场加速电枢的方法，互感和自感计算进行了很多简化，尤其是未考虑线圈间互感，因此准确度受影响[21]。Melika Hinaje在研究电枢材料对发射特性影响时，自感计算采用了空心矩形截面圆形线圈的方法[22]，而互感计算采用了快速同轴圆形线圈和盘型线圈互感计算程序[23]。Ki-Bong Kim对具有恒定电流密度的非同轴圆环线圈之间的互感进行了计算[24]。武汉大学基于CFM编写的Coilgun软件中，电感计算采用的是苏联的《电感计算手册》[25]。

6.2 基于CFM方法的线圈发射器计算方法

线圈发射器具有轴对称特性，因此可将三维模型简化为二维轴对称结构，取其轴向剖面进行分析，如图6.1（a）所示。

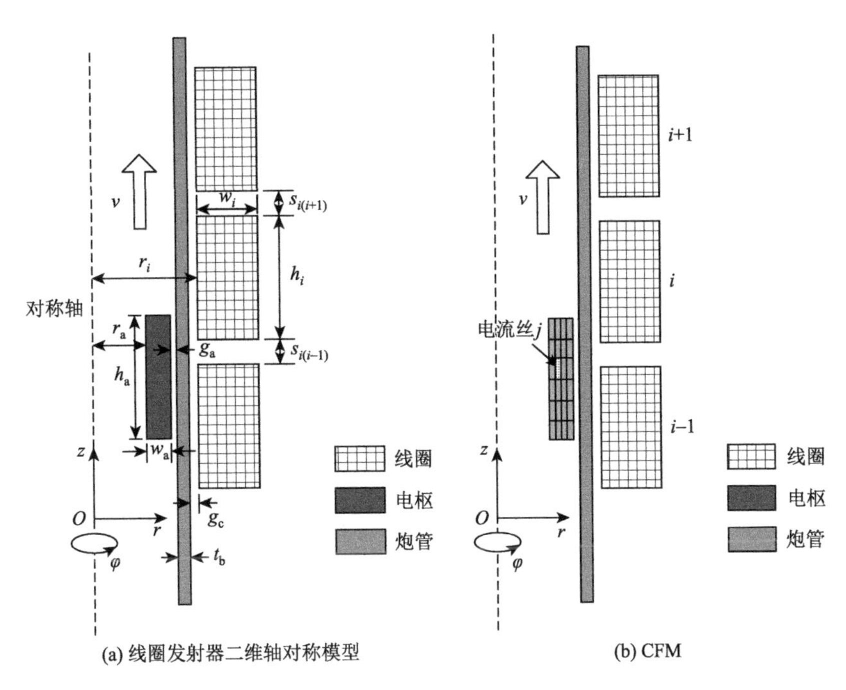

图 6.1 线圈发射器二维 CFM

由于趋肤效应，在电枢的轴向剖面上，感应电流沿轴向的分布是不均匀的。若将电枢划分为 m 个同心圆环，则当圆环的轴向截面足够小时，可认为感应电流在该截面上是分布均匀的。这意味着用 m 个同心电流丝环路来等效原电枢，即电流丝模型，如图 6.1（b）所示。

图 6.1 中：第 i 级线圈的 z 方向长度为 h_i；第 i 级线圈的 r 方向厚度为 w_i；第 i 级线圈与第 $i+1$ 级线圈的 z 方向间距为 $s_{i(i+1)}$；第 i 级线圈与第 i–1 级线圈的 z 方向间距为 $s_{i(i-1)}$；矩形电枢的壁厚为 w_a；电枢的 z 方向长度为 h_a；电枢的内半径为 r_a；电枢外壁与炮管内壁间膛衬厚度为 g_a；线圈与炮管间距为 g_c；炮管采用的非导电、非导磁材料壁厚为 t_b。

设激励线圈共有 n 级，则 CFM 的等效电路如图 6.2 所示。其中标注的电压、电流均为参考方向，“*”号为互感的同名端。

对于电容驱动式线圈发射器，各级开关 S_i 的导通时间 T_i 是与电枢的瞬时位置 z 相关的。这是为了避免在电枢行进过程中，磁场对电枢产生反方向的阻力。设电枢移动到位置 z_i 时，第 i 个开关 S_i 闭合。而 i 之后的线圈回路均未导通，S_k 仍处于断开状态，$i<k\leqslant n$；i 之前的回路全部导通，S_l 处于闭合状态，$1\leqslant l\leqslant i$。z_i 是线圈发射器设计中应考虑的优化参数之一。

根据 Kirchhoff 定理，建立第 i 级激励线圈的回路方程：

$$R_{ci}I_{ci}+L_{ci}\frac{\mathrm{d}I_{ci}}{\mathrm{d}t}+\sum_{k=1}^{i-1}M_{cck i}\frac{\mathrm{d}I_{ck}}{\mathrm{d}t}+\sum_{j=1}^{m}\frac{\mathrm{d}}{\mathrm{d}t}(M_{caij}I_{aj})=U_i \tag{6.1}$$

其中

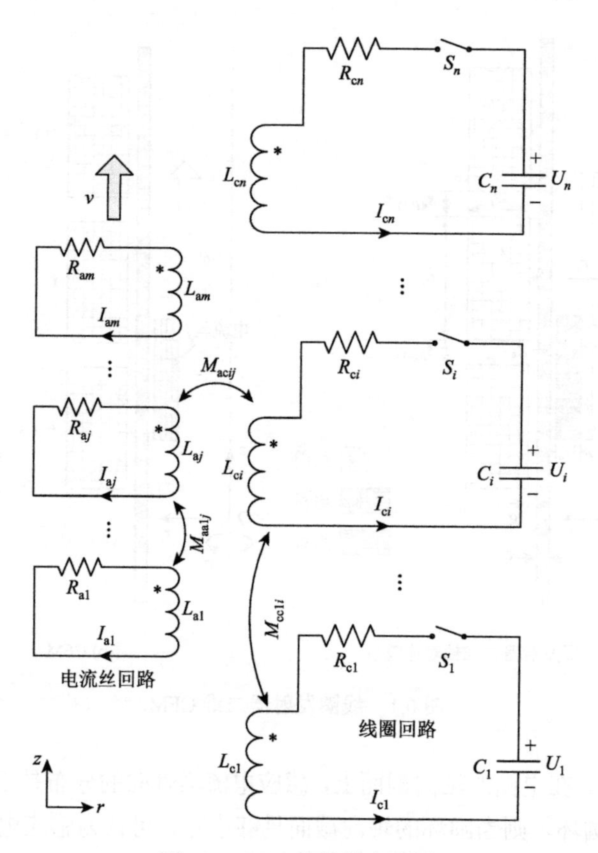

图 6.2　CFM 的等效电路图

$$U_i = U_{i0} - \frac{1}{C_i}\int_{t_i}^{t} I_{ci}\mathrm{d}t \quad (t \geqslant t_i) \tag{6.2}$$

式中：R_{ci}为第 i 级线圈的电阻；L_{ci}为第 i 级线圈的自感；I_{ci}为第 i 级线圈中的电流；M_{ccki}为第 k 级线圈与第 i 级线圈间的互感；M_{caij}为第 i 级线圈与第 j 个电流丝间的互感；I_{aj}为第j个电流丝中的电流；U_i为第 i 级线圈的电容电压；C_i为第 i 级线圈的供电电容值；U_{i0}为第 i 级线圈供电电容的初始电压值；t_i为开关 S_i 闭合的时间。

将式（6.1）左端的最后一项化为

$$\frac{\mathrm{d}}{\mathrm{d}t}(M_{caij}I_{aj}) = v\frac{\mathrm{d}M_{caij}}{\mathrm{d}z}I_{aj} + M_{caij}\frac{\mathrm{d}I_{aj}}{\mathrm{d}t} \tag{6.3}$$

式中：v 为电枢的速度。将式（6.3）代入式（6.1），得

$$R_{ci}I_{ci} + L_{ci}\frac{\mathrm{d}I_{ci}}{\mathrm{d}t} + \sum_{k=1}^{i-1}M_{ccki}\frac{\mathrm{d}I_{ck}}{\mathrm{d}t} + \sum_{j=1}^{m}\left(v\frac{\mathrm{d}M_{caij}}{\mathrm{d}z}\right)I_{aj} + \sum_{j=1}^{m}M_{caij}\frac{\mathrm{d}I_{aj}}{\mathrm{d}t} = U_i \tag{6.4}$$

据 Kirchhoff 定理，建立第 j 个电流丝的回路方程：

$$R_{aj}I_{aj} + L_{aj}\frac{\mathrm{d}I_{aj}}{\mathrm{d}t} + \sum_{k=1}^{i}\frac{\mathrm{d}}{\mathrm{d}t}(M_{ackj}I_{ck}) + \sum_{k=1,k\neq j}^{m}M_{aajk}\frac{\mathrm{d}I_{ak}}{\mathrm{d}t} = 0 \tag{6.5}$$

式中：R_{aj}为第j个电流丝的电阻；L_{aj}为第j个电流丝的自感；I_{aj}为第j个电流丝的电流；M_{ackj}为第j个电流丝与第k级线圈间的互感；M_{aajk}为第j个电流丝与第k个电流丝间的互感，$k{\neq}j$；I_{ak}为第k个电流丝中的电流，$k{\neq}j$；i为表示已导通前i级线圈。

将式（6.5）的第三项化为

$$\frac{\mathrm{d}}{\mathrm{d}t}(M_{ackj}I_{ck})=v\frac{\mathrm{d}M_{ackj}}{\mathrm{d}z}I_{ck}+M_{ackj}\frac{\mathrm{d}I_{ck}}{\mathrm{d}t} \tag{6.6}$$

将式（6.6）代入式（6.5），得

$$R_{aj}I_{aj}+L_{aj}\frac{\mathrm{d}I_{aj}}{\mathrm{d}t}+\sum_{k=1}^{i}v\frac{\mathrm{d}M_{ackj}}{\mathrm{d}z}I_{ck}+\sum_{k=1}^{i}M_{ackj}\frac{\mathrm{d}I_{ck}}{\mathrm{d}t}+\sum_{k=1,k\neq j}^{m}M_{aajk}\frac{\mathrm{d}I_{ak}}{\mathrm{d}t}=0 \tag{6.7}$$

将式（6.7）写成矩阵形式：

$$\boldsymbol{R}_{\mathrm{a}}\boldsymbol{I}_{\mathrm{a}}+\boldsymbol{L}_{\mathrm{a}}\dot{\boldsymbol{I}}_{\mathrm{a}}+v\tilde{\boldsymbol{M}}_{\mathrm{ac}}\boldsymbol{I}_{\mathrm{c}}+\boldsymbol{M}_{\mathrm{ac}}\dot{\boldsymbol{I}}_{\mathrm{c}}=0 \tag{6.8}$$

式中：$\boldsymbol{R}_{\mathrm{a}}$为电流丝的电阻矩阵；$\boldsymbol{L}_{\mathrm{a}}$为电流丝的电感矩阵；$\boldsymbol{I}_{\mathrm{a}}$为电流丝的电流列向量；$\dot{\boldsymbol{I}}_{\mathrm{a}}$为$\boldsymbol{I}_{\mathrm{a}}$对时间的导数；$\boldsymbol{I}_{\mathrm{c}}$为线圈的电流列向量；$\dot{\boldsymbol{I}}_{\mathrm{c}}$为$\boldsymbol{I}_{\mathrm{c}}$对时间的导数；$\tilde{\boldsymbol{M}}_{\mathrm{ac}}$为电流丝与线圈间的互感梯度矩阵（$m\times n$），上波浪线表示对$z$的导数；$\boldsymbol{M}_{\mathrm{ac}}$为电流丝与线圈间的互感矩阵（$m\times n$）。

考虑到线圈是逐级导通的，未导通的线圈电流为0。以上矩阵分别表示如下：

$$\boldsymbol{R}_{\mathrm{a}}=\begin{bmatrix}R_{\mathrm{a}1} & & & \boldsymbol{0}\\ & R_{\mathrm{a}2} & & \\ & & \ddots & \\ \boldsymbol{0} & & & R_{\mathrm{a}m}\end{bmatrix}_{m\times m},\quad \boldsymbol{L}_{\mathrm{a}}=\begin{bmatrix}L_{\mathrm{a}1} & M_{12}^{\mathrm{a}} & \cdots & M_{1m}^{\mathrm{a}}\\ M_{21}^{\mathrm{a}} & L_{\mathrm{a}2} & \cdots & M_{2m}^{\mathrm{a}}\\ \vdots & \vdots & \ddots & \vdots\\ M_{m1}^{\mathrm{a}} & M_{m2}^{\mathrm{a}} & \cdots & L_{\mathrm{a}m}\end{bmatrix}_{m\times m}$$

$$\boldsymbol{I}_{\mathrm{a}}=[I_{\mathrm{a}1}\ \ I_{\mathrm{a}2}\ \ \cdots\ \ I_{\mathrm{a}m}]^{\mathrm{T}},\quad \boldsymbol{I}_{\mathrm{c}}=[I_{\mathrm{c}1}\ \ I_{\mathrm{c}2}\ \ \cdots\ \ I_{\mathrm{c}n}]^{\mathrm{T}}$$

$$\dot{\boldsymbol{I}}_{\mathrm{a}}=\left[\frac{\mathrm{d}I_{\mathrm{a}1}}{\mathrm{d}t}\ \ \frac{\mathrm{d}I_{\mathrm{a}2}}{\mathrm{d}t}\ \ \cdots\ \ \frac{\mathrm{d}I_{\mathrm{a}m}}{\mathrm{d}t}\right]^{\mathrm{T}},\quad \dot{\boldsymbol{I}}_{\mathrm{c}}=\left[\frac{\mathrm{d}I_{\mathrm{c}1}}{\mathrm{d}t}\ \ \frac{\mathrm{d}I_{\mathrm{c}2}}{\mathrm{d}t}\ \ \cdots\ \ \frac{\mathrm{d}I_{\mathrm{c}n}}{\mathrm{d}t}\right]^{\mathrm{T}}$$

$$\tilde{\boldsymbol{M}}_{\mathrm{ac}}=\tilde{\boldsymbol{M}}_{\mathrm{ca}}^{\mathrm{T}},\quad \boldsymbol{M}_{\mathrm{ac}}=\boldsymbol{M}_{\mathrm{ca}}^{\mathrm{T}}$$

$$\tilde{\boldsymbol{M}}_{\mathrm{ca}}=\begin{bmatrix}\tilde{M}_{\mathrm{ca}11} & \tilde{M}_{\mathrm{ca}12} & \cdots & \tilde{M}_{\mathrm{ca}1m}\\ \tilde{M}_{\mathrm{ca}21} & \tilde{M}_{\mathrm{ca}22} & \cdots & \tilde{M}_{\mathrm{ca}2m}\\ \vdots & \vdots & \ddots & \vdots\\ \tilde{M}_{\mathrm{ca}n1} & \tilde{M}_{\mathrm{ca}n2} & \cdots & \tilde{M}_{\mathrm{ca}nm}\end{bmatrix}_{n\times m},\quad \boldsymbol{M}_{\mathrm{ca}}=\begin{bmatrix}M_{\mathrm{ca}11} & M_{\mathrm{ca}12} & \cdots & M_{\mathrm{ca}1m}\\ M_{\mathrm{ca}21} & M_{\mathrm{ca}22} & \cdots & M_{\mathrm{ca}2m}\\ \vdots & \vdots & \ddots & \vdots\\ M_{\mathrm{ca}n1} & M_{\mathrm{ca}n2} & \cdots & M_{\mathrm{ca}nm}\end{bmatrix}_{n\times m}$$

当$i=1$时，式（6.4）为

$$R_{\mathrm{c}1}I_{\mathrm{c}1}+L_{\mathrm{c}1}\dot{I}_{\mathrm{c}1}+v\sum_{j=1}^{m}\tilde{M}_{\mathrm{ca}1j}I_{\mathrm{a}j}+\sum_{j=1}^{m}M_{\mathrm{ca}1j}\dot{I}_{\mathrm{a}j}=U_1 \tag{6.9}$$

当$i=2$时，式（6.4）为

$$\begin{bmatrix} R_{c1} & 0 \\ 0 & R_{c2} \end{bmatrix}\begin{bmatrix} I_{c1} \\ I_{c2} \end{bmatrix}+\begin{bmatrix} L_{c1} & M_{12}^{c} \\ M_{21}^{c} & L_{c2} \end{bmatrix}\begin{bmatrix} \dot{I}_{c1} \\ \dot{I}_{c2} \end{bmatrix}+v\begin{bmatrix} \tilde{\boldsymbol{M}}_{ca1} \\ \tilde{\boldsymbol{M}}_{ca2} \end{bmatrix}\boldsymbol{I}_{a}+\begin{bmatrix} \boldsymbol{M}_{ca1} \\ \boldsymbol{M}_{ca2} \end{bmatrix}\dot{\boldsymbol{I}}_{a}=\begin{bmatrix} U_{1} \\ U_{2} \end{bmatrix} \tag{6.10}$$

式中：$\tilde{\boldsymbol{M}}_{ca1}$、$\tilde{\boldsymbol{M}}_{ca2}$ 分别表示 $\tilde{\boldsymbol{M}}_{ca}$ 的第 1 行和第 2 行；$\boldsymbol{M}_{ca1}$、$\boldsymbol{M}_{ca2}$ 分别表示 $\boldsymbol{M}_{ca}$ 的第 1 行和第 2 行。同理，当 $i=n$ 时，式（6.4）可写为

$$\boldsymbol{R}_c\boldsymbol{I}_c+\boldsymbol{L}_c\dot{\boldsymbol{I}}_c+v\tilde{\boldsymbol{M}}_{ca}\boldsymbol{I}_a+\boldsymbol{M}_{ca}\dot{\boldsymbol{I}}_a=\boldsymbol{U} \tag{6.11}$$

式中：$\boldsymbol{R}_c$ 为线圈电阻对角阵；$\boldsymbol{L}_c$ 为线圈电感矩阵。

$$\boldsymbol{R}_c=\begin{bmatrix} R_{c1} & & & \boldsymbol{0} \\ & R_{c2} & & \\ & & \ddots & \\ \boldsymbol{0} & & & R_{cn} \end{bmatrix}_{n\times n},\quad \boldsymbol{L}_c=\begin{bmatrix} L_{c1} & M_{12}^{c} & \cdots & M_{1n}^{c} \\ M_{21}^{c} & L_{c2} & \cdots & M_{2n}^{c} \\ \vdots & \vdots & & \vdots \\ M_{n1}^{c} & M_{n2}^{c} & \cdots & L_{cn} \end{bmatrix}_{n\times n}$$

方程组的变化可通过引入矩阵 $\boldsymbol{Q}_{i\times n}$ 统一表示，即

$$\boldsymbol{QR}_c\boldsymbol{Q}^{\mathrm{T}}\boldsymbol{QI}_c+\boldsymbol{QL}_c\boldsymbol{Q}^{\mathrm{T}}\boldsymbol{Q}\dot{\boldsymbol{I}}_c+v\boldsymbol{Q}\tilde{\boldsymbol{M}}_{ca}\boldsymbol{I}_a+\boldsymbol{QM}_{ca}\dot{\boldsymbol{I}}_a=\boldsymbol{QU} \tag{6.12}$$

$\boldsymbol{Q}_{i\times n}$ 的行数是随导通的线圈数而变化的，具体如下。

当 $i=1$ 时

$$\boldsymbol{Q}=[1\quad 0\quad \cdots\quad 0]_{1\times n}$$

当 $i=2$ 时

$$\boldsymbol{Q}=\begin{bmatrix} 1 & 0 & \cdots & 0 \\ 0 & 1 & \cdots & 0 \end{bmatrix}_{2\times n}$$

……

当 $i=n$ 时

$$\boldsymbol{Q}=\begin{bmatrix} 1 & 0 & 0 & 0 \\ 0 & 1 & 0 & 0 \\ \vdots & \vdots & \ddots & \vdots \\ 0 & 0 & 0 & 1 \end{bmatrix}_{n\times n}$$

式（6.8）和式（6.12）可合写为

$$\begin{bmatrix} \boldsymbol{QR}_c\boldsymbol{Q}^{\mathrm{T}} & v\boldsymbol{Q}\tilde{\boldsymbol{M}}_{ca} \\ v\tilde{\boldsymbol{M}}_{ac}\boldsymbol{Q}^{T} & \boldsymbol{R}_a \end{bmatrix}\begin{bmatrix} \boldsymbol{QI}_c \\ \boldsymbol{I}_a \end{bmatrix}+\begin{bmatrix} \boldsymbol{QL}_c\boldsymbol{Q}^{T} & \boldsymbol{QM}_{ca} \\ \boldsymbol{M}_{ac}\boldsymbol{Q}^{T} & \boldsymbol{L}_a \end{bmatrix}\begin{bmatrix} \boldsymbol{Q}\dot{\boldsymbol{I}}_c \\ \dot{\boldsymbol{I}}_a \end{bmatrix}=\begin{bmatrix} \boldsymbol{QU} \\ \boldsymbol{0} \end{bmatrix} \tag{6.13}$$

式（6.2）给出了各电容器端电压与电流的关系，两边对时间求导，得

$$\dot{U}_i=-\frac{1}{C_i}I_{ci} \tag{6.14}$$

相应的矩阵形式为

$$\boldsymbol{Q}\dot{\boldsymbol{U}}=-\boldsymbol{QC}^{-1}\boldsymbol{I}_c \tag{6.15}$$

其中

$$\mathbf{C}=\begin{bmatrix} C_1 & & & \mathbf{0} \\ & C_2 & & \\ & & \ddots & \\ \mathbf{0} & & & C_n \end{bmatrix}_{n\times n} \tag{6.16}$$

根据虚功原理来计算电枢所受的电磁力。考虑模型中的一个子系统，它由第 i 级定子线圈和第 j 个电流丝构成。存储在子系统中的磁场能量是这两个导体之间的自感储能和互感储能之和，即

$$W_m=\frac{1}{2}L_{ci}I_{ci}^2+\frac{1}{2}L_{aj}I_{aj}^2+M_{acij}I_{ci}I_{aj} \tag{6.17}$$

因此第 j 个电流丝沿轴向位移Δz 所需要的力，可以由式（6.18）表示。

$$f_z=-\frac{\partial W_m}{\partial z}=I_{ci}I_{aj}\frac{\mathrm{d}M_{acij}}{\mathrm{d}z} \tag{6.18}$$

由此可知，电流丝所受驱动力是由定子线圈的电流、电流丝的电流和两者的互感梯度确定的。互感梯度可以直接由线圈的几何结构计算，它是影响线圈发射器性能的重要参数。

根据式（6.18），电枢在 z 方向受到的总驱动力为所有电流丝在 z 方向上受力之和：

$$F_z=\sum_{i=1}^{n}\sum_{j=1}^{m}I_{ci}I_{aj}\frac{\mathrm{d}M_{acij}}{\mathrm{d}z} \tag{6.19}$$

由式（6.19）可见，为了获得较大的推力，应尽量使互感梯度的符号不变，抛体能始终处于一定方向的加速状态。电枢的运动方程为

$$m_0\frac{\mathrm{d}v}{\mathrm{d}t}=\sum_{i=1}^{n}\sum_{j=1}^{m}I_{ci}I_{aj}\frac{\mathrm{d}M_{acij}}{\mathrm{d}z} \tag{6.20}$$

式中：v 为电枢运动速度；m_0 为抛体质量。

式（6.20）可写为

$$m_0\frac{\mathrm{d}v}{\mathrm{d}t}=\boldsymbol{I}_{\mathrm{c}}^{\mathrm{T}}\tilde{\boldsymbol{M}}_{\mathrm{ca}}\boldsymbol{I}_{\mathrm{a}} \tag{6.21}$$

综上所述，CFM 的待求方程组为

$$\begin{bmatrix} \boldsymbol{QR}_{\mathrm{c}}\boldsymbol{Q}^{\mathrm{T}} & v\boldsymbol{Q}\tilde{\boldsymbol{M}}_{\mathrm{ca}} \\ v\tilde{\boldsymbol{M}}_{\mathrm{ac}}\boldsymbol{Q}^{\mathrm{T}} & \boldsymbol{R}_{\mathrm{a}} \end{bmatrix}\begin{bmatrix} \boldsymbol{QI}_{\mathrm{c}} \\ \boldsymbol{I}_{\mathrm{a}} \end{bmatrix}+\begin{bmatrix} \boldsymbol{QL}_{\mathrm{c}}\boldsymbol{Q}^{\mathrm{T}} & \boldsymbol{QM}_{\mathrm{ca}} \\ \boldsymbol{M}_{\mathrm{ac}}\boldsymbol{Q}^{\mathrm{T}} & \boldsymbol{L}_{\mathrm{a}} \end{bmatrix}\begin{bmatrix} \boldsymbol{Q}\dot{\boldsymbol{I}}_{\mathrm{c}} \\ \dot{\boldsymbol{I}}_{\mathrm{a}} \end{bmatrix}=\begin{bmatrix} \boldsymbol{QU} \\ \mathbf{0} \end{bmatrix} \tag{6.22}$$

$$\boldsymbol{Q}\dot{\boldsymbol{U}}=-\boldsymbol{QC}^{-1}\boldsymbol{I}_{\mathrm{c}} \tag{6.23}$$

$$m_0\frac{\mathrm{d}v}{\mathrm{d}t}=\boldsymbol{I}_{\mathrm{c}}^{\mathrm{T}}\tilde{\boldsymbol{M}}_{\mathrm{ca}}\boldsymbol{I}_{\mathrm{a}} \tag{6.24}$$

$$\frac{\mathrm{d}z}{\mathrm{d}t} = v \tag{6.25}$$

将式（6.22）～式（6.25）写为

$$\begin{bmatrix} \boldsymbol{Q}\dot{\boldsymbol{I}}_{\mathrm{c}} \\ \dot{\boldsymbol{I}}_{\mathrm{a}} \end{bmatrix} = \begin{bmatrix} \boldsymbol{Q}\boldsymbol{L}_{\mathrm{c}}\boldsymbol{Q}^{\mathrm{T}} & \boldsymbol{Q}\boldsymbol{M}_{\mathrm{ca}} \\ \boldsymbol{M}_{\mathrm{ac}}\boldsymbol{Q}^{\mathrm{T}} & \boldsymbol{L}_{\mathrm{a}} \end{bmatrix}^{-1} \left(\begin{bmatrix} \boldsymbol{Q}\boldsymbol{U} \\ \boldsymbol{0} \end{bmatrix} - \begin{bmatrix} \boldsymbol{Q}\boldsymbol{R}_{\mathrm{c}}\boldsymbol{Q}^{\mathrm{T}} & v\boldsymbol{Q}\tilde{\boldsymbol{M}}_{\mathrm{ca}} \\ v\tilde{\boldsymbol{M}}_{\mathrm{ac}}\boldsymbol{Q}^{T} & \boldsymbol{R}_{\mathrm{a}} \end{bmatrix} \begin{bmatrix} \boldsymbol{Q}\boldsymbol{I}_{\mathrm{c}} \\ \boldsymbol{I}_{\mathrm{a}} \end{bmatrix} \right) \tag{6.26}$$

$$\boldsymbol{Q}\dot{\boldsymbol{U}} = -\boldsymbol{Q}\boldsymbol{C}^{-1}\boldsymbol{I}_{\mathrm{c}} \tag{6.27}$$

$$\frac{\mathrm{d}v}{\mathrm{d}t} = \frac{\boldsymbol{I}_{\mathrm{c}}^{\mathrm{T}}\tilde{\boldsymbol{M}}_{\mathrm{ca}}\boldsymbol{I}_{\mathrm{a}}}{m_0} \tag{6.28}$$

$$\frac{\mathrm{d}z}{\mathrm{d}t} = v \tag{6.29}$$

式（6.26）～式（6.29）构成的是一个变系数、变维数的常微分方程组，其中系数矩阵 $\boldsymbol{Q}$、$\boldsymbol{P}$、$\boldsymbol{M}_{\mathrm{ca}}$、$\boldsymbol{M}_{\mathrm{ac}}$、$\tilde{\boldsymbol{M}}_{\mathrm{ca}}$ 和 $\tilde{\boldsymbol{M}}_{\mathrm{ac}}$ 都是随电枢位置变化而变化的，即与 z 有关，而且随着各级线圈的导通，方程组的维数不断增加，具体如下。

t_0～t_1：第 1 级线圈导通，在该时间段内，方程组维数为 $1+m+1+2$。

t_1～t_2：第 1、第 2 级线圈导通，在该时间段内，方程组维数为 $2+m+2+2$。

……

t_{n-1}～t_n：第 1～n 级线圈导通，在该时间段内，方程组维数为 $n+m+n+2$。

此外，求解该方程组需给定电流、电压、电枢初速度和初始位置的值。而且，各级激励线圈的导通时间取决于电枢运行中的位置，这需要在求解过程中得到。采用四阶龙格-库塔（Runge-Kutta）算法对式（6.26）～式（6.29）进行求解。

对于方程

$$\boldsymbol{Y}' = f(t, \boldsymbol{Y}) \tag{6.30}$$

四阶 Runge-Kutta 算法为

$$\boldsymbol{Y}_{n+1} = \boldsymbol{Y}_n + \frac{h}{6}(\boldsymbol{K}_1 + 2\boldsymbol{K}_2 + 2\boldsymbol{K}_3 + \boldsymbol{K}_4) \tag{6.31}$$

$$\begin{cases} \boldsymbol{K}_1 = f(t_n, \boldsymbol{Y}_n) \\ \boldsymbol{K}_2 = f\left(t_n + \dfrac{1}{2}h, \boldsymbol{Y}_n + \dfrac{1}{2}h\boldsymbol{K}_1\right) \\ \boldsymbol{K}_3 = f\left(t_n + \dfrac{1}{2}h, \boldsymbol{Y}_n + \dfrac{1}{2}h\boldsymbol{K}_2\right) \\ \boldsymbol{K}_4 = f(t_n + h, \boldsymbol{Y}_n + h\boldsymbol{K}_3) \end{cases} \tag{6.32}$$

令待求列向量为

$$\boldsymbol{Y}=\begin{Bmatrix}\boldsymbol{I}_{\mathrm{c}}\\ \boldsymbol{I}_{\mathrm{a}}\\ \boldsymbol{U}\\ v\\ z\end{Bmatrix} \tag{6.33}$$

右端项$f(t, \boldsymbol{Y})$由式（6.26）～式（6.29）右端的各项计算。算法流程具体如下。

$t_0 = 0$ 时，赋初值。

$t_1 = \mathrm{d}t$ 时，根据 z 判断有几级线圈导通；计算 $t_1 = t_0, \boldsymbol{Y}_1 = \boldsymbol{Y}(t_1) = \boldsymbol{Y}_0, \boldsymbol{K}_1 = f(t_1, \boldsymbol{Y}_1)$；计算$t_2 = t_1 + \mathrm{d}t/2, \boldsymbol{Y}_2 = \boldsymbol{Y}_1 + 0.5\boldsymbol{K}_1\mathrm{d}t, \boldsymbol{K}_2 = f(t_2, \boldsymbol{Y}_2)$；计算$t_3 = t_1 + \mathrm{d}t/2, \boldsymbol{Y}_3 = \boldsymbol{Y}_1 + 0.5\boldsymbol{K}_2\mathrm{d}t, \boldsymbol{K}_3 = f(t_3, \boldsymbol{Y}_3)$；计算 $t_4 = t_1 + \mathrm{d}t, \boldsymbol{Y}_4 = \boldsymbol{Y}_1 + \boldsymbol{K}_3\mathrm{d}t, \boldsymbol{K}_4 = f(t_4, \boldsymbol{Y}_4)$；计算$\Delta\boldsymbol{Y} = (\boldsymbol{K}_1 + 2\boldsymbol{K}_2 + 2\boldsymbol{K}_3 + \boldsymbol{K}_4)\times \mathrm{d}t/6$；计算 $\boldsymbol{Y}_1 = \boldsymbol{Y}_0 + \Delta\boldsymbol{Y}$。

……

$t_{N+1} = (N+1)\mathrm{d}t$时，计算$t_1 = t_N, \boldsymbol{Y}_1 = \boldsymbol{Y}(t_1) = \boldsymbol{Y}_N, \boldsymbol{K}_1 = f(t_1, \boldsymbol{Y}_1)$；计算$t_2 = t_1 + \mathrm{d}t/2, \boldsymbol{Y}_2 = \boldsymbol{Y}_1 + 0.5\boldsymbol{K}_1\mathrm{d}t, \boldsymbol{K}_2 = f(t_2, \boldsymbol{Y}_2)$；计算 $t_3 = t_1 + \mathrm{d}t/2, \boldsymbol{Y}_3 = \boldsymbol{Y}_1 + 0.5\boldsymbol{K}_2\mathrm{d}t, \boldsymbol{K}_3 = f(t_3, \boldsymbol{Y}_3)$；计算 $t_4 = t_1 + \mathrm{d}t$, $\boldsymbol{Y}_4 = \boldsymbol{Y}_1 + \boldsymbol{K}_3\mathrm{d}t, f_4 = f(t_4, \boldsymbol{Y}_4)$；计算$\Delta\boldsymbol{Y} = (\boldsymbol{K}_1 + 2\boldsymbol{K}_2 + 2\boldsymbol{K}_3 + \boldsymbol{K}_4)\times \mathrm{d}t/6$；计算 $\boldsymbol{Y}_{N+1} = \boldsymbol{Y}_N + \Delta\boldsymbol{Y}$。

基于 CFM 及四阶 Runge-Kutta 算法，武汉大学的彭迎博士开发了 Coilgun 线圈发射器计算平台。

6.3 CFM 方法试验原理验证

虽然 CFM 已经被广泛采用，但人们对该方法还有些疑问。一个是是否存在非周向电流的问题，另一个是 CFM 的准确性问题。本节建立电枢剖分试验，并采用 CFM 和有限元法来研究上述问题。

按照如图 6.3 所示的等效电路搭建试验平台。将电容器作为脉冲储能电源，额定容量为 2.4 mF/1.5 kV，内阻约为 10 mΩ。为防止电容反向充电，采用续流电路结构，将二

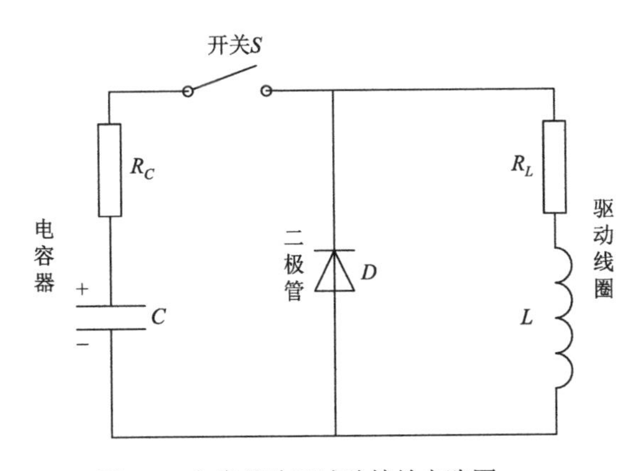

图 6.3　电流丝验证试验等效电路图

极管反向接在驱动线圈两端。自行绕制驱动线圈，线圈电阻为 100 mΩ，电感为 122.1 μH。电枢和线圈的尺寸位置如图 6.4 所示。

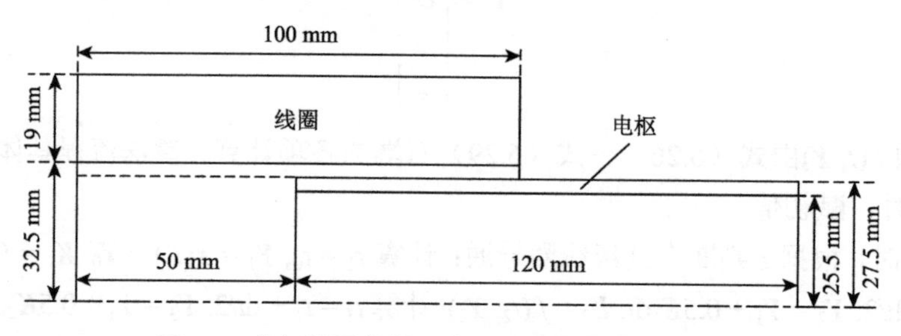

图 6.4　单级线圈发射器中电枢和线圈的尺寸位置

为了验证电枢 CFM 法，对电枢进行了剖分试验。用 24 匝铜环电枢模拟一个圆筒电枢的 CFM，如图 6.5 所示。圆筒电枢由 3 节 40 mm 长的圆形铜筒并行排列而成，铜环之间相互接触，电枢总长 120 mm，外径 27.5 mm，内径 25.5 mm，固定在聚氯乙烯（polyvinyl chloride，PVC）管上，构成一个圆筒电枢，如图 6.5（a）所示。为了模拟电流丝电枢，将 24 节 5 mm 长的铜环单元固定在 PVC 管上模拟 CFM 电枢。相邻铜环之间采用绝缘胶带进行绝缘，使铜环单元结构独立。电枢的有效长度为 120 mm，但由于铜环之间存在绝缘，厚度约为 0.4 mm，实际电枢的总长度为 129.2 mm。电枢外径为 27.5 mm，内径为 25.5 mm，如图 6.5（b）所示。两电枢质量均为 0.37 kg。

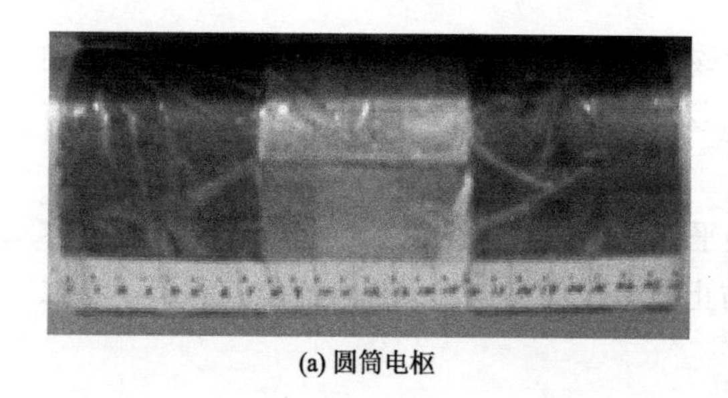

(a) 圆筒电枢　　(b) 24匝铜环电枢

图 6.5　电流丝试验的弹丸设计

两种弹丸采用的电源回路及线圈发射器均与图 6.3、图 6.4 相同，电枢初始位置均为电枢尾部放在驱动线圈中部。采用光电传感器测量炮膛出口速度。测得的圆筒电枢和 24 匝铜环电枢出口速度分别为 7.3 m/s 和 6.9 m/s，24 匝铜环电枢基本可以等同于圆筒电枢的效果。

为了进一步分析电枢剖分试验的效果，采用 Maxwell 有限元软件对上述试验进行仿真分析。用 Maxwell 软件对电枢剖分试验进行仿真分析，模型如图 6.6 所示，仿真材料参数如表 6.1 所示。

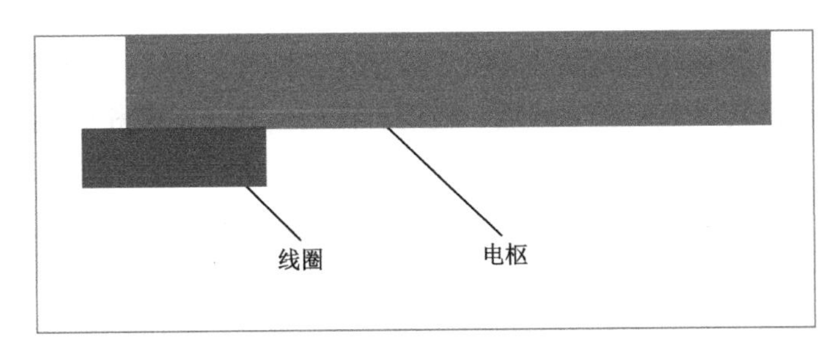

图 6.6 线圈发射器电枢剖分试验 2D 仿真图

表 6.1 电枢剖分试验材料参数

名称	材料	磁导率 μ/(H/m)	电导率 σ/(S/m)
线圈	铜	1.2566×10^{-6}	5.8×10^{7}
电枢	铜	1.2566×10^{-6}	5.8×10^{7}
其他	空气	1.2566×10^{-6}	0.0

圆筒电枢和 24 匝铜环电枢的仿真计算速度分别为 8.1 m/s 和 7.7 m/s。考虑到摩擦阻力、非同轴及测量等其他因素的影响，仿真结果可认为是正确的，与试验结果一致。圆筒电枢和 24 匝铜环电枢尾部 25 mm 左右长度在 0.5 ms 时的电流密度分布如图 6.7（a）、（b）所示。由图可知，虽然铜环之间存在绝缘，但电枢电流密度分布和圆筒电枢基本相同，这也就是说，一个圆筒电枢可以看作是由若干同轴圆环并行排列而成的。

由图 6.7（b）可知，电枢尾部电流密度最大，且分布极不均匀，这不符合电流丝内部电流密度分布均匀的假设。为了进一步分析电流丝法，根据 24 匝铜环电枢的构造方

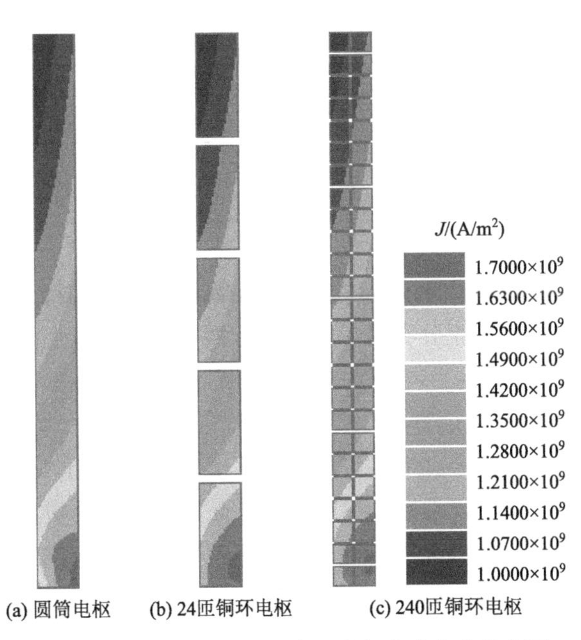

图 6.7 0.5 ms 时刻线圈发射器电枢电流密度分布图

法，构造了一个240匝铜环电枢仿真模型，电枢由240个铜环单元构成，铜环单元为边长1 mm的正方形，其中轴向有120层，径向有两层，模仿前面相邻铜环的匝间绝缘，设此铜环间距离为0.1 mm，电枢总体有效长度和径向厚度均与圆筒电枢相同。240匝铜环电枢的仿真出口速度为7.4 m/s，0.5 ms时电枢尾部25 mm长度内铜环细丝的电流密度分布如图6.7（c）所示，其总体电流密度分布和圆筒电枢及24匝铜环电枢基本相同，各电流丝内电流密度分布更加均匀。

虽然试验证明了采用对电枢剖分的方法在试验中能够对原模型进行等效，但图6.7中由于趋肤效应，各电流丝内的电流分布并不均匀，这与CFM的等效假设仍然不完全相符。为了进一步验证CFM法，本节采用Maxwell软件假设各电流丝中的电流分布均匀，从而对圆筒电枢进行等效。将圆筒电枢直接剖分为不同匝数的电流丝，剖分数分别为1、2、4、10、20、30、40、60、120（a）、120（b）和240，所用模型、外电路等参数与上述试验相同。对各CFM进行均匀电流加载，比较0.5 ms时电枢整体电流密度分布图，结果如表6.2所示。

表6.2　电流丝剖分数不同时对应的电流丝内电流密度分布图

剖分数	0.5 ms时电流丝分布图
原型	
240	
120（a）	
120（b）	
60	
30	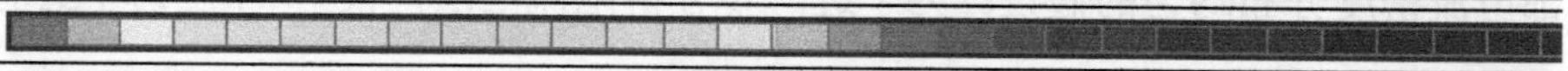
20	
10	
4	
2	
1	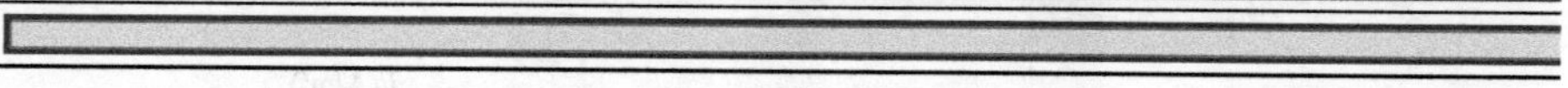

由表6.2可知，对于本试验模型，当电流丝数量小于10时，CFM的电流分布基本不能反映圆筒电枢实际的电流分布情况，电流丝数量在30以上时，已经基本可以等效为圆筒电枢。剖分越细，所采用电枢内的电流分布图越与实际的圆筒模型相近，因此电流丝法是可行的。

但与此同时，电流丝剖分并非越细越好，主要有两个原因：一是电流丝剖分越多，需要计算的电感矩阵就越大，求解时间就越长，而精度却不会提高很多，因此电枢剖分的电流丝数量应当根据实际情况进行优选。二是电流丝剖分形状对结果影响很大，如电枢尾部外侧电流密度高，内侧头部电流密度低，如果电流丝剖分形状不合理，得到的电流丝电流整体与实际圆筒电枢电流密度分布并不相同，进而影响电磁场、温度及应力场的计算结果。在表 6.2 中，虽然 120（a）和 120（b）都已接近实际电枢分布效果，但 120（a）要好于 120（b），因为它更能反映电枢外侧电流密度较大这一现象，有利于电枢温升及电枢加固分析。

6.4 CFM 方法应用实例

6.4.1 线圈发射器应用

为了验证 PEEC 方法在线圈发射器的应用，基于 CFM 编制 Coilgun 仿真软件，建立了五级 10 cm 口径的线圈发射器试验平台进行仿真和试验分析。电源为五级 0.24 mF/3 kV 的脉冲电容器，将如图 6.3 所示的续流回路作为电路拓扑结构，电源平台如图 6.8 所示。

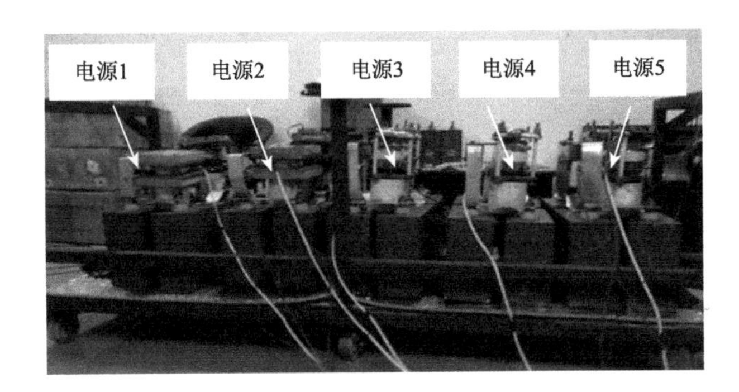

图 6.8 五级线圈发射器的电源平台

建立的五级线圈发射器单级线圈长度 4 cm，铝筒电枢质量为 413 g，线圈发射器模型如图 6.9（a）所示。为了进行仿真比较，除采用 Coilgun 软件外，还采用 Maxwell 有限元仿真软件进行比较，Maxwell 仿真模型如图 6.9（b）所示。

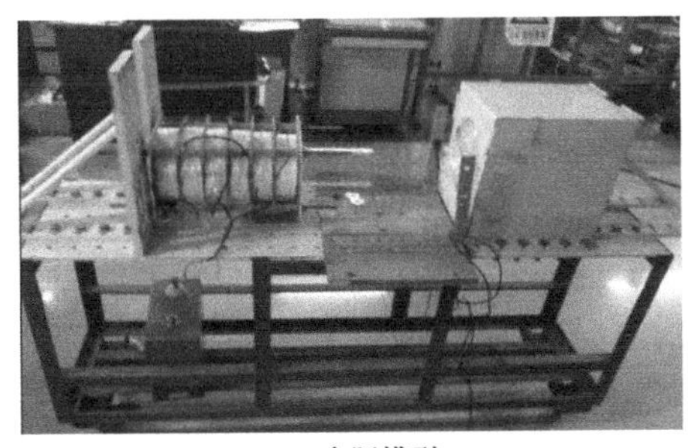

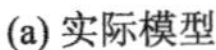
(a) 实际模型

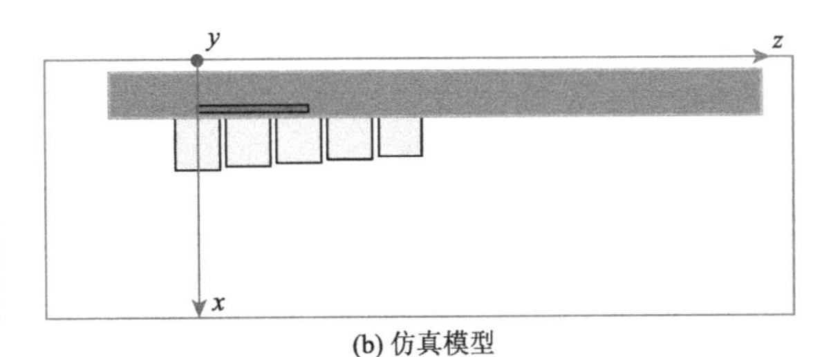

(b) 仿真模型

图 6.9 五级线圈发射器实际和仿真模型

采用遗传算法优化计算各级线圈的点火时序，如表 6.3 所示。采用罗氏线圈测量前三级驱动线圈上的电流波形，如图 6.10 所示。采用基于 CFM 的 Coilgun 软件进行仿真，其结果和线圈实测电流基本相同。

表 6.3　五级线圈点火时序

五级线圈	t_1	t_2	t_3	t_4	t_5
时间/ms	0	2.1	3.7	5.0	6.1

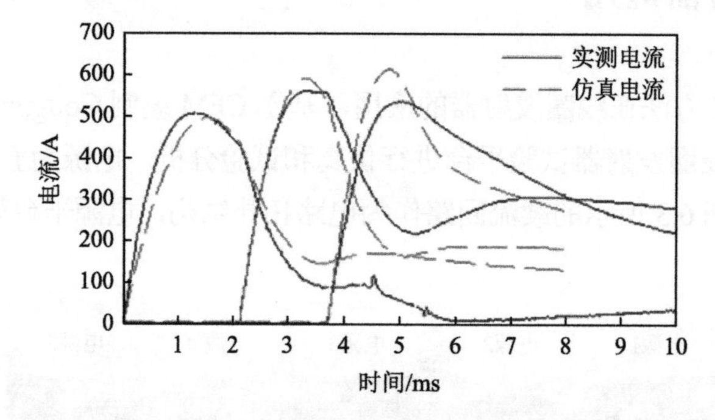

图 6.10　五级线圈发射器实测电流和仿真电流比较

采用光电开关测量电枢的出口速度，试验测得电枢出口速度为 31 m/s。分别采用 CFM 的 Coilgun 软件和 Maxwell 有限元软件对上述模型进行计算，得到的电磁力和速度波形结果如图 6.11 所示。两种不同方法的计算结果基本一致，Coilgun 仿真峰值速度略高于 Maxwell 仿真结果，但出口速度完全一致，出口速度约为 32.5 m/s，略高于实测速度，发射效率为 4.04%。考虑到摩擦阻力、试验非同轴、测量误差等因素，可以认为基于 CFM 的 Coilgun 软件计算结果正确，PEEC 方法能够有效计算典型的运动导体涡流场问题。

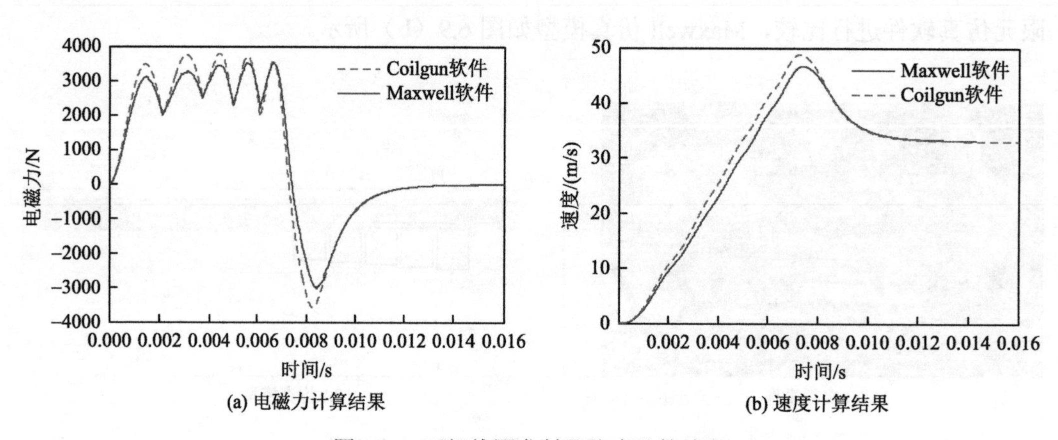

图 6.11　五级线圈发射器仿真计算结果

6.4.2 线圈发射器的场-路结合分析

电路模型法仿真虽然可以独立完成对线圈发射器发射过程的模拟，但是无法得到发射过程中的场量分布，随着线圈发射器设计精细化程度的提高，路仿真越来越难以满足设计要求。场方法虽然可以对线圈发射器发射中的各种场量进行计算，但是却无法独立完成整个仿真，因为作为场模型中激励线圈材料属性的脉冲电流必须在场仿真开始前给出，所以场方法只能在线圈发射器制造完成并通过试验方法提取脉冲电流后进行事后分析。

针对普通电流丝法在激励线圈和电流丝线圈互感计算方面存在的缺陷，提出将激励线圈进行细分以抑制互感查表计算中因为个体间尺寸差异过大引入的误差，从而提高电流丝法计算精度的改进方法。为了对改进后的电流丝法的有效性进行验证，并对线圈发射器发射过程中的场量分布进行暂态分析，分别使用 CGM（三维模型）和 NO-MFEM（二维轴对称模型）建立了线圈发射器的场模型。CGM 使用粗网格离散激励线圈和不包括电枢的背景区域，使用细网格离散电枢，粗、细两套网格之间不存在几何约束；电枢位置改变后只需改变细网格节点坐标，无须进行网格重构。通过将路仿真得到的激励线圈电流加载到对应的场模型中实现了线圈发射器的场-路结合计算。将修改前后的 CFM 与 CGM 结合，对三级线圈进行场-路结合仿真，并将结果进行对比，验证了本章对 CFM 所做修改的有效性。将修改后的 CFM 与 NO-MFEM 结合，进行三级线圈场-路结合仿真，并将结果与 CGM 所做的仿真进行对比，证明了 NO-MFEM 在处理多级线圈发射器问题上的有效性。

1. 线圈发射器的场–路结合分析

本节分别将改进前和改进后的 CFM 与 CGM 结合，对三级线圈发射器进行场-路结合仿真，通过对比两种场-路结合模型的计算结果，验证了修改后的 CFM 的有效性；接着将修改后的 CFM 与 NO-MFEM 结合，继续对三级线圈发射器进行场-路结合计算。通过对比可知本节提出的两类场-路结合方法在线圈发射器性能分析上的有效性。

为了验证本章对 CFM 修改的有效性，同时也为了实现对线圈发射器的场-路结合分析，本节建立三级同轴线圈发射器的场-路分析模型。激励线圈、电枢和脉冲电容器参数如表 6.4、表 6.5 所示。

表 6.4 激励线圈和电枢参数

线圈		电枢	
参数	数值	参数	数值
内半径/mm	80	内半径/mm	55
径向厚度/mm	50	径向厚度/mm	15

续表

线圈		电枢	
轴向长度/mm	107	轴向长度/mm	103
相邻间隔/mm	28	质量/kg	1.632
导线匝数	38	电导率/(S/m)	3.54×10^{7}
—	—	相对磁导率	1
—	—	初始速率/(m/s)	0

表 6.5　脉冲电容器参数

电容编号	电容/mF	充电电压/kV
1	20.485	4.6
2	5.863	9.1
3	2.059	14.7

场-路结合法分析线圈发射器的步骤如下。

（1）首先通过路仿真得到激励线圈电流及其他结果。

（2）将线圈电流加载在场模型中完成对发射过程的电磁暂态计算，得到各时间步下的磁通和涡流分布。

表 6.5 对应的线圈发射器的三维 CGM 模型及其剖分如图 6.12 所示，其中激励线圈和背景空气区域用粗网格剖分，电枢和包裹它的空气用细网格剖分。

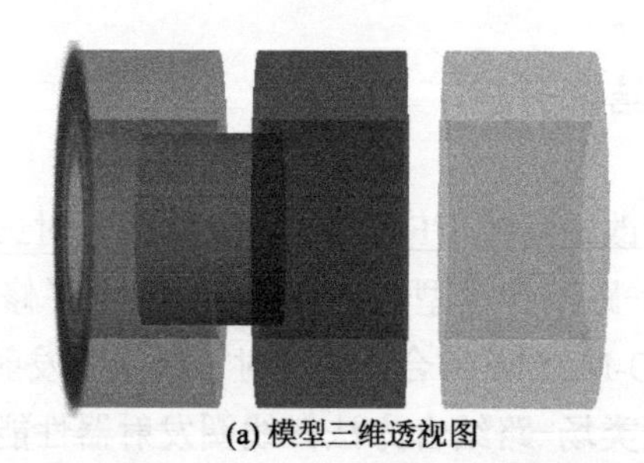

(a) 模型三维透视图

(b) 全域粗网格剖分

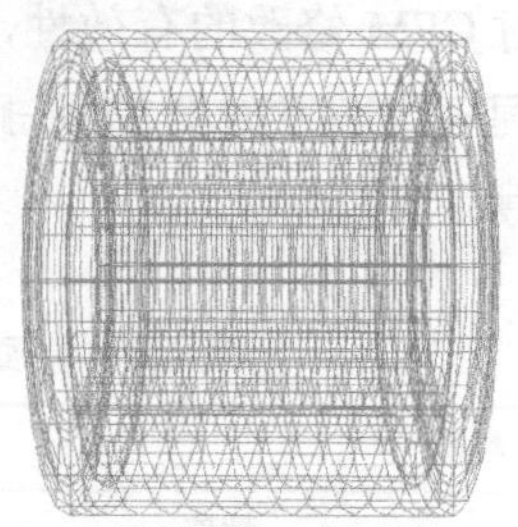

(c) 局部区域（电枢及包裹空气）细网格剖分

图 6.12　三级线圈发射器的三维 CGM 模型及其剖分

为了证明修改后 CFM 的有效性，在没有进行试验验证的情况下，将场模型与修改前后的路模型分别结合，对比两种场-路模型计算结果的差异，若修改后场-路分析结果差异减小，即证明对 CFM 的修改是有效的。

在修改前的 CFM 中，仅将电枢按照径向 2 份、轴向 5 份的方式均分为 10 个电流丝。这种情况下场-路模型的分析结果如图 6.13 所示。由图 6.13 可知，在没有对线圈实施剖分处理的情况下，场模型和路模型的结果差异较大，尤其在电枢受力上差异更加明显，也就是说场、路两种模型在反映同一物理现象上存在较大差异，显然两种方法中至少有一种未能很好地反映物理问题的本质。

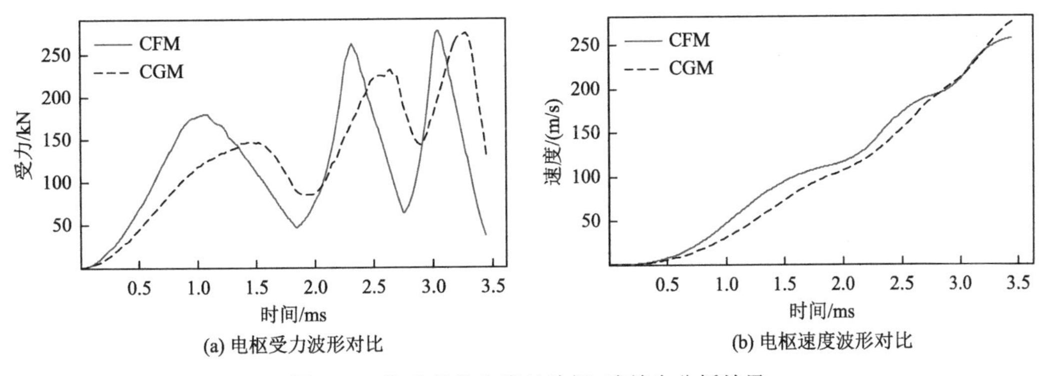

图 6.13 修改前的电流丝法场-路结合分析结果

因此 CGM 在处理运动体导体涡流场问题上得到了标准算例的检验，所以可断定差异由 CFM 引起。在 CFM 的路参数中，电感、电阻的计算不会存在问题，但是在没有对激励线圈进行剖分的情况下，电流丝和激励线圈之间的尺寸差异非常明显，问题就隐含在《电感计算手册》[25]提供的互感计算公式常常更适合于处理线圈尺寸差异较小的情况。

对每个激励线圈按照径向 4 份、轴向 5 份均分为 20 个子线圈，改进后的 CFM 如图 6.14 所示。

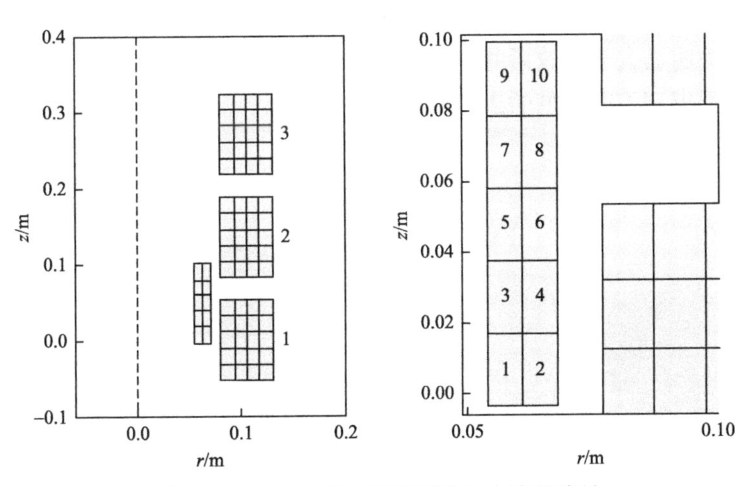

图 6.14 CFM 电枢、线圈剖分及电流丝编号

经过路仿真得到的激励线圈电流波形和前四个电流丝电流波形如图 6.15 所示。

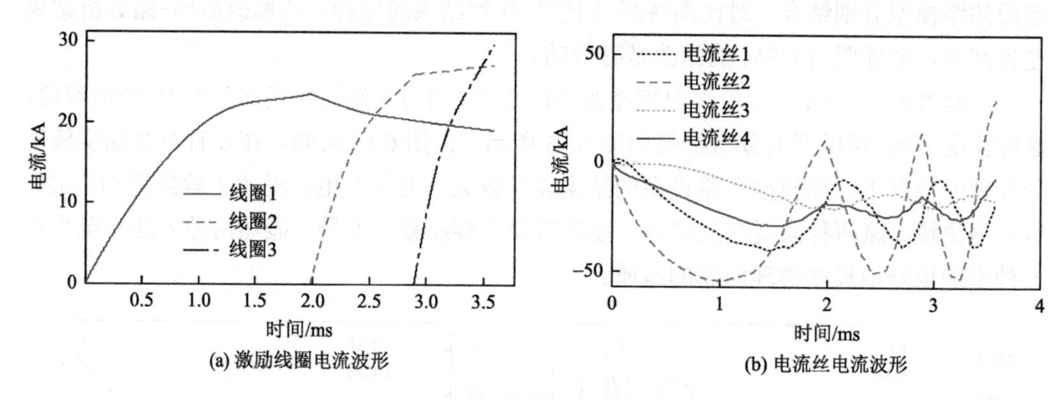

(a) 激励线圈电流波形　(b) 电流丝电流波形

图 6.15　激励线圈及电流丝电流波形

将修改前后 CFM 计算得到的电枢受力和速度曲线进行对比，结果如图 6.16 所示。

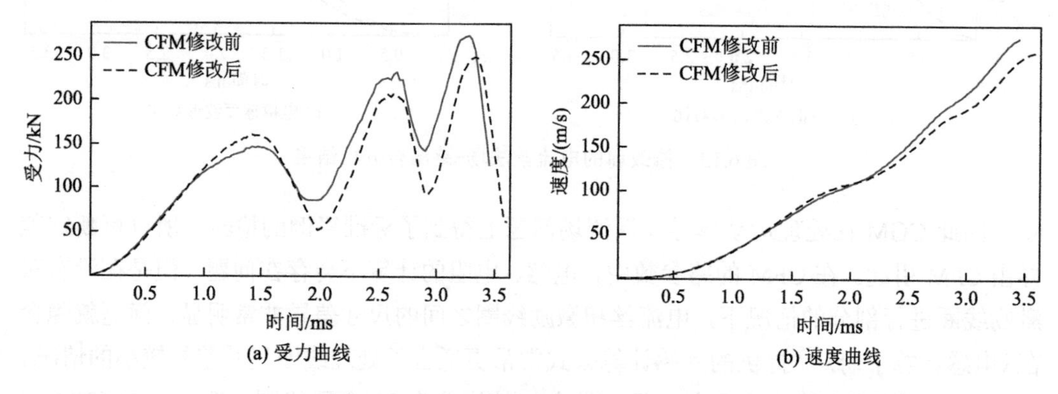

(a) 受力曲线　(b) 速度曲线

图 6.16　CFM 修改前后计算结果的对比

由图 6.16 可知，修改后的 CFM 得到的电枢受力曲线变化更加平滑，修改前的 CFM 得到的电枢受力明显大于修改后的电枢受力。

根据场模型得到不同时刻的磁通密度分布和电枢涡流密度分布，如图 6.17、图 6.18 所示。

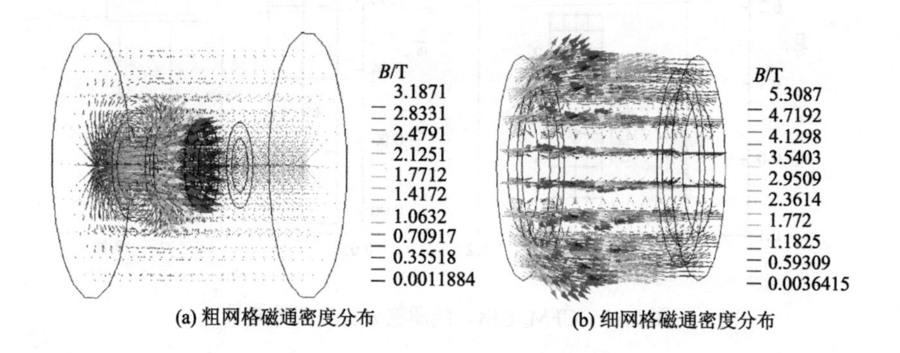

(a) 粗网格磁通密度分布　(b) 细网格磁通密度分布

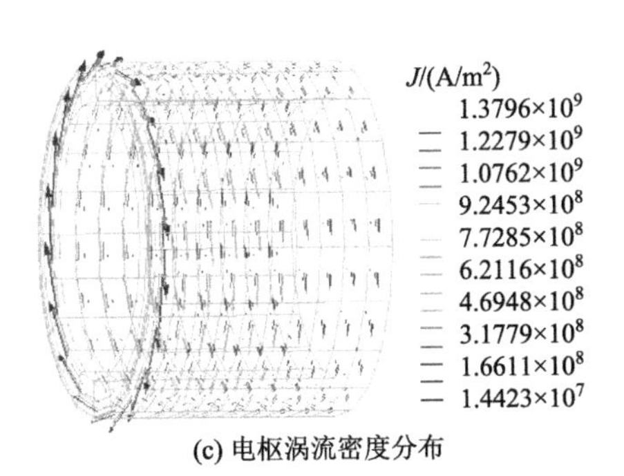

(c) 电枢涡流密度分布

图 6.17 0.60 ms 空间场量分布

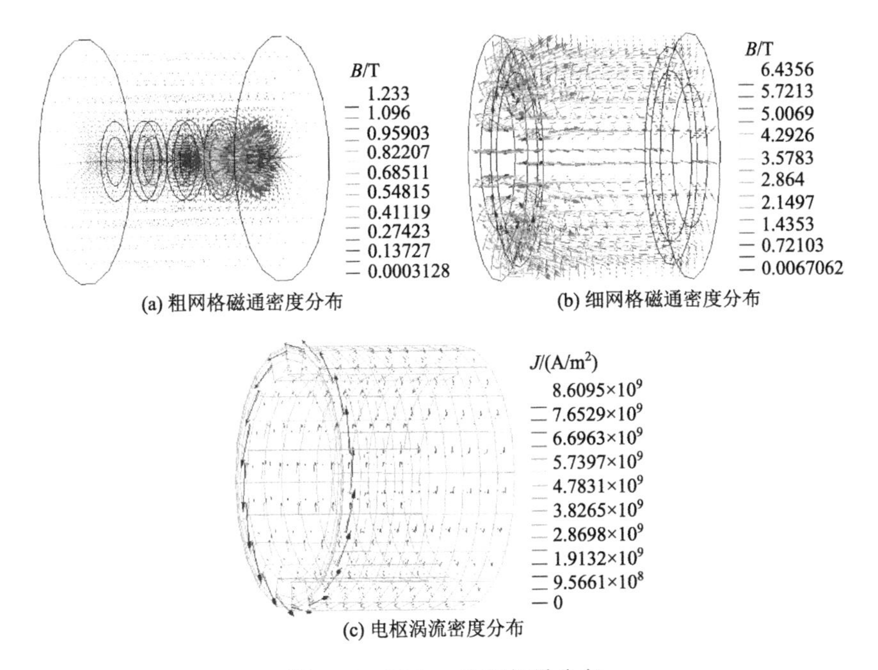

(a) 粗网格磁通密度分布 (b) 细网格磁通密度分布

(c) 电枢涡流密度分布

图 6.18 2.96 ms 空间场量分布

从图 6.17 和图 6.18 可以看到，随着激励线圈依次导通，在空间形成行波磁场，其最大场强沿着轴向从炮尾向炮口移动，从而推动电枢向炮口方向运动。当发射时间到达 2.96 ms 时，电枢已经运动到了炮口以外的空间。从电枢的涡流分布来看，其主要集中于电枢尾端和外壁，以周向电流为主，该电流分量与激励线圈磁场的径向分量作用使电枢受到电磁推力。

修改电流丝法之后场-路结合模型电枢受力和速度曲线如图 6.19 所示。

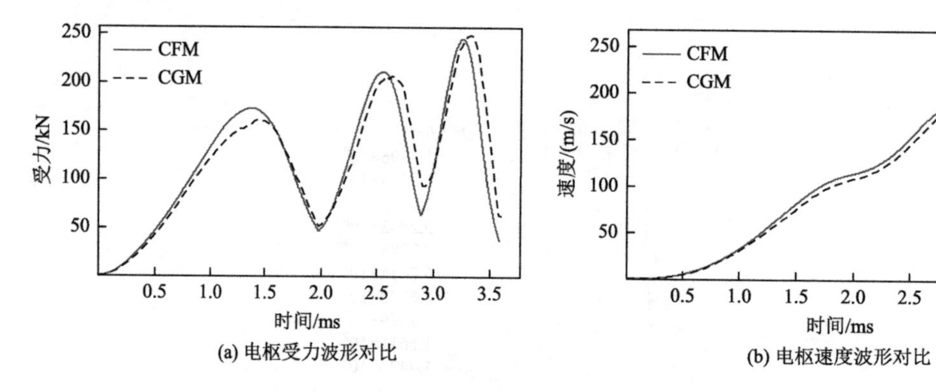

图 6.19 修改后的电流丝法场-路结合分析结果

从路模型所得前四个电流丝的电流波形［图 6.15（b)］和场模型得到的电枢涡流分布［图 6.17（c）和图 6.18（c)］可以知道，在线圈发射器发射过程中感应涡流主要集中在电枢后端的外壁处。从图 6.17（a）和图 6.18（a）可知，激励线圈产生的磁场随电枢的移动向炮口推进，即在发射过程中空间磁能以磁行波的方式向前移动。

对比图 6.13 和图 6.18 可知，在实施了激励线圈剖分的场-路模型中，路仿真结果和场仿真结果的一致性大大提高，使通过场-路结合方法对线圈发射器性能进行分析的可靠性得到提高。

2. 非重叠 Mortar 有限元法在场-路结合分析中的应用

为了进一步对修改后的 CFM 的有效性进行验证，同时也对 NO-MFEM 在处理运动导体涡流场时与 CGM 的一致性进行检验，建立由表 6.4 和表 6.5 所给出的三级线圈发射器的二维轴对称 NO-MFEM 模型，场域分解情况和剖分结果如图 6.20 所示。

图 6.20（a）表示线圈发射器的整体场域被划分为两个子域，电枢和线圈分别位于不同子域。在每一时间步电枢位置改变后 NO-MFEM 程序将修改 Ω_1 内的节点坐标，同时重新判断与静止的非 Mortar 边 Γ_{nm} 对应的 Ω_1 边界上的节点和单元，并更新 Mortar 边 Γ_m 的信息。

将路模型仿真所得激励线圈电流［图 6.15（a)］作为材料属性赋给场模型中的激励线圈，得到发射过程中不同时刻整体区域的磁场及电枢涡流场的分布，图 6.21 和图 6.22 分别给出了 0.1 ms 和 3.5 ms 时空间场量分布情况。

由图 6.15（a)、图 6.21（a）和图 6.22（a）可知，随着电枢的前移，激励线圈逐级导通，在空间形成磁行波，其最大值随着电枢的前移而不断前进，直到将电枢推出炮膛。由图 6.21（c）和图 6.22（b）均可知，在线圈发射过程中感应涡流主要分布在电枢尾端的浅表层，可以推知电枢尾部的小块区域是电磁力分布最集中的区域。二维 NO-MFEM 的分析结论更加清晰，同时也印证了三维 CGM 的分析结论。

将修改后的 CFM 与 CGM 及 NO-MFEM 结合分析，对三级线圈发射器得到的电枢受力和速度曲线进行对比，结果如图 6.23 所示。

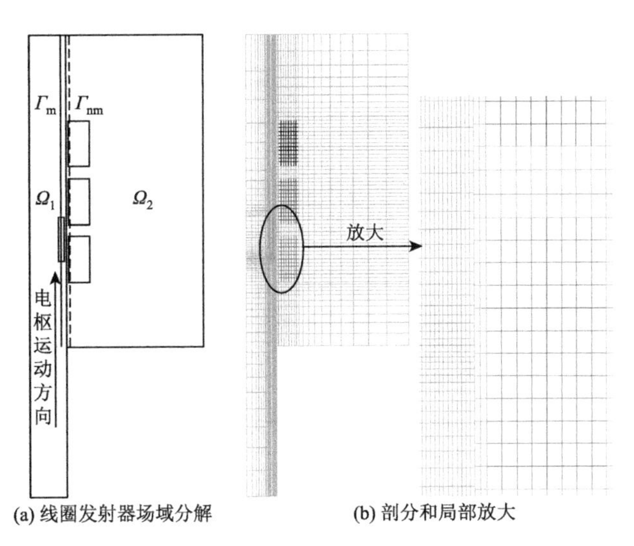

(a) 线圈发射器场域分解　　(b) 剖分和局部放大

图 6.20　三级线圈发射器场域分解及剖分

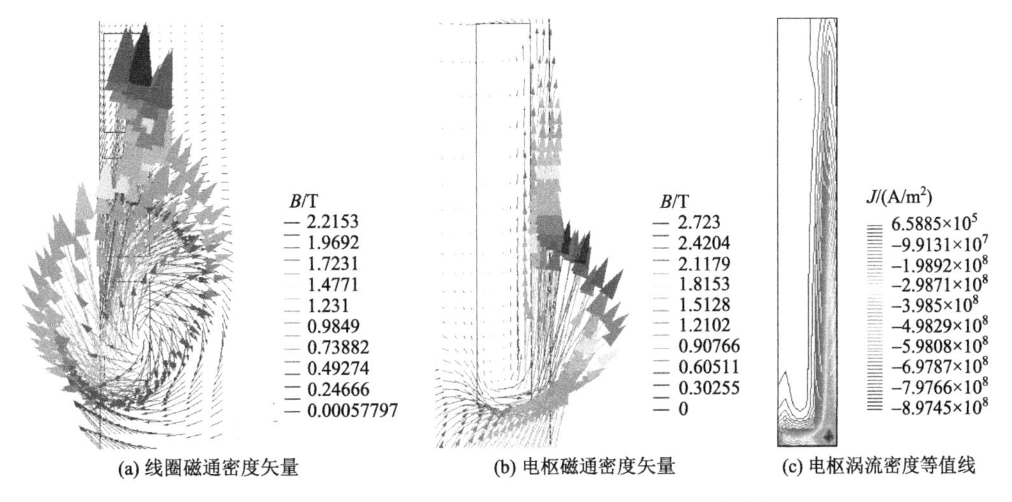

(a) 线圈磁通密度矢量　　(b) 电枢磁通密度矢量　　(c) 电枢涡流密度等值线

图 6.21　三级线圈发射器模型 0.1 ms 时空间场量分布

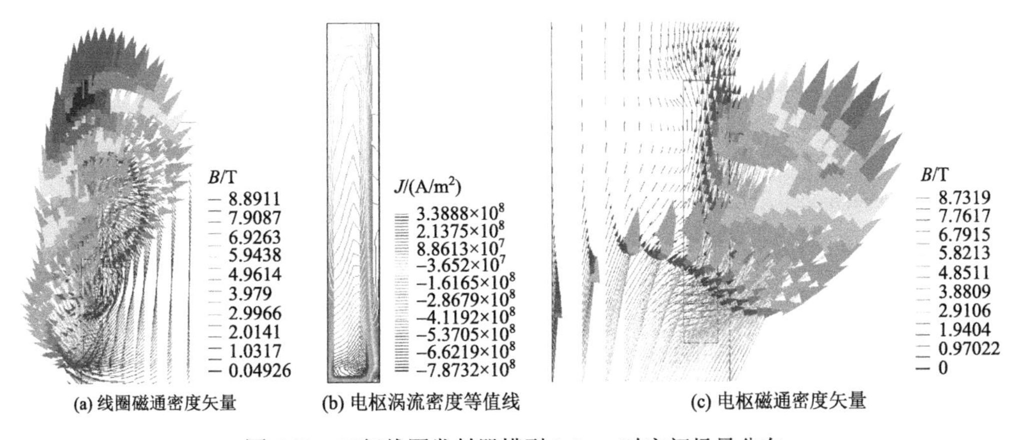

(a) 线圈磁通密度矢量　　(b) 电枢涡流密度等值线　　(c) 电枢磁通密度矢量

图 6.22　三级线圈发射器模型 3.5 ms 时空间场量分布

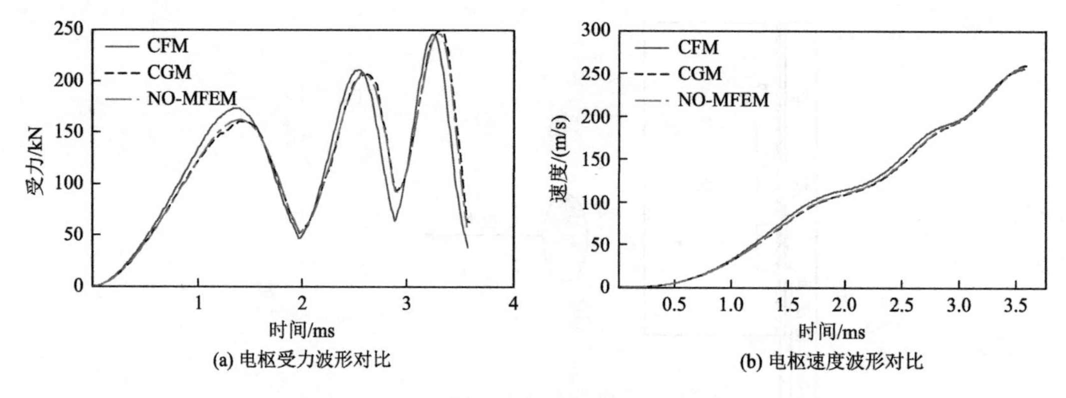

(a) 电枢受力波形对比 (b) 电枢速度波形对比

图 6.23 两种模型下电枢受力和速度曲线对比

由图 6.23 可知，NO-MFEM 的计算结果与 CFM、CGM 计算结果有很好的一致性，由此进一步证明了对 CFM 的修改是有效的。同时可以看出 NO-MFEM 和 CGM 在处理同一物理模型时有相同的效用，都是处理运动导体涡流问题的有效方法。

参 考 文 献

[1] MÜSING A，EKMAN J，KOLAR J W. Efficient calculation of non-orthogonal partial elements for the PEEC method[J]. IEEE transactions on magnetics，2009，45（3）：1140-1143.

[2] RUEHLI A E. Equivalent circuit models for three-dimensional multiconductor systems[J]. IEEE transactions on microwave theory and techniques，1974，22（3）：216-221.

[3] HACKL Y，SCHOLZ P，ACKERMANN W，et al. Multifunction approach and specialized numerical integration algorithms for fast inductance evaluations in nonorthogonal PEEC systems[J]. IEEE transactions on electromagnetic compatibility，2015，57（5）：1-9.

[4] FRESCHI F. Fast block-solution of PEEC equations[J]. IEEE transactions on magnetics，2013，49（5）：1753-1756.

[5] HE J L，LEVI E，ZABAR Z，et al. Analysis of induction-type coilgun performance based on cylindrical current sheet model[J]. IEEE transactions on magnetics，1991，27（1）：579-584.

[6] BURGESS T J，CNARE E C，OBERKAMPF W L，et al. The electromagnetic theta gun and tubular projectiles[J]. IEEE transactions on magnetics，1982，18（1）：46-59.

[7] ELLIOT D G. Mesh-matrix method for electromagnetic launchers[J]. IEEE transactions on magnetics，1989，25（1）：164-169.

[8] WILLIAMSON S，LEONARD P J. Analysis of air-cored tubular inductor motors[J]. IEEE proceedings，part b：electric power applications，1986，133（4）：285-290.

[9] WU A Y，SUN K S. Formulation and implementation of the current filament method for the analysis of current diffusion and heating in railguns and homopolar generators[J]. IEEE transactions on magnetics，1988，24（1）：610-615.

[10] AZZERBONI B，CARDELLI E，TELLINI A. Analysis of the magnetic field distribution in an homopolar generator as a pulse power sources of electromagnetic accelerator[J]. IEEE transactions on magnetics，1988，24（1）：495-499.

[11] AZZERBONI B，CARDELLI E，RAUGI M. A network mesh model for flux compression generators analysis[J]. IEEE transactions on magnetics，1991，27（5）：3951-3954.

[12] ELLIOTT D G. Traveling-wave induction launchers[J]. IEEE transactions on magnetics，1989，55（1）：159-163.

[13] HE J L，LEVI E，ZABAR Z，et al. Concerning the design of capacitively driven induction coil guns[J]. IEEE transactions on plasma science，1989，17（3）：429-438.

[14] SNOW W R，Willig R L. Design criteria for brush commutation high speed traveling wave coilguns[J]. IEEE transactions on magnetics，1991，27（1）：654-659.

[15] BERNING P R，HUMMER C R，HOLLANDSWORTH C E. A coilgun-based plate launch system[J]. IEEE transactions on magnetics，1999，35（1）：136-141.

[16] MELVIN M. Widner WARP-10：a numerical sinulation model for the cylindrical reconnection launcher[J]. IEEE transactions on magnetics，1991，27（1）：634-638.

[17] MARDER B M. SLINGSHOT-A coilgun design code：sandia national laboratories report[R]. [2018-9-4].http://www.doe.gov/bridge.

[18] ANDREWS J A，DEVINE J R. Armature design for coaxial induction launchers[J]. IEEE transactions on magnetics，2002，27（1）：639-643.

[19] KAYE R J. Operational requirements and issues for coilgun electromagnetic launchers[J]. IEEE transactions on magnetics，2005，41（1）：194-199.

[20] FAWZI T H，BURKE P E. The accurate computation of self and mutual inductance of circular coils[J]. IEEE transactions on power apparatus and systems，1978，97（2）：464-468.

[21] MASUGATA K. Hyper velocity acceleration by a pulsed coilgun using traveling magnetic field[J]. IEEE transactions on magnetics，1997，33（6）：4434-4438.

[22] YU D A，HAN K. Self-inductance of air-core circular coils with rectangular cross section[J]. IEEE transactions on magnetics，1987，23（6）：3916-3921.

[23] AKYEL C，BABIC S，KINCIC S. New and fast procedures for calculating the mutual inductance of coaxial circular coils（circular coil-disk coil）[J]. IEEE transactions on magnetics，2002，38（5）：2367-2369.

[24] KIM K B，LEVI E，ZABAR Z，et al. Mutual inductance of noncoaxial circular coils with constant current density[J]. IEEE transactions on magnetics，1997，33（5）：4303-4309.

[25] 卡兰塔罗夫，采伊特林. 电感计算手册[M]. 陈汤铭，译. 北京：机械工业出版社，1992.